告
導入事例
バイブル

AKIHIKO MURANAKA

B2B
實例廣告聖經
再高價、再難賣的商品都能賣

村中明彥
AKIHIKO MURANAKA

劉錦秀————譯

「我知道貴公司的商品很好，但實際成效如何？」

洽談企業對企業（以下簡稱 B2B）型態的銷售時，首先就會被問到這點。尤其是所要銷售的是「軟體」、「解決方案」、「諮詢服務」等這類看不見、不易說明、單價又特別貴的商品時，客戶更是有此一問。

如果對這個問題回答得結結巴巴，生意就到此為止了。之前跑業務所付出的努力全化為烏有。不論商品的性能多優越，只要拿不出實際成效，東西就是賣不出去。這是 B2B 業務必須要面對的殘酷事實。「如果按你這麼說的話，全新商品賣不出去怎麼辦？」我想這是大家沒說出口的疑問。其實這是賣方（即 B2B 的第一個 B）為圖自己方便才這麼問，買方客戶（即 B2B 的第二個 B，或 B2C（企業對消費者）的 C）並不在乎這件事情。「沒有銷售成績的商品好可怕！」、「我們想避開危險！」這些才是法人用戶（企業用戶，即 B2B 的第二個 B）真實的心聲。

在 B2B 的業務裡，洽談的窗口最重視的是「實際成效」。因此，B2B 的行銷最重要的就是，要傳達讓本公司商品進駐的實際成效。書店中談行銷理論的書，都會介紹華麗、新奇的行銷手法。其實，只要有客戶就能做生意，所以不要把行銷想得太困難。如果客戶要求看實際成效，那就大大方方給客戶看。這是十幾年前，一位曾在外商軟體公司負責行銷的作家所提出

的結論。

既然決定要展現實際成效就必須馬上行動。所以，首先我聯絡既有客戶約見面時間，然後登門採訪、拍照，再把洽談的內容歸納成一篇五千至一萬字左右的文章。這些文章就是本書書名中的「實例廣告」、「導入範例」，統稱為「範例」。簡單來說，我就是先大量製作範例，再把它們一一刊載在網頁上，並透過電子雜誌積極公告。這就是我的實例行銷手法。

結果，某個沒沒無聞的商品的收益慢慢開始成長。和這個商品有關的範例達到二百個時，這個商品已是年營業額達二十億的熱門商品了。

據說，這個在全世界都有銷售的商品，在十幾年之後的現在，只有日本賣得出奇好。這個事實證明，日本分公司獨自實施的範例行銷是有效的。

有了這個成功的經驗之後，三十八歲那年，我決定自行創業。我成立專門製作範例廣告的公司，直至今日已經製作了一千個以上，從企業資源規劃（Enterprise Resource Planning）系統到在地螃蟹批發等，幾乎涵蓋了所有業種的範例。

製作了上千個範例，讓我明白了一件事。那就是「看不到」、「不易說明」的商品，因為客戶會主觀認定它們就是高價商品，所以業務人員就很難說服客戶認同為何是這個價錢。碰到這種狀況，用範例來洽談最有效，且適用於「解決方案」、「服務」、「諮詢顧問」之類的商品。

「看不見」又「無法說明」的商品，偏偏價格就是特別高。

這類的商品看在客戶的眼裡就是有蹊蹺。因此，這類無形、難以捉摸的神祕商品，很容易被貼上「可疑」、「怪異」的標籤，很難在初期就得到客戶的信賴。

唯一能夠顛覆這個不利條件的行銷手法，就是讓對方看現有客戶的實際範例。

包括我曾在某公司服務的時間在內，有十幾年製作範例的經驗。在本書裡，我會把我所知道的所有專門技巧都寫出來，絕不藏私。

本書對以下這些人一定有助益。

- 想把導入範例、範例廣告，加入公司行銷活動當中的人。
- 現在正在製作範例，但就是覺得少了什麼，希望能夠做得更完美的人。
- 希望從理論基礎到實務應用，學好範例廣告、導入範例的人。
- 拒絕再被標新立異術語行銷手法耍得團團轉的人。想要腳踏實地做好行銷的人。
- 想學習並實踐真正適合 B2B 電子商務行銷手法的人。
- 現在在公司負責製作範例。因為是第一次，所以完全沒有概念，而想從基礎開始學習專門技巧的人。

不論你是以上的哪一種人，本書都一定可以派上用場。

本書的內容及閱讀方法

本書分成三大部。在第一部〈戰略篇〉中，用書刊形式解釋範例的行銷創意。第二部〈技巧篇〉中，詳細說明製作範例的所有工序。所謂的工序，包含「拜託客戶參與範例的演出」（第二章）、「設計」（第三章）、「採訪」（第四章）、「拍照」（第五章）、「撰稿」（第六章）、「宣傳標語」（第七章）。

尤其是「拜託客戶參與範例的演出」（第二章）的內容，說明得非常鉅細靡遺，是本書的一大特色。範例，是一種無法讓現有客戶答應參與演出，就無法製作的廣告媒體。我在外商公司服務時，就曾創下獨自讓二百家企業答應參與演出的好成績。在本書中，我會把這些專門技巧全都告訴大家。

在第二部當中，我為大家歸納了三百多個可以即刻就做的技巧。一個技巧大概只有五分之一頁至二頁左右，大家可以輕鬆閱讀，如果想先大致看一遍也無妨。碰到課題想找靈感時，把這一部當辭典來用也可以。

第三部是〈行業類別篇〉。在這一部裡，我把適合法人的商品及行業再稍微細分化，並說明各行業應注意的事項。大家可以把這些內容當作是補充資料。

本書要從哪一部先看都沒關係。但建議先把第一部大致看一遍，有了基本的認知之後，再看第二部〈技巧篇〉，最後再進入第三部〈行業類別篇〉。

製作範例時，我個人非常重視「設計」，所以談設計的第三章，大約就有一百多頁。不過，因為和設計有關的技巧，一

般來說都比較抽象且偏理論，如果實在看不下去，就先跳過第三章，等學了採訪、拍照、攝影等比較淺顯的技巧之後，再回頭看第三章。

本書中提到的所有業態和商品，全都是 B2B 電子商務中常見的。不過，占最大宗的還是以軟體業為題材所製作的範例。這是因為最積極用範例來行銷的就是軟體業。

最後，我要說的是「用語」。在本書的正文中，我把「範例廣告」和「導入範例」，均統稱為「範例」。所以不管我寫的範例、範例廣告、導入範例，指的全都是一樣的東西。

這本書是為想詳知範例製作的人而寫的，對你絕對有幫助，請務必要翻閱。

| 第 1 部 | 戰略篇 |

第 1 章　十三個戰略

| 第 2 部 | 技巧篇 |

第 2 章　拜託客戶參與範例的演出

第 3 章　範例的設計

第 4 章	採訪

| 第 8 章 | **各行業、商品的製作重點**

「請求參與演出」的技巧集

技巧 1　平常心

技巧 2　一定要用書面請求

技巧 3　如果對方是董事長，就可以用口頭拜託

技巧 4　書寫僅靠書面就可發揮功效的信函

技巧 5　用折扣交換請託

技巧 6　導入產品之前也可以用「選擇理由」製作範例

技巧 7　你害怕的事情其實不會發生

技巧 8　行銷部的人先開口，業務部的人跟隨在後

技巧 9　由行銷部的人出面拜託就不會欠下人情

技巧 10　一給人情就馬上拜託

技巧 11　不要錯失良機

技巧 12　「採訪」是最強的單字

技巧 13　拜託客戶參與範例演出靠的不是好處，而是機率、前例和互惠

技巧 14　就算寫出參與範例演出的好處也靠不住

技巧 15　刺激對方的父母心

技巧 16　以「對方無動於衷」為前提進行請託

技巧 17　瀏覽書面文件只有一分鐘時間，所以必須附上樣本

技巧 18　請託函的前半用定型化格式，後半開始決勝負

技巧 19　「行程自由」讓對方安心

技巧 20　簡潔第一、誠實第一

技巧 21　明確告知不需要事前準備

技巧 22　一定要附上樣本

技巧 23　製作請託函是行銷部門的工作

技巧 24　預約見面是一種機率論

技巧 25　為範例和客戶預約見面會愈做愈輕鬆

技巧 26　第一個範例得靠氣勢爭取

技巧 27　從規模小的範例著手，速度最快

技巧 28　希望匿名不稀奇

技巧 29　為範例預約客戶見面不能外包給別人做

技巧 30　被拒絕一次並不表示永遠沒機會

技巧 31　借活動之名製作範例最安全

技巧 32　放心，絕不會來一堆人！

「設計」的技巧集

「拍照」的技巧集

「宣傳標語」技巧

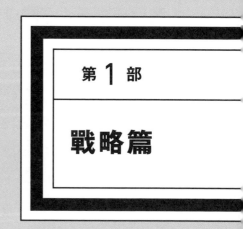

第 1 部

戰略篇

第 1 章 | 十三個戰略

戰略 1
客戶要求看「實際成效」的真正理由

樣品就是一切

根據賓士汽車頂尖業務員的說法，最有效的成交方法就是讓賓士的試用車進入潛在顧客的車庫裡。因為客戶只要看到自己車庫裡的賓士，就會捨不得放手。

如果推銷的商品是有形的，對做業務而言就是一大優勢。瑞可利公司（Recruit Holdings）的前頂尖業務員說了下面這段話。

「銷售的話術不高明，可以用樣品補強。如果這個樣品可以讓客戶動手操作，親自試用會更好。」（《B2B 聖經》大塚壽、井坂智博著）

換言之，即使業務技巧不純熟，只要能夠讓客戶看到商品，還是可以靠一個人的力量把東西賣出去。但如果售品是像解決方案之類，無法讓客戶看到實際商品的東西時該怎麼辦呢？

二次大戰過後不久，日本一家晶圓製造公司的業務員到美國當時在電腦業界堪稱巨擘的 IBM 公司去促銷自己公司所生產的晶圓。這位飄海過洋來到美國的業務員操著一口破英文，但他帶來的晶圓樣品卻發揮了神助力。

IBM 的窗口拿起晶圓就往空中一拋。薄的像煎餅的晶圓輕輕飛舞了幾圈之後掉落在地板上，但晶圓完全沒有裂痕。看到這一幕，這個窗口說：「好了，及格了。我們繼續談吧！」最後，這位業務員拿到了訂單。

現在，我們先來個思考實驗。這個個案是，「破英文、零業務能力、有商品樣本」，最後能夠拿到訂單。但是，如果條件是，「業務員是日本的 B2B 高手，一口流利的英文，但沒有帶商品樣本」，最後能夠拿到訂單嗎？因為這個業務員是日本最頂尖的 B2B 高手，所以大家會認為這個人一定能言善道。但是無法讓客戶親眼看到商品就是一大不利條件，所以這個人未必能夠拿到訂單。

然而，在「無業務能力，但帶著樣本上門」的狀況下，業務員的話術雖然不高明，但是對方一個刻意的拋執動作，卻讓商品自己來說明了自己的好。結果，能夠拿到訂單的可能性就大幅增加。

「實際成效」和「實際範例」的不同

就如同〈前言〉所述，客戶都會要求要看實際成效，但我發現客戶提出這個要求，其實不是在問「有無實際成效」，而是在問「有無實際範例」。

那麼，實際成效和實際範例到底有什麼不同？所謂實際成效，是指企業客戶導入商品的事實，所以可以用客戶一覽表的形式來呈現。所謂範例，則是在導入的事實中，再加入「客戶

為什麼選擇這個商品」、「客戶如何使用這個商品解決問題」
等說明。

客戶堅持要看「實際範例」，當然是因為「不希望買到地
雷商品」、「不想失敗」。但事實並非只是如此。客戶的心裡
基本上都有個欲望，那就是：「我們公司真的能夠用這個稀奇
古怪的東西嗎？我不想心存懷疑，但沒有實體的東西總叫人不
安。因此我希望你能告訴我，有無其他公司使用過的『實際範
例』，可以給我參考。」也就是說，客戶想確認看不到的無形
商品是「確實存在」的；客戶想知道有什麼東西可以讓自己為
依據來評估。

範例就是無形商品的樣品

要讓客戶知道這個商品「確實存在」，最有效的做法就是
讓客戶看樣品。如果商品的樣品是食品的話，就讓客戶試吃；
如果是房子的話，就讓客戶參觀樣品屋；如果是硬體產品，就
讓客戶看展示品；如果商品是解決問題的解決方案，那麼範例
就是解決方案的樣品。

所謂範例就是把某個用戶使用該商品解決問題的實際例
子，歸納整理在看得到的促銷販售活動中。如果要銷售的是無
形商品，這個「範例」就可以取代商品的樣本。

談到 B2B 的交易，能否帶著商品的樣本上門，是成功拿到
訂單的重要關鍵。本來應該做不出樣本的「無形商品」，能夠
讓業務人員等同帶著樣本登門的，就是範例。

重點

1. B2B 業務是以實際成效為一切。
2. 沒有實體、令人捉摸不定的無形商品、解決方案之類的商品，容易讓人覺得「蹊蹺」。能夠翻轉這個不利條件的就是實際範例。
3. 實際範例就是從頭到尾記錄所發生的問題、選擇商品、運用商品等的完整紀錄。如果商品是無形的，範例就能發揮「商品樣本」的機能。

戰略 2
三秒鐘就知道範例的好壞

「這是我在公司製作的範例。麻煩您幫我看看好不好？」常有人請我幫忙打分數。這時我會這麼回答：「請把這個範例中的公司名和商品名，統一換成競爭對手的公司名和商品名。但是，以整個文案來說，這是個差勁的範例。」

譬如，「透過○○的活用，就可以提升業務的效率。導入的關鍵就是成本效益！」在這宣傳標語中，就算在「○○」填入自家產品或是競爭商品，這個文案還是不行。用這個方法來判斷，只需要三秒鐘就能知道範例的好壞。

廣告文宣要彰顯「和別人的不同」

製造廣告文宣的目的，是希望讓客戶知道「我們公司的商品比其他公司的好」。而潛在顧客想知道的也是，「這家公司的商品和其他公司的商品有何不同之處」。因此，在最重要的範例中，不論是用什麼樣的公司名和商品名來撰寫文案，其實都無法對閱覽範例的潛在顧客進行宣傳。

沒有意義的廣告文宣

廣告文宣的資訊價值，就是「看廣告文宣之前對商品的認知」，和「看廣告文宣之後對商品的認知」之間的落差。

簡單來說，就是看過廣告文宣之後，必須要讓閱覽的潛在

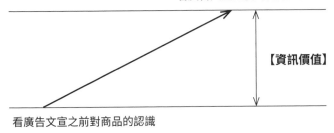

看廣告文宣之後對商品的認識

【資訊價值】

看廣告文宣之前對商品的認識

圖 1-1

顧客改變對商品的認知。文案寫得再好、設計得再精美，不能讓潛在顧客改變對商品的認知，這種廣告文宣就沒有資訊價值，看與不看都一樣。

　　一般的廣告文案都會很有默契地強調商品名稱，目的是在告訴大家：這個商品在這個領域是獨一無二的；在這個世界上，沒有任何商品可以和這個商品競爭。當然，這麼好康的事情是不會發生的。

對你而言是「競爭」，對客戶而言是「選項」

　　乍看之下，「透過○○的活用，就可以提升業務的效率」這個宣傳標語，好像具有資訊價值。但選擇商品的客戶所想的應該是：「又不是只有你們公司的商品可以提升業務效率。其他公司的一樣也可以。」客戶想知道：「貴公司的商品和其他公司的商品有什麼不同？」

　　選擇權在客戶的手裡，客戶會在多種商品中選擇一個。你稱之為「競爭」的商品，對客戶而言只是個「選項」。因此，

廣告文宣必須向客戶顯示「在眾多選項當中，我們公司的商品比其他公司的商品好」的「相對優勢」。

任何商品都有優缺點

但絕大多數產品的宣傳手冊、網頁上的文案，不是在吹噓自己的絕對優勢，譬如，「本公司的產品是最優秀的」、「本公司的產品無人能出其右」，就是用一堆華而不實的美麗詞藻，強調自己的公司是「客戶滿意度第一的公司」、自家公司的產品「絕對可以滿足各種客戶的需求」。

姑且不論像蘋果、法拉利汽車製造公司等一流的企業，而就一般的企業來說，絕對沒有所謂的絕對優勢。任何商品都有優缺點，這是事實。一般的公司就算喊破了喉嚨「我們公司是最棒的」，也不會有人理會。

客戶並沒有否定你公司的商品

客戶並沒有否定你公司的商品，他們只是想聽你的說明而已。換言之，其實他們想說的只是：「貴公司的商品一定像你說的這麼好，但我想其他公司的產品應該也不錯。因此，請你告訴我，你們公司的商品和其他公司的產品比起來，有什麼特別出色的地方？」

既然潛在顧客想知道的是你公司商品的「相對優勢」，促銷的內容就應該回應他們的要求。最適合用來表現相對優勢的工具就是「實際範例」。

實際範例，是從頭到尾記錄實際客戶從無數商品中選擇你們公司商品的紀錄。簡單來說，實際範例就是記錄「商品相對評價的紀錄」。這種紀錄絕對比虛構的逼真。因為實際範例中所寫的是「事實」。

相對優勢只能用範例來表達

就如同鋸子、刨子、鑿子等木工工具各有各的特性，宣傳手冊、網頁、範例等促銷媒體，也各有各的優缺點。

就表達相對優勢這點而言，其實製作宣傳手冊、網頁等的賣方企業，並不適合擔任說話的媒體。有資格說話的，應該是實際對商品做過相對評價之後，最後選擇了其中一項商品，並「買來使用」的客戶。換言之，最適合這麼做的，只有範例。

我不能否定企業對宣傳絕對優勢的用心，但如果真要這麼做，建議用宣傳手冊。在手冊加入實際範例，並把呼籲的重點放在絕對優勢。製作範例時，請把公司名和商品名統一換成競爭對手的公司名和商品名。如此一來，能否突顯相對優勢，也一目瞭然。

重點

1. 把範例中的公司名和商品名，統一改成競爭對手的公司名和商品名。但以整個文案來說，這是個差勁的範例。

2. 如果看了之後對商品的認知沒有改變，就表示此一廣告文宣沒有意義。

3. 對自家公司而言是「競爭」，對客戶而言是「選項」。客戶想知道的，是相較於其他公司的商品，自家公司商品相對優勢的相關資訊。

4. 能夠表達相對優勢的促銷品只有實際範例。範例的內容應以相對優勢為主要的訴求核心。

戰略 3
必備的「顧客生態」知識

　　行銷部門都必須具備商品、競爭對手、市場、客戶、一般業務、一般行銷等方面的知識。如果有人問我，這些知識當中，最有效的、就像八二法則（又稱帕累托法則，Pareto principle）那樣「只要二成耕耘，就有十分收穫」的知識是什麼，我會回答：「是和客戶有關的知識」。

　　所謂和客戶有關的知識，就是「關於客戶生態的知識」。所謂客戶的生態，就是指「客戶何時、基於何種動機，會需要或想要這個商品」、「在客戶企業裡，提議要購買這個商品的人是誰」、「購買商品的錢是從公司內的哪筆預算挪出來的」等。其實這些知識，和知道貓頭鷹住哪裡、貓頭鷹何時醒來、貓頭鷹怎麼移動、貓頭鷹如何覓食沒什麼不同，只要明白「買方如何買」，賣方就可以輕鬆賣。

　　這個比喻或許不太恰當，但我覺得銷售就像捕魚。如果把捕魚想成是，「把在捕撈水域自由游動的魚抓起來」，把銷售想成是「從在市場上自由活動的客戶身上拿下合約」，這兩者在結構上就有共同點。要捕魚，必須具備捕魚方法的知識、捕魚的技術，以及有關魚生態的知識。其中最重要的就是「魚生態的知識」；也就是，如果能夠掌握魚在這個季節、在這個天候、在這種海水溫度、在這種洋流之下，會成群結隊游向何處等生態知識，就算漁船很破舊、捕魚技術很差，只要在魚群會游往

的海域攤下漁網，魚兒就會自投羅網。

換句話說，就算商品知識不足或不懂最新的行銷理論，只要知道客戶的喜好，並了解客戶會採取的行動，照樣可以提升銷售業績。因此，對行銷部門而言，最重要的是「客戶生態的知識」。

重要的是聯繫我們「之前」的整個故事

雖說有關客戶生態的知識很重要，但是基本上行銷部門裡內勤的人員，想要獲得這方面的資訊還是相當困難。因為，即使他們用心聆聽一線業務員談這方面的知識，還是只能一知半解。理由很簡單，因為這些日常可以直接面對客戶的業務人員，他們對客戶前來洽詢「之後」的知識很豐富，卻對前來洽詢「之前」的事一無所知。

一般來說，跑業務的人對於前來洽詢「之後」的客戶，不論是他的心理狀態、人事、組織結構、決策過程、關鍵人物是誰、這個關鍵人物的喜好等，都會瞭若指掌。因為要拿到合約，所以必須知道這些。然而，對於客戶前來洽詢「之前」的種種，他們不但不知道也不想知道。因為知道這些，對於成交並沒有直接的幫助。

那麼，行銷部門必須知道的，到底是客戶前來洽詢「之前」，還是「之後」的資訊呢？如果把 B2B 行銷想成是「讓客戶前來洽詢的措施」，那麼，行銷部門必須要知道的就是客戶前來洽詢之前的生態。

這是獲得客戶第一手資料的大好機會

要知道「客戶前來洽詢之前的狀況」、「客戶前來洽詢的整個情形」，最有效的工具就是，可以直接詢問客戶企業核心人物的訪談範例。這是唯一能夠聆聽忙碌的關鍵人物願意花兩個小時暢談自家產品的大好機會。在這麼重要的場合，如果只問一些樣板問題就太糟蹋良機。樣板問題換來的一定就是樣板答案。

為製作範例做訪談時，一定要詳細問清楚「事實」和「行動」。即使感想騙得了人，但行動騙不了人。事實和行動大致可以區分成「現象（所發生的事情）」、「行動（那時做過的事情）」和「無行動（那時沒做的事情）」三大類。總之，先蒐集客戶產生需求、選擇商品、決定購買等各階段所發生過的事情，以及對所發生過的事情並末採取什麼行動等和事實有關的資料，再進行分析、解讀，就可以讓客戶的生態明朗化。

表面上看來，製作範例只不過是宣傳手冊、網頁、展示會等促銷工具的一種，但我認為範例有一種很特別的重要性。那就是「實際範例可以讓你獲得第一手的資料」。對行銷部門而言，製作範例可說是了解客戶實際生態千載難逢的大好機會。

重點

1. B2B 行銷最重要的不是市場資訊,也不是產品資訊,而是「客戶資訊」。

2. 但行銷部門的人想知道客戶真實的狀況,是相當困難的。

3. 對 B2B 行銷而言,重要的是客戶前來洽詢「之前」的資訊。但是在第一線跑業務的人,對於這方面的資訊卻了解得不夠詳盡。

4. 為製作實際範例而進行採訪,是獲得客戶第一手資料的大好機會。

戰略 4
精準寫出導入效果

　　撰寫資訊科技產品的範例時，最重要的是要「詳細寫出導入效果」。但導入效果會因產品類別的不同而有極大差異，所以不是一句話就可以說明的。譬如「桌面用的簡易工具」之類的小型應用程式、「虛擬伺服器」之類的基礎設施、「生產管理系統」、「企業資源規劃」（Enterprise Resource Planning）之類等大型的系統，它們呈現導入效果的方式就截然不同。

　　在此，希望大家用一般的角度去掌握「資訊科技產品的導入效果」，不要被產品的類型所束縛。因為，只要懂得基本原理，不論產品為何，就一定能夠毫不猶豫地把導入效果寫出來。而且，資訊科技產品是最典型的無形售品，能寫出資訊科技產品的導入效果，就表示這個原理對諮詢服務、解決方案等其他無形的銷售商品也管用。

　　我寫過數百個資訊科技製產品的實際範例。根據這些經驗，我把資訊科技產品的導入效果分成下列三大類型：

　　類型 1.「效率化、削減成本」

　　類型 2.「減少特殊依賴性」

　　類型 3.「建立基礎」

類型 1　**效率化、削減成本**

　　效率化的定義是：「為提升一定的成果，而減少資源的投

入量」。簡單來說，就是「可以用更短的時間、更少的精力、更少的人，去做之前所做的事情」。用一句話來形容就是「工作更輕鬆了」。

經營資源當中，「金錢」最受重視，所以特別把金錢面的效率化單獨拉出來，命名為「削減成本」，也就是「用最少的金錢，就可以做以前所做的事情」。一言以蔽之，就是「經營成本變便宜了」。

類型2 　減少特殊依賴性

所謂減少特殊依賴性，就是「減少必須依賴特定人物的要素」。也就是，以前只有特定的人會做、其他的人都不會的工作，藉由資訊科技工具的引進，變得人人都會做。

要進行「效率化」和「減少特殊依賴性」有一個重要的前提。那就是「引進資訊科技工具之前的狀況是勉強得過且過」。也就是說，企業要這麼做，只是純粹因為效率差，只是純粹因為只有少數人會做，並沒有其他的不可能因素。

類型3 　建立基礎

在資訊科技範例中，常會看到「基礎」這兩個字。譬如，「引進虛擬伺服器，整頓業務基礎設備」、「為落實管理策略，導入企業資源規劃系統，架構資訊基礎設施」、「導入生產管理系統，為下一代的生產進程奠定基礎」等。

所謂基礎，就是底子、根基的意思。以蓋房子來說，首先，

得先打好「地基」，然後才能在上面蓋房子。路網、公路網也是國家的「基礎」建設；以前只有街道的區域，有了強大運輸功能的鐵路網、公路網之後，就能快速讓大量的人和貨物來來往往，結果促進了經濟的繁榮。因此，「建立基礎」的意思，就是「為將來的成果，提前先奠定好基礎」。

在此希望大家留意一點，就是會為將來帶來成果的，並不是「基礎」，而是「在這個基礎上活動的人或企業」。舉例來說，「因為導入虛擬伺服器，經常利益成長了150%」。以這兩句話來說，它的邏輯就過於跳躍。就算因為導入虛擬伺服器改善了資訊科技環境是真的，最終能夠讓經常利益增加的，仍是使用資訊科技工具的企業員工。因此，所謂基礎，就如這兩個字的意思，重要的「礎」，也就是「墊在柱下的石頭」。所以，默默工作的無名英雄才是主角。

資訊科技並非將「不能」變「能」

在前面我已經將資訊科技產品的導入效果，分成三類加以說明。不過或許有人還是會覺得「好像就是少了點什麼」吧！

「以前只要努力一點就會做的工作，因導入資訊科技變得輕鬆、變得人人都會做，這終究是以前就會做的事吧。應該並非如此，不是應該有「化不可能為可能」的神奇導入效果嗎？」有人或許會想這麼問。

而我針對這個問題，做出這樣的回答：「這個世界的確有可以『將不可能變成可能』的商品，只是這個商品不是資訊科

技產品，因此也得不到神奇的導入效果。」

化不可能為可能的商品

藍光的發光二極體（簡稱藍光 LED）卻是把不可能變成可能的一個例子。從前的發光二極體，只能發出三原色中的紅光和綠光。就因為做不出藍光 LED，所以沒有彩色的發光二極體。但在諾貝爾物理學獎得主赤崎勇、天野浩、中村修二，三位大師的努力之下，終於發明了高亮度的藍光 LED，為人類帶來了節能明亮的白色光源，也就是把從前不可能會有的發光二極體燈變成可能了。現在，從一般照明到交通信號燈、電視等各種產品，都會用到發光二極體的技術。這就是透過發明把不可能變可能的例子。

我再提兩個比較不登大雅之堂的例子。「建築業導入重型機械」、「運輸業導入大型卡車」，也是把不可能變可能的例子。譬如，某家中小型的建設公司，因為沒有重型機械，所以拿不到大工程的合約。但貸款購買了重型機械之後，就能夠拿到大型的標案。或者某家中小型的運輸公司，因為以前沒有大型的卡車，所以無法承攬量大的運送工作。但大膽投資設備導入大型卡車之後，現在就能夠承攬貨量大的生意。

藍光 LED 是「靠自然科學的創新，化不可能為可能」的神話。相對於藍光 LED，重型機械、大型卡車則是靠「增強設備」取得原本拿不到的工作的普通例子。

至於資訊科技產品又如何？它可以將「不可能變成可能」

嗎？坦白說，我個人認為很難，甚至不可能。為什麼我能說得這麼斬釘截鐵？大家可以透過下面的短文來驗證。

表達資訊科技導入效果的短文

首先，請大家看下面幾個短文。

「因為藍光 LED 的發明，所以能夠製造發光二極體信號燈。」

「因為導入大型的重型機械，所以能夠承攬需要重型機械的工程。」

這兩個短文都沒問題。請再往下看下面幾則短文。

「因為導入企業資源規劃，所以能夠做好成本會計。」

「因為導入銷售自動化系統（Sales Force Automation），所以能夠做好業務。」

「因為導入客戶管理系統，所以能夠做好行銷。」

「因為導入生產管理系統，所以能夠做好生產。」

以上這四則短文，大家會不會覺得格格不入？現在請大家把這些短文反過來看，就知道為什麼會有這種感覺了。首先，我們先把前面兩個短文反過來看，如下：

「因為以前沒有藍光 LED，所以不能製作發光二極體信號燈。」

「因為沒有大型的重型機械，所以不能承攬需要重型機械的大型工程。」

這個邏輯是正確的。接下來，我們再把資訊科技的短文反

過來看。

　　「因為以前沒有企業資源規劃，所以不能做好成本會計。」

　　「因為以前沒有銷售自動化系統，所以不能做好業務。」

　　「因為以前沒有客戶管理系統，所以不能做好行銷。」

　　「因為以前沒有生產管理系統，所以不能做好生產。」

　這就很奇怪吧！因為沒有企業資源規劃還是能做好成本會計；沒有銷售自動化系統，就算致使行銷做不好，也「不可能」不會行銷。

　只要如下簡單修正，就可以解決這種格格不入的感覺。

　　「藉由導入企業資源規劃提升，成本會計的效率。」

　　「藉由導入銷售自動化系統，改善業務。」

　　「藉由導入客戶管理系統，改善行銷。」

　　「藉由導入生產管理系統，改善生產。」

　藍光 LED、重型機械等的發明、導入效果非常鮮明，就是「從做不到變成做得到」、「從沒有變有」。但資訊科技產品的導入效果是溫和的；也就是說，比之前「好」、「可以改善」、「可以提升效率」等。

資訊科技，基本上是改善公司內部業務的工具

　藍光 LED、重型機械和資訊科技產品之間，還有一個差異點。那就是「是在公司外，還是在公司內使用」。

　發光二極體信號燈可以用來做為家庭的電燈、交通號誌燈、街燈，所以是在公司外使用。大型重型機械也是在客戶的工程

現場活動。換言之，這些商品全都是在「公司外」創造價值。

但是資訊科技產品，譬如：虛擬伺服器、企業資源規劃、銷售自動化系統、客戶管理系統、單一簽入（Single sign-on）、減少儲存容量的工具、商務智慧、管理網路的工具、視訊會議、數位學習等，全都是在「公司內使用的商品」。因此，就本質而言，資訊科技產品是「讓公司內部變得更好的商品」；也就是說，資訊科技產品是改善公司內部的工具。

公司內部的業務，原則上，沒有什麼是「不可能的」。沒有企業資源規劃，還是能夠製作財務報表。沒有銷售自動化系統、客戶管理系統，還是能夠跑業務做行銷（如果一家公司不會做這個鐵定倒閉）。換言之，資訊科技產品並沒有「公司確實非它不可的根據」，不像藍光 LED，沒有它，就造不出發光二極體信號燈。因此，就算公司導入資訊科技產品，讓公司有了可以「改善公司內部業務的工具」，基本上，也不會產生「化不可能為可能」的神奇效果。

資訊科技是道具，不是主角

換言之，資訊科技就是「提升生產力的工具」，也就是幫助人把工作做得更好的道具。既然是道具，當然就是配角。

知名職棒選手鈴木一郎，長年以來，一直都用同一個工匠所打造的球棒。這絕對是超高品質的球棒。但是，就算球棒的品質再好，也不會有人以「一郎先生因為使用這種球棒，所以創下三千支安打的好成績」為宣傳標語。因為擊出安打的主角

是一郎選手，球棒只不過是配角。總之，如果以球棒為主角下標語的話，對鈴木一郎是很失敬的。

同樣地，如果資訊科技產品的範例把「產生導入效果的原因，全都歸功於資訊科技產品」的話，這種邏輯就太不按牌理出牌了，而且對接受採訪的企業而言，也非常失禮。

導入資訊科技的效果，會反映在現有業務的效率上

以美國的谷歌、亞馬遜來說，可說是創新的企業，所以有實力為資訊科技領域創造一個擁有全新價值的新經營型態。但是，「透過資訊科技創造新經營型態」和「現有企業導入資訊科技的效果」看起來雖然雷同，卻是兩碼子事。

導入資訊科技產品的企業（即各位的客戶），99％都是在做現有業務的「普通公司」。因此，被這些公司引進的資訊科技產品其導入效果，基本上都會反映在現有業務的效率上。所以大家應該要有一個認知，就是要透過資訊科技產品「創造新經營型態」，也就是，資訊科技產品要有這麼華麗的導入效果的機率只有1％，而其他的99％的都是普通級的。你的客戶應該就在這99％的行列之中，所以你應該好好把焦點放在自己的客戶身上。

範例真正的意義

讀到這裡，有人或許會覺得：「如果只能把資訊科技的導入效果寫得這麼含糊，製作範例豈不是沒有意義？」但我們可

以逆向思考：就因為資訊科技的導入效果是模稜兩可的，所以才需要實際範例來補強。

　　像藍光 LED 這類「優點明確且優點的重現性百分之百」的「明確商品」，即便沒有範例也可以銷售得出去。但像資訊科技這種「導入效果不明確、重現性也不高」的「模糊商品」，為了要向客戶精準說明導入的效果、效果重現的「高機率」，就必須借重很多的實際範例。

　　因為資訊科技是一種看不見、不易說明、偏偏價格又特別貴的商品。能夠克服這些不利條件，讓客戶認同導入效果，並順利行銷，簽到合約的手段，就是範例。

重點

1. 資訊科技產品的導入效果，就是「讓現有的業務更美好、更順利」。這種效果雖不華麗卻非常實際。
2. 藍光 LED 等的科學發明，可以讓不可能變可能，但資訊科技卻不能讓「不能」變「能」。
3. 的確有企業透過資訊科技創造新的經營型態，但是多數企業導入資訊科技的目的，是為了提升現有業務的效率。

戰略 5
客戶的「真心話」並沒有那麼重要

常聽人家說：「為實際範例進行採訪時，一定要有本事讓受訪者不經意說出真心話。」如果當場有人對我這麼說，我會回答：「是的，把訊息引出來很重要。」但事實上，在採訪的現場，我們不應該把心思放在「誘導受訪者說出藏在內心裡的真心話」。因為「客戶的真心話」對範例並沒那麼重要，其理由有以下三個。

感想沒什麼價值

第一個，也是最主要的理由，就是「就算引出了真心話也不能寫」。發揮採訪功夫引出來的真心話，如果對受訪者而言，是「想隱瞞的事情」、「不想公開的事情」時，就算你把它寫入實際範例中，也常會在校稿的階段，接到來電拜託「不要寫」。範例的內容不是報紙、週刊雜誌等媒體的報導，所以製作者不能拒絕這種請求。在此情況下，撰寫範例會多所受限，很多內容是不能寫的。

第二個理由，沒有人會對一般職員的真心話感興趣。如果採訪的對象是政治人物、演藝人員之類，也就是大家會對其隱私和發言有興趣的人物，他們所不經意透露的真心話就有價值。但為範例所採訪的對象，大都是「一般公司的職員」，所以沒有人會對他們的真心話有興趣。範例是一種用來作為選擇產品

時參考資料的業務文件，並不需要用八卦來吸引潛在顧客感興趣。

第三個理由，不經意透露的真心話，絕大多數都是「感想」。假設受訪的對象不是用恭維而是用充滿真性情的語調，適時感慨地表示：「某某公司，真的很不錯！」「如果沒有某某公司，我們的工作就得停擺了！」相關業務的負責人若聽到這番話，會很高興。而在一旁的我，雖然是別人的事，也會深深感動。

但就算我把這些感想寫成文章，閱讀的潛在顧客也不會特別感動，因為他們會認為「這個和我無關」、「只是說感想誰都會說（八成是假的）」。感想真的沒什麼力量可言。那麼，採訪的時候，到底該引出什麼樣的資訊才有用呢？答案是「事實」。

事實才有價值

感想騙得了人，事實卻騙不了人。這裡所說的事實，是指「發生過的事情」、「做過的事情」、「那時所想到的事情」。為實際範例而進行採訪時，最重要的就是要引出事實。

這麼說，或許有人會認為：「這簡單，詢問事實誰都會。」也或許有人會認為：「真正重要的是事實中的真實、真正的心情，所以一要讓客戶很熱情地暢談這些，這才是做範例採訪時應有的態度。」事實上，過去我就曾被客戶這樣要求，卻差點兒「丟了工作」。

只有搏感情還不夠

這是某客戶（以下稱 A 公司）請我製作三個實際範例時所發生的事情。為第一個範例進行前置作業時，我表示「想引出事實」，A 公司的窗口說：「如果只是引出事實誰都會。如果不能和客戶搏感情，讓客戶說出藏在內心裡的真心話，製作這個實際例子就沒有意義。」後來，我的看法遭到扭曲，A 公司還打電話告訴我：「村中先生，這個範例我們就不麻煩你了。」然後，第二個範例由為 A 公司製作網頁的 K 公司代打。

被 A 公司拒絕往來一個月後，我正在想 K 公司的初稿差不多該完成了的某一天，A 公司就和我聯絡了。A 公司說：「村中先生，我們會把 K 公司寫好的文章和語音資料（錄音帶、語音檔）交給你，麻煩你改寫。」

收到之後，我馬上看 K 公司的原稿。內容真的是熱氣騰騰。撰稿的人把 A 公司老闆對工作的熱情、所碰到的障礙、想實現的經營理念、顧客給 A 公司的評價、顧客給 A 公司的感謝，全都很熱血地寫進了文案裡。

但除了熱情、熱血之外，看不到一個事實或一個故事。從讀者的角度來看，我會很想說：「我知道寫的人對這位熱血的老闆一定很感動，但這些都和我沒有關係。」

接著，我聽了語音資料。採訪現場氣氛熱絡。受訪的 A 公司老闆暢談自己的理念，把場子炒得非常熱血，最後現場還響起了如雷的掌聲（聽起來很假，但真的是掌聲）。這是我聽過最熱鬧的實際範例。老實說，我真的認為「了不起」。

　　不過，在驚嘆的同時，我認為「自己無法將這樣的採訪寫成文案」。因為這份語音資料，只引出了受訪者個人的想法，並沒有和「發生過的事情」、「做過的事情」有關的事實訊息。也就是，我完全沒聽到和「時間」（when）、「地點」（where）「人員」（who）、「事項」（what）、「原因」（why）、「方法」（how）有關的「5W1H」訊息。

　　結果，我從語音資料中抓出一點點貧乏的事實，並設法讓這個事實成為範例的主體。然後，我把改寫過的文案交給 A 公司。A 公司說：「村中先生寫的稿子比 K 公司的好！」名譽失而復得，我這才鬆了一口氣。

　　如果是接待客戶，把氣氛炒熱，讓客戶保持好心情，的確可以萬事搞定。但是，如果是範例的話，最後必須感覺良好的不是眼前那位受訪的人（即你的客戶），而是不在現場的潛在顧客。所以引出潛在顧客關心的素材，才是為實際範例進行採訪的目的。

　　我並不否定，採訪時，要讓受訪者敞開心胸放輕鬆、和受訪者搏感情。因為氣氛熱絡絕對比冷場好，敞開心胸一定比緊閉心房強。

　　但是必須再次強調，讓受訪者敞開心胸、放輕鬆，只是引出訊息的手段而不是目的；也就是說，讓受訪者放輕鬆，只是出發點而不是終點。

事實可以深入話題

接下來就用例子來思考。假設為了知道事實而提問：「你昨天吃了什麼？」對方回答：「我吃了義大利麵。」這時接著說：「原來如此。那我們就繼續下一個問題……」用這種形式進行範例的訪談是最糟糕的。但這時如果接著說：「喔，吃義大利麵啊。不錯嘛！我也喜歡吃義大利麵。最近………」透過聊義大利麵，產生共鳴，炒熱氣氛搏感情，乍看之下好像不錯，事實上並不好。因為這麼做只是炒熱氣氛，並無法從中獲得訊息。

「為什麼吃義大利麵？」突然問理由也不妙。因為對方冷不防聽到這個問題一定會懶得回答，或者對方極有可能草草回答一句「不為什麼」或「我就是喜歡吃義大利麵」。

那麼，到底該怎麼問呢？如果是我的話，我會在對方回答「我吃了義大利麵」之後，再確認以下幾個和事實有關的項目。

- 是早餐吃，還是午餐吃，或晚餐吃？
- 是在外面吃，還是家裡吃？
- 如果是在家裡吃的話，是自己做，還是別人做？
- 是哪一種義大利麵（辣椒番茄斜管麵、奶油培根寬麵、日式拿坡里義大利麵等）？
- 吃義大利麵的頻率？
- 回答者的屬性（性別、職業、年齡、氛圍等）為何？

一定有人會納悶：「知道這麼詳細要做什麼？」其實，這

類的事實比「我就是喜歡吃義大利麵」這種感想有用多了。

如果對方的回答是：「我是一個二十幾歲的女性上班族，中餐時和同事一起到常去的店時，就會吃辣椒番茄斜管麵。」這個回答很普通，不會讓人覺得意外。但如果對方回答：「我是一個二十幾歲的女性上班族，平常都一個人生活。早上上班前，我就會自己做日式拿坡里義大利麵。」這時狀況就不一樣了。這樣的回答至少會讓人產生三個疑問。

第一，一般人通常會在午餐吃義大利麵。晚餐吃的人比較少，早餐吃的人幾乎沒有。所以，第一個疑問是「為什麼是早餐吃？」

第二，照理說平日的早上、上班前的時間，應該都很忙碌。所以，第二個疑問是「為什麼會選早上的時間自己做義大利麵？她真的這麼喜歡吃義大利麵嗎？」

第三，日式拿坡里義大利麵是一種用大量番茄醬調配的重口味、高卡路里的食物。所以，第三個疑問是「一個二十幾歲的女性上班族，怎麼會把這種食物當早餐？」

另外，一個女性會回答日式拿坡里義大利麵時的氛圍也值得留意。譬如，她是回答得很難為情，還是回答得很理所當然。照理說，二十幾歲的女性上班族應該會回答得很靦腆。因此，如果她的口吻是不在乎的，這個謎就更難捉摸了。這時，我希望問的人能夠再更進一步確認「一個月以日式拿坡里義大利麵為早餐的次數是多少」，也就是確認吃的頻率。或許她真的會回答「每天」也說不定。

棒球選手鈴木一郎有段時間每天早餐都吃咖哩餐。這個小故事很有名。其原因不明，總之，那段時間他就像中了邪似的非吃咖哩不可。所以，這個每天早上都吃日式拿坡里義大利麵的女性上班族，或許也有她自己獨特的理由。

如果能聊到這個程度，時機也差不多成熟到可以問「早餐要吃日式拿坡里義大利麵的理由」了。因為不論對方怎麼回答，接下去的發展應該都會非常有趣。

這時，還可視當下狀況多問一句：「妳家裡的人也喜歡義大利麵嗎？」如果她回答：「是的，事實上我爸爸……。」這時就可以接著說：「真的是有其父必有其女。原來妳早餐吃日式拿坡里義大利麵是遺傳啊！」如此一來，你們之間的對話就可以很自然地延伸下去。

所謂感想「就是這樣」。譬如，我的感想就是「我非常喜歡義大利麵」。即便這個感想是事實，也不能一字不漏寫入文案裡。因為感想會因人而異，所以受訪者的感想未必會讓眾人都產生興趣。

但是，「二十幾歲的女性上班族，以日式拿坡里義大利麵為早餐，而且自己做、每天做」的事實當中就藏著「謎」。有謎自然就會讓人產生興趣。事實蒐集得愈多，謎就愈神祕，而且解謎的本身也是一個事實。讓讀者閱讀文章的最終目的，其實就是要讀者自己來解謎。因此，為實際範例進行採訪時，與其蒐集感想，不如蒐集事實才合理。

為 B2B 電子商務的商品製作範例，也同樣要掌握這個原

則。「引人閱讀，布謎很重要」，所以蒐集事實比聽取感想更有效。

假設，負責人發言表示：「這是一個要盡快解決的緊急課題。」確認事實之後發現：「第一次和我們聯繫的時間是二月，導入產品的時間是在八月。」顯而易見，發言發示「緊急」，和「聯繫後半年才導入產品」的事實有落差。

又假設，有一家擁有五千名員工的企業，三年前，以「放眼全公司的一小步」為名目，導入了五十個許可證。但是三年後的今天，那家企業還是只有五十個許可證。這就會讓人產生疑竇，明明說要「放眼全公司」，為什麼導入許可證的數量並沒有增加。

「發言和事實有出入」就會產生謎。謎是讓人產生興趣的來源，謎具有讓人閱讀的驅動力。因此，比起不經意透露的感想，事實能夠讓人願意閱讀的力量更強大。

從對方口中問出事實的技巧

能夠問出事實的確很有趣，但有人或許會想：「打破砂鍋問到底，難道不會惹人厭嗎？」

想的一點都沒錯。就以義大利麵的例子來說，面對一個二十幾歲的女性上班族，一直接二連三地問：「妳是早餐，還是午餐、晚餐吃義大利麵？妳是在外面吃，還是在家吃？妳是吃辣椒番茄斜管麵，還是奶油培根寬麵或日式拿坡里義大利麵？」這位女性上班一定會不耐煩，心想「你以為你是誰啊」，

進而設下心防。

為了避免這個狀況發生，大家一定要拿捏好提問的技巧。為了製作範例而進行訪談時的提問技巧，就是「如何問出通常會惹人厭煩的提問答案」。這和「搏感情的技術」和「討人喜歡的技術」明顯不一樣。如果只是想討好對方，就不要一開口就問，像「是早餐，還是午餐、晚餐吃」這類細小的事情。

那麼，到底該怎麼做，才能問出通常會惹人厭煩的提問答案呢？大致有三個方法。

第一個方法是「不要用問的，而用調查的」。這是最好的方法。以義大利麵的例子來說，很難做事前的調查。但是，如果要為資訊科技產品的範例進行採訪的話，在出發前先去問自家公司的業務人員，就可以在採訪之前，先一步調查和受訪者有關的一些事實。這時，必須先問清楚的，其實都是一些枯燥無味的資料，譬如何時和我們聯繫、何時下訂單、訂單金額多少、交貨細節等。可以的話，最好在出發前就能夠先掌握七成的資料。換言之，採訪前的詢問，就是採訪的一部分。

第二個方法是「不要用問的，而用推測的」。如果一個二十幾歲的女性上班族回答：「我昨天吃了義大利麵。」就可以用常理來推測：「說到義大利麵，妳應該是午餐時和同事一起去吃的吧！」如果她的回答是：「是的，沒錯！」就表示她對這個話題可能不感興趣。這時不妨休息一下，再換個話題。

但如果她回答「不，不是午餐，是早餐」，那麼就繼續問：「咦，是早餐？不好意思，可以告訴我，妳吃的是哪一種義大

利麵？」這樣一步一步追問，或許就可以問出「日式拿坡里義大利麵」。

不過，第二個方法有讓人覺得死攪蠻纏的風險。為了降低這種風險，可以用第三種方法，就是「用採訪的立場拜託」。想要打破砂鍋問到底時，就說一些具有緩衝效果的話，譬如，「對不起，採訪就是必須問這麼詳細」、「我必須詳細告訴讀者」等。這麼說，就可以讓受訪者認為：「沒辦法，一切都是為了採訪。」

為範例進行採訪的目的，不是要和受訪者搏感情，而是要「引出與事實相關的訊息」。因此，在採訪中，大腦一定要馬力全開，思考該如何做，才能有效率而且順利引出和事實有關的訊息。

重點

1. 在 B2B 的實際範例中，客戶的真心話並沒有什麼價值，有價值的是和事實相關的訊息（即 5W1H）。
2. 搏感情無法引出和事實有關的訊息，因為對受訪者而言，要正確陳述事實是件麻煩事。
3. 有三種方法可以引出事實，即「調查」、「推測」、「用採訪的立場拜託」。

戰略 6
「課題、效果、展望」式的結構並不好

製作範例時，有一種形式乍看之下很適當，但其實效果卻不如預期。這種形式就是，硬邦邦地用「導入前的課題」、「導入效果」、「今後的展望」，來固定文章的結構。在這節裡，將先說明「最佳化」這個名詞，然後再談文章（即文案）的結構。

最佳化的定義

在市場行銷的世界裡，有兩個名詞常被誤解，甚至評價過高。這兩個名詞就是「最佳化」和「整體最佳化」。尤其是「整體最佳化」，表示無可挑剔，所以常會被用來當作形容「最好、最棒」的措辭。但是，「最佳化」未必就是最好、最完美的。

「最佳化」這個字詞是來自拉丁語的「optimum」（最好），英文上的定義是：「能夠在特定條件下，做出最好的成果的設定」。這個定義十分嚴謹。譬如，「optimum」這個英文單字的意思是，「（在某種條件下的）最高限度、最好結果、最佳妥協」、「（生物成長、繁殖的）最佳條件」。另外，數學裡的「optimize」，是指「在某條件下，讓特定變數變最大或最小」。「optimize」在英語裡是非常冷門的字，我手邊的英英辭典《柯林斯詞典》（*Collins（COBUILD）Intermediate Dictionary*）就查不到這個字。換言之，它不是常用的字彙，而是學術界、工程界才會使用的專業術語。

　　最佳化的定義當中，最重要的就是「在特定條件下」這個部分。「在特定條件下」反過來說的意思就是「如果條件改變了，就做不出最好的成果」。說得再淺顯一點，最佳化的狀態就是「那時或許很好，但是一旦好過了頭，就會少了轉圜的空間，甚至環境一改，還會覺得無能為力」。

　　「加拉巴哥症候群」（Galapagos Syndrome）就是在揶揄太適應某種特定的環境，會完全無法因應外界的環境變化。加拉巴哥島上的生物之所以會出現這種狀況，只有一個原因，就是島上的生物為配合加拉巴哥島的環境，而讓自己生活在「最佳化」的狀態下。所以「最佳化」未必就會有最好的結果。

　　要排除這個弱點，就要有「基礎（base）和選項（option）」的思維。

不變部分和可變部分

　　「基礎和選項」的意思是「基本和詳細設定」，或是「不變部分和可變部分」。絕大多數的軟體都是使用這種形式。設計程式時，先設定作為整體基本功能的「基礎（不變部分）」，再加入「選項（可變部分）」。

　　實際使用時，再配合使用環境和目的，仔細設定「選項」。這樣就可以做到「因時因地制宜的最佳化」。如果是用這種方式設定，縱使使用者改變了環境和使用的目的，還是能夠藉由調整「選項」來維持最佳狀態。

　　或許大家已經發現了。選項的英文「option」和最佳化的

英文「optimize」，兩者的語源是相同的。換句話說，最佳化是使用「選項」才得以實現。

關於範例的文章結構，我常擔心大家會被制式的樣板框住。所謂樣板，就是不調整時間序列，先寫「導入前的課題」，再寫「導入效果」，最後用「未來展望」做結束的固定模式，甚至認為，文章沒有「選項」也不會僵硬死板。

但是，文章的結構應該要針對潛在顧客的訴求，做到最大限度的最佳化，而且還必須按照「基礎和選項」的思維，讓「選項」很有彈性地為作為基礎的不變部分進行調整。不過，如果文章的結構事先就被牢牢固定，就無法調整了；換言之，只有不變部分而無可變部分，就無法最佳化。

這麼說或許有人會提出反駁：「就算文章的結構有一個固定的外框，裡面的內容還是可以自由撰寫。只要在框架內下工夫表現，吸引潛在顧客閱讀就可以了。」但我還是認為：「不論說法多高明，結構不行，文章就不行。」

製作文案時，要有令人震憾的「警語」、「標語」的確很重要，但畢竟這些都是小把戲，「文章的結構」還是遠比這些重要多了，因為比起凡事都要苦思「要怎麼說」，「照著某種順序說」還是比較能夠影響潛在顧客的心理。

解謎的重要性

撰寫文章或文案時，必須把「解謎」的要素融入文章當中。潛在顧客只要關心「接下來會如何」，就會想繼續看下去。如

果從這個角度來看，先寫「導入前的課題」，再寫「導入效果」，最後用「未來展望」做收尾，也就是根據時間序列把所發生過的事情循序列出來，這樣的結構不算好。循序列出來確實井然有序，但無法製造「謎題」，也無法「鋪梗」。

好的範例除了要有一定的長度之外，還必須有能夠讓人想看到最後的「謎」。想要文章中有謎，就不要攤出所有的訊息。最簡單的做法就是，先寫結果，但不馬上交待經過和原因。只要這麼做，就能讓潛在顧客心中產生謎題。

不過，先寫「果」再寫「因」的寫法，和依時間序列循序而寫的寫法，在本質上是格格不入。但如果要撰寫一篇能夠吸引潛在顧客閱讀的文章，我認為這種「課題、效果、展望」式的時間序列型結構，其實是有害的。

在此聲明，我完全沒有要否定寫文章要有明確結構的意思，我是全面肯定的，所以本書中用了許多篇幅談結構的設計方法。問題是，「課題、效果、展望」式的結構看起來就像是文章的大標題，而且還統一規定課題、效果、展望要各寫一千字。

喜歡這種文章結構的人說：「不按順序寫，讀的人會錯亂。」但如果真的想為文章建立秩序的話，只要適當運用小標題或目錄就可以了。這是書籍、雜誌常用的手法。其實會說這話的人，真正想說的是「不按時間序列寫的話，我會錯亂」。這和對外表示「公司不允許給客戶這種方便」，其實和「我不允許」如出一轍。所以，我合理地懷疑那說詞根本就是託辭，說的人只是想把自己的主張歸咎於人。

一篇好的文章，結構占七成

文章的結構如果是固定的，對寫文章的人或對管理文章的人來說，的確都比較輕鬆。因為不必深思熟慮，只要照著順序寫就可以了。換句話說，這麼做可以讓寫時間序列式文章的人和減少工時這檔事，都在最佳化的狀態下。但這卻不是潛在顧客的最佳化。

「結構」對文章來說，真的非常重要。到底什麼樣的結構才是適當的，得視題材和狀況來改變。總之，必須掌握一個基本原則，那就是以不變部分為基礎，可變部分用選項自由調整。這麼做就可以提升成果的整體最佳化程度。

日本電影界大師今村昌平說：「一部成功的電影，腳本占七成，卡司占二成，演出占一成」。如果仿照這種說法，那麼「一篇好的文章，結構占七成；宣傳標語和一些驚艷的表現手法必須立足在結構之上，所以重要程度只有三成。」

重點

1. 所謂最佳化就是如果走錯一步，「只有在特定條件下，才有的最佳成果」。那樣就無法隨機應變。
2. 為了避免這種狀況的發生，只要用不變部分和可變部分（即基礎和選項）實現最佳化就可以了。
3. 將範例的文章結構，如「課題、效果、展望」般硬邦邦強制固定，是最糟糕的最佳化。

戰略 7
範例的本質和限制

這一節要說明範例的本質和限制，接下來還是要繼續談理論。這些內容都很重要，希望大家能好好閱讀。

什麼是好的廣告宣傳？

首先，範例是廣告宣傳的一種。在此將廣告宣傳定義為：「企業以販賣自家商品為目的所發送出去的所有訊息」。所以，電視廣告、網路廣告、網頁、宣傳手冊，都是一種廣告宣傳。另外，行銷用的簡報資料、研討會上的演講，也可視為一種廣告宣傳。範例是在為客戶發聲，目的也是為了促銷商品，所以也被認定是一種廣告宣傳。

那麼，什麼才是好的廣告宣傳？關於這一點，可以用下面的圖來表達。

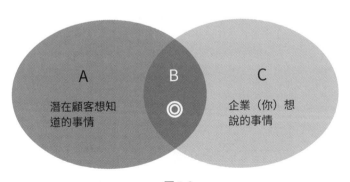

圖 1-2

左邊的圓是潛在顧客想知道的話。右邊的圓是製作範例的企業想說的事情，也就是所謂的行銷訊息。圖中 C 的部分是賣方想大肆宣傳的部分，但對買方而言，卻是興趣缺缺的「自以為是」的區塊；這是不佳的狀態。圖中 A 的部分，對賣方而言無關緊要，但對身為買方的潛在顧客而言，卻是「最感興趣，最想知道」，可以「提供訊息」的區塊。這一區塊對跑業務的人而言，非常重要。

但從廣告的角度來看，最好的就是賣方和買方都感興趣的 B 區塊，所以這個區塊有一個「◎」的符號。

受訪者的外在形象具有強大的強制力量

接著，我們來思考什麼是好的範例。因此再增加一個圓，所以狀況會變得稍微複雜些。

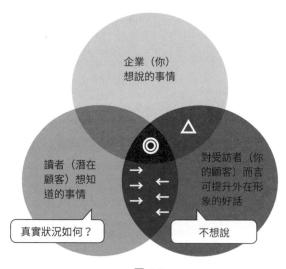

圖 1-3

在實際範例中，右下方多了一個「受訪者（你的客戶）外在形象良好」的一個圓。這裡的外在形象是指，為製作範例而接受訪談的企業，認為「自己給外面的形象應該這樣或外面的人應該這樣看自己」的自我形象。對製作範例而言，這個圓的強制力最強。製作範例的人絕對不能超出圓外。如果寫超出這個圓的東西，就會馬上接到如下的客訴。

「你寫這件事，我們公司的形象會不好。」

「可以寫導入前的課題。但如果外面的人知道這件事就是我們的課題，和我們有往來的客戶對我們的印象就會不好。」

「寫太多導入前的課題，會讓別人覺得我們公司以前的業務管理很糟糕。」

對於這類客訴，我們不能反駁只能照做。就算靠採訪功力引出了對方的真心話或所隱瞞的事實，也不能把在這個圓之外的事情寫出來。就算你寫了，對方還是會喊停。

外在形象比事實重要

總之，客戶的外在形象比事實重要。製作範例必須承受這方面的限制。當對方抱怨「這麼寫，好像是在說我們公司以前業務管理的狀況不佳」時，其實絕大多數的實情是，以前的業務管理狀況確實不佳。就因為出了狀況，為了要解決問題，才要導入這個商品和服務。

但考慮到世人和往來客戶的觀感，就算「以前有問題」是事實，也不能說出來；也就是說，比起事實，還是要優先考量

外在形象。我再次重申：製作範例時，絕對不能寫有損受訪企業（你的客戶）外在形象的事情，就算這是事實也不能寫。這是製作範例的大原則。

常見的穩當做法

　　為了避開這種外在形象所帶來的限制，製作範例時一般都會針對圖 1-3 的「△」區塊來做。我稱這個區塊為「穩妥區塊」。因為這個區塊讓企業（你）說自己想說的話的同時，也尊重到了受訪者（你的客戶）的外在形象。看到「穩妥」兩個字，或許有人會聯想到：「莫非有什麼是不能做的嗎？」或許有人還會嘟囔說：「我們已經詳細說明公司的行銷訊息，而且也非常尊重寶貴客戶的外在形象，這樣不是很好了嗎？這『△』符號很諷刺耶，根本就應該打『○』。」

　　為什麼這個區塊是「△」？因為這個區塊未理會「潛在顧客想知道的事情」。

製作範例最應該尊重的是「潛在顧客」

　　受訪者對企業（你）而言，因為是「重要的客戶」，所以你必須尊重這位客戶的外在形象。不過，範例是為「潛在顧客」而製作的。眼前的客戶固然重要，但範例畢竟是廣告文宣，所以最應該受重視的還是以後會上門來購買產品的潛在顧客。

　　因此，製作範例時，你該想像的不是現在在你面前的客戶，而是素昧平生、從未謀過面的潛在顧客會有的反應。這個「穩

妥區塊」就是遠離了「潛在顧客想知道的事情」，這樣製作範例就毫無意義。

潛在顧客對範例的要求

　　潛在顧客希望範例這種廣告文宣，能夠提供什麼樣的訊息？說得單純一點，就好比是「宣傳手冊是這麼寫的，但真正的狀況如何」一般。然而，想知道「真正狀況」的欲望，和受訪者（你的客戶）要保護自己外在形象的欲望卻是正面對立的。也就是說，如果考慮外在形象，就不能說真正的狀況。

　　世上沒有任何一種魔法可以解除這種對立。但範例製作者可以把焦點放在，經過一番思考再「設計」的圖1-3中央有「◎」符號的那一部分。因為這部分可以同時兼顧三方，即「潛在顧客想知道的事情」、「企業（你）想說的事情」、「受訪者（你的客戶）想保護的外在形象」在這個區塊產生交集。這個狹小的理想區塊，就是範例這種廣告文宣的理想狀態。本書所寫的技巧也都是達到這個狹小區塊的方法論。

重點

1. 範例的內容必須同時滿足「企業（你）」、「潛在顧客（今後會購買商品的人）」和「受訪者（你的客戶）」三方。
2. 「受訪者（你的客戶）」的外在形象具有強大的強制力。
3. 但最該重視的應是「潛在顧客想知道的事」。

戰略 8
顧慮太多客戶的需求沒有意義

一個技巧有可能各種行業都通吃嗎？

「行銷一定要掌握客戶的需求」、「販賣解決方案，不能一上門就強迫推銷，首先必須先傾聽客戶的困難」，這些話大家一定耳熟能詳。

這些話說得沒錯，但如果自家的商品不能滿足客戶的需求，不能幫助客戶解決困難的話，那就有問題。譬如，向一個為人事煩惱的老闆建議文書管理系統，就沒有意義。

書店裡有本談業務技巧的書，誇口表示：「我跑業務時，完全不談商品。對方想要，我才會給。我一定竭盡全力為老闆、客戶解決煩惱。只要這麼做就自然可以簽到契約。」

這本書的作者有豐富的賣保險經驗。保險這種商品非常特別。因為所有的個人（包括企業經營者）對保險都有需求，所以各家商品一字排開內容都大同小異。既然內容都差不多，「反正要買，就向常前來關心自己的業務員買」，是很自然的事情，但如果把這種特殊商品的業務技巧套用在其他的商品上，就十分危險。

你有商品企畫權嗎？

行銷的業務內容大致可分成兩個部分：一是「商品企畫」，二是「促銷」。也就是說，不是製作能賣的商品，就是把現有

的商品賣出去。B2B 企業的行銷部，通常都是負責後者的業務。

我很少談自己的經驗。我曾經在日本的公司擔任程式設計師。某天，這家公司被外商公司併購了。因為是外商公司的關係，所以新商品的企畫和開發權，都握在國外總公司的手上。日本分公司完全沒有過問商品的權利。默默推銷總公司所製作的商品，就是日本分公司的工作。在這種狀況之下，我很懷疑自己是否還可以繼續擔任程式設計師，所以請求調到行銷部。之後，我就努力參加「銷售總公司商品的各種活動」。

我的例子或許有點極端。但是，對多數 B2B 銷售人員而言，我想「販賣既定的商品」應是很普遍的狀態。如果是清涼飲料、化妝品、汽車等 B2C 之類的商品，行銷活動的重心或許就是「商品企畫」。公司內部的人會期待，透過商品企畫，能夠開發「丟著不管也可能熱賣的商品」。但是，客戶是企業的 B2B，與其想靠「一項熱門商品逆轉勝」，不如「好好運用信用和實際績效勤跑業務」。這種模式的行銷，談不上好壞，就是既踏實又誠懇。

如果你擁有商品企畫權，掌握客戶的需求才有意義，而且只要開發滿足客戶需求的新商品就可以了。但是，如果你的工作是「要更努力銷售現有的商品」，就算籠統調查了客戶的需求也沒有意義。因為就算你知道他們的需求，現有的商品也不見得能呼應他們的需求。

無形售品的「商品用途」不清不楚

沒有商品企畫權,即必須更努力銷售現有商品的人,該知道的不是客戶需求,而是「商品需求」。知道自己現在正在銷售的商品的明確需求,比了解客戶大致上的困難更重要。

簡單來說,商品需求就是「商品的用途」。B2B 的業務人員,首先必須對「自己現在正在銷售的商品用途」有正確的認識。這麼說,有人或許在心裡嘀咕:「當我白痴啊!公司商品的用途這種芝麻小事,我當然知道。」但是,業務員是「想賣自家公司商品」的人,不是「要買商品來使用」的人。對商品的用途真的有把握嗎?

「用途明確的產品」 vs.「用途不明確的產品」

資訊科技產品,可進一步區分成「用途明確的產品」和「用途不明確的產品」。

用途明確的產品,譬如,防毒軟體、電郵軟體。防毒軟體是用來「發現病毒」,電郵軟體是用來「收發電子郵件」。就像「掃地機是用來掃地」、「粘著劑是用來粘著」一樣單純。因此,防毒軟體、電郵軟體,可說是用途只有一種的「單一需求商品」。

但是,文書管理系統、公司內部的社群網路、商務智能、經營分析系統等資訊公享系統、知識管理系統之類的產品,就是用途不明確的產品。只是將這些產品導入企業內、組織內並沒有什麼助益。因為一般客戶只知道什麼狀況下不能使用,卻

不知道該如何使用才會對自己有幫助。

　　但是，沒人會買「用途不明」的東西。就算漂亮的銷售話術表示「用途會用因使用者的創意而有無限可能」，但還是賣不出去。因此，企業要賣這類商品時，就要提出「建議需求」和「建議用途」；也就是，要用「您一定有這種需求，所以請這樣使用這個商品」的形式，透過廣告文宣提出使用方法。

　　如果潛在顧客看過廣告文宣之後的反應是：「原來還有這種用途，真是太好了，我決定買了！」那就皆大歡喜。但事實上並沒有那麼簡單，因為廣告文宣所建議的用途都是賣方在自己腦子裡所想像的「虛構需求」，而且大都是「令人難以置信的用途」。

商品的用途和預想的完全不一樣

　　現在，我就介紹一個「虛構需求和真正需求有落差」的例子，是我個人的真實經驗。

　　有一次，為了製作應用維基（Wiki）而製作資訊分享系統的實際範例，我特地到一所知名大學（以下簡稱 L 大學）進行採訪。因為我對「L 大學用維基做什麼」心存疑問，所以採訪之前，我和該商品的供應商開了一次會。產品的宣傳手冊上雖然寫著「用維基可以提升資訊分享的速度」，但是這句話很抽象。只要把維基這個部分換成任何一種產品的名稱，其實都可以成立。也就是，這句話並沒有寫清楚這個商品的具體用途。

　　順便一提，說到維基，通常是指在網路上管理資訊的一種

機制,而不是一種特定工具的商品名稱。維基百科資訊網站,就如其名,是「用維基來製作的百科全書」。從前的資訊管理機制是中央集權式的;也就是「大家看某人在一個地方所撰寫、所編輯、所更改的資訊」。紙本的百科全書就是用這種方式。相對於這種方式,維基就是現場分散式的;也就是「大家一起撰寫、更改、編輯,大家一起看資訊」。這就是維基的特色。如果從這個定義來類推的話,要宣傳維基似乎可以用「一個人無法解決的問題,只要寫入維基裡,經過大家集思廣益之後,任何問題都可以自然解決」的形式來進行。

但是,用這種形式來宣傳還是不夠具體。如果把文案中的「維基」部分,換成其他可以資訊共享的產品名稱,這個文案一樣可以成立。因為文案中的維基,並沒有把自己的用途標示出來。這次到 L 大學採訪之後所製作的實際範例,我所描繪的維基用途,備受其他大學相關負責人的肯定和認同。因為「大學真的有個需求」。這個需求到底是什麼呢?採訪之前,我雖然和供應商開了一次會,但是並沒有談出確實的結論。在迫不得已的情況下,我只好猜想:「為了研究而進行討論時,大家會用這個維基來炒熱氣氛、激盪腦力。」

但是,進了 L 大學採訪教授之後,才知道它的用途和我所預想的完全不一樣。原來它的用途是「提升教育行政事務的效率」。這是一種有「現場需求」才說得出來的用途。當我問道:「這個維基不是用來炒熱討論氣氛的嗎?」教授斬釘截鐵地說:「怎麼可能!討論要面對面,不能靠維基、電子郵件等資訊科

技工具。視訊會議還算勉強可用。」

　　L 大學當初導入維基的目的，是要「提升學期末處理學生報告的效率」。大學在教授的指導下共同進行研究的小組，期末時教授都會要求小組成員交報告。這些報告的數量非常驚人。學期末正是教授們最忙碌的時候，要收這些報告對教授們而言，無疑是相當大的負擔。因此，L 大學基於減輕教授們的負擔，希望學生以電子檔的方式交期末報告，故而導入維基。之後，維基的用途愈來愈廣。現在除了原來設定的用途外，還可用於「保存研討活動的紀錄」、「促進研究成員的相互交流」等其他用途。

　　用維基來提升教育行政業務的效率，和世界最大的網路百科全書使用維基的方法並不相符。這個用途真的完全超乎我的預想。不過仔細想一想，這個用途（這個需求）和大學的實際狀況卻是吻合的。

產品的用途具有整合性就能賣

　　基本上，大學是個做研究的地方。因此，所導入的資訊科技工具，必須要對研究有幫助。這次導入維基，原是為了要讓大家能夠多擠出一點時間進行研討，沒想到卻間接用維基提升了行政業務的效率。

　　本來，研究小組就應該把重心放在研討上，但卻被行政業務逼得騰不出時間做研討。為了擠出研討的時間才引進了資訊科技工具。原本資訊科技工具最擅長的就是「提升業務作業的

效率」，所以這件事是合乎邏輯的。

「提升教育行政業務的效率」這個用途非常務實，所以我嗅到了濃濃的「暢銷」味道。「用資訊科技工具熱烈進行研討」，乍看之下很有吸引力，但事實上，只有一部分比較先進的大學才有這個需求。這種先進的大學在日本就那麼幾所。換言之，潛在顧客的人口非常少。又或許，這個需求根本是掛零（事實上我這個假設已經被 L 大學否定了）。

類似「提升教育行政業務的效率」，這種看起來很不顯眼卻真的存在的需求，不是賣方關在會議室開會就會明白的。這種需求必須詢問實際買來用過的顧客。就以這次為了實際範例進行採訪來說，就可以當場調查「顧客真正的需求」和「商品真正用途」。

重點

1. B2B 行銷人員一般都沒有商品企畫權。也就是，他們的主要業務，不是思考「能賣的商品」，而是「販賣現有的商品」。
2. 因此，應該把著眼點放在「自家商品能夠解決的困擾」，而不是「顧客一般性的麻煩」。
3. B2B 的商品很多都是用途不明確的「神祕商品」。
4. 要了解「神祕商品」的用途，最好的方法就是向實際使用過這個商品的顧客討教。
5. 為實際範例進行採訪，可以當場調查商品真正的用途和顧客的需求。

戰略 9
用數字宣傳導入效果是有陷阱的

「範例的標語一定要有數字。」

「『提高業務效率』、『確立牢固的安全機制』之類過於定型化、含糊不清的寫法不可行。」

「為了提升說服力，應該要加入數字，譬如，『提高 27％的效率』、『降低一千五百日圓的成本』等。」

這是製作範例時，常會聽到的建議。這些忠告當然是正確的。有數字當然比沒數字好。但是，卻不能因此就斬釘截鐵認定「只要有數字就萬事搞定」，而且有些數字根本就毫無意義。無意義的數值有兩種：一種是「沒有根據的數字」；一種是「任何一種產品都可以做得到的數字」。

沒有根據的數字

再華麗的數字若沒有根據，說服力就會減半，有時甚至會消滅說服力。前幾天，我看到一個工廠軟體範例用「提高 30％的生產力」作為標語。一般來說，工廠是個分秒必爭、錙銖必較的地方，如果能提高 30％的生產力，真的會令人非常驚艷。

但是，再繼續看下去，這個範例只寫了「提高 30％的生產力」，並沒有其他任何進一步的說明或根據。我想這句話，八成是受訪企業的負責人隨口說的。「提高生產力」和「降低製造成本」不一樣，「降低製造成本」有明確的數值，「提高生

產力」則是含糊不清的。因此，必須靠解釋才能表示到底是提高 30％還是 40％。馬馬虎虎標上一個數字並沒有說服力。

任何產品都可以做得到的數字

寫導入 A 產品的效果時，必須寫「如果是 A 產品的話，會有這個效果」。但是，如果這個效果是其他競爭產品理所當然也可以做得到的效果，A 產品就無法展現自己的相對優勢。

譬如，宣傳汽車時，縱使強調「我們公司的新車，只需五分鐘就可以到達走路需要一個小時的地方」，也無法表達相對優勢。因為可以比走路早到的，不是只有「我們公司的新車」。世上任何一種車，理所當然都可以做得到。因此，就算強調「只需五分鐘」，還是不具導入效果的價值。

但是在軟體業，我常看到以「任何產品都可以做得到的數字」為標語的範例。某 3D 電腦輔助設計軟體產品（簡稱 A 產品）的範例，寫「試製期間減半」。但是，進一步閱讀內容，發現試製期間之所以減半的理由，竟是「把 2D 電腦輔助設計軟體換成 3D 電腦輔助設計軟體」。這是「3D 電腦輔助設計軟體的導入效果」，但不能說是「A 產品的導入效果」。換言之，如果導入其他的 3D 電腦輔助設計軟體，應該也可以產生相同的效果（即只要是「3D 電腦輔助設計軟體」這項軟體都有這個效果，而不是只有這家公司的所製造的 3D 電腦輔助設計軟體產品，才有這個效果）。

我們再舉一個例子。就是一般常見的文書處理機。如果以

「我們公司的文書處理機,可以提升 100 倍的手寫業務效率」為標語,大家覺得如何?應該馬上就會被吐嘈說:「這一點任何一台文書處理機都可以做得到!」這種情形和「導入 3D 電腦輔助設計軟體,試製期間減半」的情形如出一轍。

電子帳單系統的範例

有些產品只要一經導入,就一定會產生定量效果。電子帳單系統就是其中的一種。

金融機關有義務保存帳單一個年限。電子帳單系統就是把帳單電子化並加以保管的系統。只要導入這個系統,就可以減少很多帳單製作費、搬運費、保管費、保管空間租賃費、各種人事費用等。這些費用動輒都以數千萬日圓為單位。

但是,電子帳單系統的範例,我卻從來沒有看過有人以「導入電子帳單系統,減縮三千日圓的成本」作為宣傳標語。這類的範例反而都比較強調「安全機制」、「導入速度」。

我想這是因為販賣電子帳單系統的公司,認為「不論導入任何一家的系統都可以縮減成本」,所以即使特別強調這點,也無助銷售。

數字有集客效果是事實

如果時光倒回二十年,也就是網路剛要普及的 1996 年。假設這時的你,在一家販賣電子郵件系統的公司擔任行銷人員,而且要製作範例。這時如果以「和傳真相較,導入電子郵件系

統可以改善 30 倍的業務效率」為標語，你認為效果如何？

首先，電子郵件的效率比傳真佳，就如同汽車的速度比腳踏車快是理所當然的，而且任何一種電子郵件軟體都能做到這效果。因此，就這點來說，這個標語的效用應該並不高。

某天我把這個想法告訴某個人時，這個人問我：「村中先生，二十年前，如果是你來做範例，你真的不會以『效率比傳真好 30 倍』為標語嗎？」照理說他知道「效率 30 倍」這句話並沒有意義，但 30 倍這個數字很動人，所以他才會問我：「真的不會把這個數字放在宣傳標語裡嗎？」

那時，我回答：「是的，我會用這個數字。」理由是「雖然這是理所當然，也是任何人都可以做得到的事情，但「30」這個數字真的很有魄力。為了集客，我會用這種手段。」

不過，以這種狀況來說，用「30 倍」吸睛之後更為重要。「用電子郵件提升 30 倍的效率」這句話並沒什麼新意，所以單靠這句話無法突顯自家公司產品的相對優勢。如果我是撰稿人的話，我會在範例文章的正文裡，寫出我們公司的某某電子郵件軟體的某某功能比其他公司產品優秀的「相對評價」。除此之外，我還會告訴客戶「如何解決公司內部的排斥勢力」。

如果以電子郵件取代傳真，一般員工的標準作業流程勢必會大幅改變。但是，外勤人員，特別是中年、資深的外勤人員，最厭惡的就是改變標準作業流程。因此，閱讀實際範例的潛在顧客一定會想知道，已經導入電子郵件軟體的企業，是如何化解這股抗拒的力量。

電子郵件「理所當然」比傳真有效率。即使標題中沒有「30倍」這個數字，潛在顧客也知道這個事實。潛在顧客關心的其實是之後、下一步的事情；也就是他們關心的是，「該導入哪種電子郵件軟體比較好」、「如何向抗拒的員工說明、讓排斥的員工認同」之類的訊息。因此，範例製作者必須在實際範例中回答潛在顧客心中的這些疑問。

「30倍的效率」，充其量只不過是吸引人注意的大聲公。簡單來說，就是用這個大聲公讓人抬起頭或轉過頭來看著你。問題是「之後」。如果大聲公響完之後就結束了，將會令人大失所望。因此，要讓這些人繼續關注你，你一定還要說一些對這些人有用的話。

「提升30％的生產力」、「試製時間減半」，其實就像拉麵店的人大聲呼喚客人，而勝負在入店之後老闆是否能端出美味的拉麵。換言之，範例的正文和吸睛的宣傳標語一樣重要。

重點

1. 一般來說，範例的導入效果最好能用數字呈現。
2. 但是，「沒有根據的數字」和「任何產品都做得到的數字」是沒有意義的。
3. 數字的確有吸睛的集客效果，因此縱使勉強，也最好在宣傳標語中放入數字，但必須在正文說明依據來源。

戰略 10
「熱情」的宣傳手冊、「無情」的範例

是事實還是自我形象

範例要根據事實製作。但這麼理所當然的事情，在製作範例的現場，卻變得非理所當然。

有一天，A 業務諮詢公司找上我所經營的範例製作公司，表示「希望我們去採訪 B 公司並製作範例」。於是，敝公司的製作人員，就去採訪 B 公司，並完成了文案的撰寫。但是，A 公司看了初稿之後即來電客訴。

客訴的內容是：「我們公司想從單一的業務諮詢公司，轉型為綜合式的管理諮詢顧問公司。為什麼這個範例只寫提供業務諮詢一事？」

老實說，我認為這是無理要求。我知道 A 公司想強調「之後將來」要走管理諮詢這一塊，但 A 公司為 B 公司所提供的是「之前過去」的業務諮詢。既然採訪的是 B 公司，寫出來的當然就是「業務諮詢的範例」。撒下去的是番茄的種子，當然結出來的就是番茄。A 公司竟然吼我們為什麼沒有長出西瓜。這根本就是強人所難。

最後，應 A 公司的要求，我們把文案中的「業務諮詢」，全都改成「管理諮詢」，並刪去和業務諮詢有關的事實和小故事。因此，完成後的範例，就只寫了一些抽象的感想。

這雖然是個很極端的例子，但我們真的常碰到客戶提出同

樣的要求。會提出這種期望的客戶，似乎都希望能塑造「自己希望如此」、「想要別人這樣看己」的強烈自我形象。

但是，「過去自家公司在現實中所採取的行動」，和「自家公司所期望的」卻未必一致。在閱讀清楚描繪現實的實際範例時，就會想否認「這不是自己」。但是，其實這種狀況就像是對著鏡子裡的自己生氣。

範例是根據事實的促銷

如果 A 公司真的想用「今後，我們是管理諮詢顧問公司」吸引客戶的話，應該製作宣傳手冊。因為宣傳手冊「想寫什麼是企業的自由」，因此不需要受過去事實的束縛。企業可以在宣傳手冊裡，隨心所欲地告訴大家「本公司要這樣轉型」、今後要做的事、今後想做的事等。

不過，「什麼都可以寫」卻也是讓說服力變低的主要原因。因為「可以自由寫」的意思，就是「隨便要怎麼說都可以」。

相對於宣傳手冊，實際範例卻是一種徹頭徹尾必須根據過去的事實製作的廣告文宣，所以只能寫「過去實際做過的事情」。像這樣的範例算是一種嚴謹的廣告媒體，但就因為範例受限，所以才有信賴感和說服力。

範例必須根據事實，冷靜撰寫。如果要捨事實，而以自我形象和行銷訊息為優先的話，製作宣傳手冊會比較恰當。

範例中的說話者是「無情」的使用者

在範例中喋喋不休的人，不是身為賣方的企業，而是身為買方的顧客。為商品製作的宣傳手冊，是企業自誇自擂的「熱情」廣告媒體，但範例卻是別人批判別人商品的「無情」媒體。

因此，如果企業想用宣傳手冊，熱情宣傳自家公司的產品，不會有什麼問題。姑且不論效果如何，至少這麼做不會不自然。但是，範例的文章如果只寫「關鍵就在服務和支援」、「現在的地位舉足輕重」、「從一開始就認定這個產品」這類讚美的話，就算這些都是事實，看起也像是有企業在後面操縱的隱形行銷手法。範例還是由顧客冷靜、客觀評估導入商品最自然。

事例的基調應該是冷靜的。所以，內容中的說話者，也就是購買了該商品的顧客，從頭至尾都必須保持「對該商品不過度熱情，而且能夠冷靜評價，以提供潛在顧客在諸多選項中的一個選項」的態度。

著重點不在「宣傳」而在「新聞價值」

就範例而言，提供冷靜的「新聞價值」，比熱情的「宣傳」和提供市場訊息有效。所謂「宣傳」，就是用一些類似形容詞或副詞的詞句，如「精彩」、「異次元的衝擊」、「非……不可」、「不能任性」、「不是防守而是用○○主動攻擊」等，來呼籲、請求、吸引或迎合他人。這些詞句的特徵就是外強中乾，也就是乍看之下美麗多采卻沒有內涵。

但如果重視新聞價值的話，「是誰、在何時、在何處、做

了什麼（即 5W1H）」的冷冰冰事實就格外重要。這類的訊息通常不會用形容詞，而是用名詞或動詞來表達。

訊息當中有新聞價值，會產生什麼狀態呢？那就是被動接收到這個訊息的人，會以驚呼來表達自己覺得很意外的狀態。新聞價值無法用措辭等文章技巧來提升，所以能夠注意到某個事實的冷靜態度，是非常重要的。

重點

1. 範例從頭到尾都是根據事實而來，所以具有說服力。
2. 宣傳手冊是企業熱情說話的媒體；實際範例是顧客冷靜說話的媒體。
3. 範例不是用來宣傳，而是用來傳達訊息。

戰略 11
範例的宣傳標語正確撰寫的方法

客戶常會對我說：「希望實際範例的宣傳標語有衝擊力！」
這時，我會建議客戶「最好忘了衝擊力這句話」。因為衝擊力
這句話沒有「方向」，會妨害創造性的思考。

使用無意義的話，無法得到有意義的結論

「衝擊力」這個詞只顯示「強」的「程度」，並沒有指示「方
向」。這個詞和「了不起」、「令人怦然心動」、「引人入勝」
等的表達方式其實是相同的。使用這種「沒有方向的詞句」不
但無法陳述自己的想法，還無法為行動訂定出一個可行的方向。

假設要給製作電腦繪圖人員一個方針或指示。只要告訴他
們「要更亮一點」、「要加強紅色的部分」、「輪廓線銳利一點」，
工作人員就會行動。因此，「要加強紅色的部分」等指示，給
了明確的方向。但如果下達的指示是「再有衝擊力一點」、「令
人怦然心動」、「讓人被電到一般」，那麼工作人員就無法採
取具體的行動。因為前者是「有方向、能夠行動的話」，後者
是「只表示程度、沒有方向，不能行動的話」。

最近的政治人物不論碰到什麼狀況都說：「我會好好努力
的。」句中「好好」這兩個字，是可以表達「力道的強度」和「魄
力」，但是卻看不到具體有何作為的方向。政治人物個個都是
便宜行事的高手；表明幹勁卻不說明具體的策略。他們會這麼

說，其實就是不想讓人抓到把柄。

到此為止，我一直都在批判「衝擊力」這個詞。現在言歸正傳，那麼到底該怎麼做，才能為範例下一個好的宣傳標語呢？我建議大家用「鉤子」這個字。

用「鉤子」去吸引

所謂的鉤子就是誘餌。要讓潛在顧客感覺「這些話似乎和自己有關係」，就要提供「可以吸引顧客上鉤的鉤子」。

請大家去思考以下的情況。假設你現在站在大街廣場的舞臺上，眼前有一千名群眾。想購買你們公司產品的人就混在這一千人當中。但是，現在這一千人都在玩手機，沒人理會站在臺上的你。這時有人把麥克風遞給你。從現在開始，你必須和這一千人打招呼，並宣傳你們公司的產品。

這時你應該做什麼？首先，你必須「讓所有人朝你看」。在宣傳商品的優點之前，如果不能讓群眾抬起頭或回過頭對著你，你就不能開始說話。

我想透過這個例子，說明宣傳標語首先應該要以「讓大家看向自己」為目標。標語給人的印象是，只要有一句話就可以做宣傳。但宣傳手冊、報紙廣告、範例之類的東西，是一種「看過標題之後，還要繼續閱讀正文的文章廣告媒體」，所以宣傳標語的功能是「要讓顧客繼續閱讀正文」。以足球運動作比喻，電視廣告的文案就像直接把球踢進球門的射手，而文章廣告中的文案卻是協助射門的致命傳球。廣告界的人常會說「捕捉某

人的眼球」，這句話的意思都是在暗示要別人看向自己這邊。那麼，什麼樣的文案才能夠讓別人看向自己這邊呢？

即使強調衝擊也不具衝擊性

大多數的人都認為「只要透過強烈的表現給予衝擊，應該就可以吸睛」，但如果沒什麼特色的衝擊，很有可能會唱獨角戲而收場。

某本談行銷的書就介紹了一個把「簡直就像身在異次元空間」，當作衝擊力道強大的宣傳標語使用的例子。

如果模仿這個例子，站在臺上對著成千名群眾說：「接下來，我們公司要發表的新產品，就是名副其實異次元的衝擊（也就是將會給大家帶來異想不到的震撼）！」這時，大家一定就會停止玩手機看著你嗎？我想應該不可能吧！因為人只對「和自己有關的話」感興趣，所以「我不知道什麼異次元。這和我有什麼關係？」顧客只要這麼想，一切就沒戲唱了。

用屬性召喚雖典型卻有效

現在，請用「鉤子」的想法試試看。有一種很典型的方法，就是用年齡、性別、出生地等基本的屬性來召喚觀眾。對著眼前的一千人，用「各位三十幾歲的男性朋友」、「各位四十幾歲、東京出生的朋友」這類的話來召喚，符合這個條件的人就會暫時先回過頭來。為什麼他們會對這種無聊的召喚有反應呢？因為人最感興趣的是「自己的事」。

如果能夠把顧客的屬性和顧客的煩惱組合在一起，效果會更好。譬如，只要說「這裡有一個好消息要告訴五十幾歲、房貸還有二千萬日圓的人」，符合這個條件的人就會完全不在乎周遭人的眼光，轉身回過頭來，而且還會豎起耳朵聆聽你接下來要說的話也說不定。

前幾天，我在地下鐵東銀座站的月臺看到一個廣告招牌，上面寫著「給使用東銀座站、正在熱戀的朋友們，恭喜你們就要結婚了。婚禮決定好了嗎？婚慶資訊請上某某處搜尋！」我認為這個文案寫得非常高明。因為它能夠讓符合這個條件的人，認為「這是和自己有關的事」（如果要把這個廣告放在澀谷站或表參道站，只要把廣告中的車站名稱改一改就可以使用了）。

使用鉤子來召喚人，沒有什麼特別的衝擊力量，老實說這個方法平凡得近乎愚蠢。但是，人最關心的既然是「自己的事情」，所以不管看在別人眼裡有多平凡、多愚蠢，只要自己的屬性一被召喚，還是會有所反應的。

如何讓鉤子在 B2B 的促銷中發揮功能？

閱讀到這裡，有人或許會認為「年齡、出生地、性別等全都是個人的屬性，碰到的對象是法人（企業）就派不上用場了」。

那麼，接下來，我們就來思考如何在 B2B 的廣告中使用「鉤子」。首先要告訴大家，「為了讓人回過頭，用屬性召喚」的基本原則，不管是針對個人還是法人都有效。就以前面的例子

來說，如果用「各位東京都大型製造業的朋友們」來召喚，一定也可以獲得相當的反應。不過，範例就很難用這種手法來下標語，因為把「東京都的大型製造業」、「公司有三十年歷史的通路業者」、「成立不到五年的新創企業」等屬性資訊直接寫入宣傳標語裡，會非常不自然。因此，在此要告訴大家一個有效又不著痕跡的方法，那就是使用照片。

照片是最好的鉤子

範例的宣傳標語原則上都是放在受訪者的照片之上。這時，我們就可以事先將照片的背景、受訪者的服裝，設定為「可以讓人對業種、經營型態都一目瞭然的背景或服裝」。譬如，受訪者是花店老闆，就以花為背景。如果能夠透過背景的視覺，傳達受訪企業的屬性訊息，就能對潛在顧客發揮鉤子的功能。

假設，貴公司在網頁上放了三十個範例。潛在顧客不可能篇篇都仔細閱讀，他們一定只會選幾個看看。請問，這時潛在顧客會關心什麼樣的範例？當然是和自己公司「同行」、「同規模」、「同企業文化」，即和自己公司同屬性的企業範例。

任何人都會關心同業其他公司的訊息。譬如，製造業就會關心製造業的範例，流通業就會關心流通業的範例。如果再細分的話，就是製造業中的電子零件公司會在乎電子零件的範例，樹脂成型公司會在乎樹脂成型企業的範例。總之，大家都會希望看到和自己公司相近的範例。

另外，大企業會對大企業的範例有反應，中小企業會對中

小企業的範例有反應。在此要留意的一點就是，「就規模而言，大不能取代小」。照理說，「中小企業應該會很樂於參考知名大企業的範例」，但事實並非如此。

讓中小企業看大企業的範例，只會讓他們退避三舍，因為他們會認為：「這是人才濟濟、預算滿滿的大企業的範例。像我們這種小公司根本就難為。」也就是說，範例中企業規模如果和自己公司的規模不對等，他們就不會參考。

其次，企業文化是否相近也很重要。這裡所謂的企業文化，得先把企業分成「年輕人居多的新創企業」和「中年員工居多的傳統企業」，再來進一步思考。這兩者不論是公司的規矩、氛圍、速度感等都完全不同。讓新創企業看有七十年歷史的企業範例，他們會無感；和傳統企業的員工談新創企業的事情，他們也會無感。如果要談企業文化和自家公司有極大差異的事情，真的是會格格不入。年輕人和年輕人、資歷老的和資歷老的，還是比較談得來。

讓潛在顧客提前判斷是否和自己有關係

「潛在顧客會對和自己同屬性的範例感興趣」，換個說法就是「潛在顧客在一開始的階段，最重視的其實是誰說的，而不是寫了些什麼」。

如果不看正文，不會知道寫些什麼。所以，這一點無法成為先選擇哪個範例來閱讀的判斷基準。但是，「是誰說的」，在閱讀文章之前，只要花 0.5 秒鐘，看看公司的名稱和照片就知

道了。而且從照片上負責人的服裝、神情、樣貌，就依稀可以感覺出公司的規模、業種。大企業的人就有大企業的樣子；中小企業的人就有中小企業的樣子；金融機構的人就是有金融機構的氛圍；食品公司的人就有食品公司的味道。使用照片除了可以營造相同的氛圍外，還可以不著痕跡、精準傳達「這個人和自己散發著同樣味道」的印象。

使用顧客腦中的語言最理想

如果以照片為屬性的鉤子，那麼宣傳標語本身又該如何撰寫呢？如果用「鉤子」的觀點來說的話，「用潛在顧客腦中的語言來寫」最有效。

宣傳標語的本身就是「語言」。所以，只要把潛在顧客平時會在乎的、會關心的語言放入標題當中，潛在顧客自然就會覺得「這說詞似乎和自己有關」。

企業負責人最關心的就是和「解決課題」有關的話題。當這個人正在思考「必須要為某某課題做些什麼」時，如果看到「某某課題」，一定會驚呼。畢竟人會對自己在意的事有所反應。

這時，大家應該注意的是，標語中的文案必須和顧客腦中的說詞一致。譬如，一個很關心「房貸」的人，就算看到「住宅金融」、「住宅融資」等字眼，關心的速度還是會慢個 0.5 秒鐘，甚至有可能未注意就閃過去了。「這三個詞彙的意思不是都一樣嗎？」這是提供文案者的想法，但是被動看到這些文案的人卻不這麼認為，所以沒有反應。

看宣傳廣告的人大都心不在焉，除非語言完全相同，否則他們是不會有反應的。

使用普通的詞彙

那麼我們怎麼知道顧客腦中的想法呢？最好的方法就是調查「顧客搜尋時所使用的詞彙」。譬如，以防毒措施來說，「防毒軟體」就是普通的詞彙，「主動防毒終端解決方案」就不是普通易懂的說法。下標語時，使用前者比較適當。

不恰當的做法是把「企業的行銷訊息原封不動放入宣傳標語」中。行銷訊息很醒目，但不是普通的用語。宣傳手冊或許還行得通，但並不適合範例這種重視具體主義的廣告媒體。

浮誇的用詞就算能一時吸引人回頭注意一下，但之後將無法再繼續看下去。相反地，只要呈現沒有衝擊力的簡單用語，就足以能讓人有反應。若能夠從這用語中感受到真正的課題，那麼他就是「真正的潛在顧客」。

重點

1. 「衝擊力」是沒有顯示方向的脆弱說詞。
2. 重要的不是給「衝擊」，而是給「鉤子」；要吸引顧客，不是要給顧客衝擊、強烈的印象，而是要讓顧客上鉤。
3. 人只會對「和自己有關係的話」感興趣。不管說得多華麗，只要和自己無關，全都不會有興趣。
4. 在 B2B 的範例中，可以讓照片扮演鉤子的角色。

戰略 12
實際範例是最強內容的真正理由

2017 年 3 月我正在寫這本書，當時 B2B 領域有一個非常火紅的話題工具。這個工具是能將潛在顧客變成購買顧客的「行銷自動化」軟體；也就是企業可以利用這個資訊科技工具，把以往憑人的感覺進行的行銷業務自動化；這是一種非常具有挑戰性的概念。

我想在這本書裡向大家說明，企業應該如何以行銷自動化為題材向潛在顧客發送訊息。但我不是行銷自動化的專家，所以，首先先向販售行銷自動化的資訊科技公司的 L 老闆提問。

筆者：英文「Marketing Automation」直譯就是「行銷自動化」。請問這個軟體到底把什麼自動化？

L 老闆：如果根據教科書回答的話，行銷自動化就是「把集客到成交的過程自動化」。說白了就是「讓冷淡的顧客慢慢加溫」。我們公司的業務有用這套軟體。在「時機自動化」上，真實感受到行銷自動化的效果，因為這個工具會自動告訴業務員和客戶聯絡的時機。

筆者：請問「能夠自動判斷時機」，到底是怎麼一回事？

L 老闆：做生意最重要的是要讓既有顧客重複上門；也就是增加顧客的終生價值。所以，我們必須時常和既有顧客聯絡，聊一聊最近的狀況，順便再進行業務活動，詢問顧客「準備何

時再下訂單」。這時最重要的就是「時機」。

筆者：確實如此。我在忙的時候，如果有人打電話來問我「何時訂貨」，我一定會一肚子火。另外，為處理麻煩事正在抓狂，或挨上司罵而心情正低落時，接到這種電話，一定不會有好口氣。從這點來思考的話，和顧客聯絡的時機真的很重要。

L老闆：那麼，您認為所謂「好時機」是什麼時候？

筆者：簡單來說，我想就是「顧客正好在想我們公司商品的時候」、「顧客正在思考是不是該下訂單的時候」。如果業務人員在這個時間點打電話，受歡迎的機率一定會大幅提升，甚至還會說：「你打來的正是時候！」

L老闆：能夠自動做到讓顧客說「你打來的正是時候」，這樣的工具就是行銷自動化。

筆者：行銷自動化如何讓你在這麼好的時間點和顧客聯絡？

L老闆：我簡單做個說明。假設在行銷自動化系統上註過冊的潛在顧客點入公司的網頁。這時案件成長的分數就會增加「一分」。如果這名顧客再繼續點入介紹產品的頁面閱讀，案件成長的分數就會再繼續增加。三天後，如果這名顧客又進入公司的網頁瀏覽，分數又會增加。當這個案件的分數超過一個門檻時，這個系統就會自動發一封信到我的手機。然後，我就在這個時間點，指示業務部和顧客聯絡，並設法讓生意成交。行銷自動化像這樣自動告訴你：「現在是聯絡顧客的機會了！」這就是「判斷時機自動化」。

筆者：原來如此。對既有顧客可以這麼做，但新顧客怎麼

辦？要怎麼做才能拿到新顧客的合約？

　　L老闆：就算是新顧客，基本思考模式還是一樣。為了讓這些人進入公司的網頁，首先必須先建構一個可以讓顧客用電子郵件地址註冊的機制。新顧客每造訪一次公司網頁，案件成長的分數就會往上增加。當這個分數超過一個門檻時，就是聯絡的機會了。只要能夠掌握適當的時機，就算聯絡者是菜鳥業務員也能夠成交。凡事都有最好的時機，沒人喜歡被強迫推銷，所以懂得趁顧客想買時上門賣的人，是最聰明的人。

　　筆者：對此，我仍有疑問。潛在顧客真的會這麼簡單就用電子郵件地址註冊嗎？而且還造訪同一個網頁無數次？

　　L老闆：潛在顧客確實不會這麼簡單就用電子郵件地址註冊。要讓潛在顧客註冊，必須要有特別的註冊優惠。要顧客重複造訪公司網站也一樣，顧客絕不會自動自發點入介紹產品的網頁，所以一定要發送有吸引力的訊息，促使顧客再來造訪。要讓行銷自動化持續發威，發送訊息的內容和次數非常重要。

　　筆者：要讓冷漠的潛在顧客熱絡起來，必須要不斷投入題材當作燃料，對吧？

　　L老闆：您的想像完全正確。行銷自動化所需的燃料叫做「內容」。但是，行銷自動化系統不會自動製作內容，必須由人來做。如果從別的角度來稱呼行銷自動化的話，又可以稱為「開發潛在顧客」。它是一種行銷手法；就是把潛在顧客培養成有前景的潛在顧客。開發需要誘餌，而且必須持續不斷投入餌。

綜合以上 L 老闆所說的話，就是「要讓行銷自動化這個案件成長，必須連續投入潛在顧客會關心的內容。但是，這些內容不會自動產生，必須自己用大腦思考」。那麼，企業方應該要針對這些顧客傳達什麼樣的訊息呢？接下來，就來開始分析這些訊息。

‖ B2B 企業發送訊息的八種模式 ‖

B2B 企業針對潛在顧客發送訊息時，訊息的內容大致可以區分成下列八大類：

類型一：通知型內容（「某某的通知」）

類型二：基礎知識型內容（「三分鐘就懂的某某」）

類型三：建議用途型內容（「譬如，這種使用方法」）

類型四：最新情報型內容（「某某最前線」）

類型五：生產者型內容（「可以看到長相的某某製造者」）

類型六：商品背景型內容（「研究開發的資訊」）

類型七：啟蒙娛樂型內容（「看漫畫就懂的某某」）

類型八：範例

接下來，我們就來分析各類型內容的優缺點。

類型 1　通知型內容（「某某的通知」）

所謂通知型內容，就是新產品、促銷活動、研討會等的通知。一般都用「某某的通知」作為主旨。雖然「通知」聽起來沒什麼特別，但是為了不錯失任何一位潛在顧客，還是要認真

發送顧客該知道的訊息。

　　不過,通知型的內容基本上就是「宣傳企業的告知內容」。因此,即使連續不斷發送,還是很難讓漠不關心的顧客突然變得開始熱切關注。

類型 2　基礎知識型內容(「三分鐘就懂的某某」)

　　所謂「基礎知識型內容」,就是提供自家公司商品領域基礎知識的內容。上網搜尋時,以某個關鍵字進行搜尋就會出現的資訊,也是屬於這一類型的內容。在撰寫本書時,曾以「行銷自動化」為關鍵字進行搜尋。結果就出現許多以「資訊科技用語解說:行銷自動化」、「三分鐘就懂的行銷自動化」、「現代人不能不知道的行銷自動化」為主旨的文章。只要閱讀這些文章,大致上就可以了解「行銷自動化是什麼樣的產品」。

　　基礎知識型內容的優點是,如果用熱門關鍵字搜尋的話,就會出現資訊需求(大家都想知道的訊息)。2017 年 3 月在寫這篇文章的當時,由於「行銷自動化」是話題關鍵字,因而出現許多基礎資訊的需求(也就是大家都想知道的基礎資訊)。這些需求就很適合拿來當作基礎知識型內容的題材。

　　不過,基礎知識型內容還是有缺點。第一個缺點,對已經開始正式認真檢討的顧客,只提供基礎知識是不夠的。對完全不了解行銷自動化的潛在顧客而言,以「三分鐘就懂的某某」為主旨為初學者所製作的內容,確實是難得的資訊。但把已經開始檢討、對行銷自動化稍微有點了解的顧客,帶入基礎知識

型的內容，他們反應極有可能是：「這些我已經知道了。」

第二個缺點，如果用冷門、偏門的關鍵字搜尋的話，資訊需求會非常少，甚至沒有。譬如，如果關鍵字是「三分鐘就懂的、連接政府開發協助計畫（Official Development Assistance）的撓性閥（Flexible multi valve）」，就太過偏門。沒有人會想利用三分鐘的時間去了解這些。基本上，「三分鐘就懂的某某」是一種學習型的內容，所以一定要和顧客「想知道且簡單」的需求相呼應。顧客會想知道是因為工作有需要，沒有需要就不會學習。如果從這個角度來看，「冷門或偏門的關鍵字」的資訊需求就非常低。所以，基礎知識型內容並不是萬能的。

類型 3　建議用途型內容（「譬如，這種使用方法」）

「建議用途型內容」顧名思義就是建議自家商品用途的內容。也就是用「如果這樣使用這項商品，就可以解決您的問題和課題（不知大家意下如何？）」的形式所製作的內容。

建議用途型內容，最適合用來促銷新技術、新材料。舉例來說，假設材料製造商開發了名為「強度高分子『碳』」的新材料。這是具有突破性性能的夢幻新材料。但是，就因為太新，所以顧客都不知道可用於何處。這時製造商可以針對用途給建議，告訴顧客：「如果把這個材料用在這個領域，就會有極佳的效果。」也就是說，不是突顯商品本身，而是透過用途來促銷。這就是名副其實的內容行銷。

在 B2C 的領域，明治時代有一家大型瓦斯公司的促銷手段

就十分有名。當時,只有燈具等公共照明才會使用瓦斯。為了讓瓦斯能夠普及到一般家庭,這家公司選用的促銷方法,就是「為家庭主婦開烹飪教室」。他們教掌握家中廚房的主婦,用強大的瓦斯火力做出美味的料理。結果,在教室裡輕輕鬆鬆用瓦斯做出美味烤魚、煮物的家庭主婦全都把瓦斯引進家中。這個針對個人的促銷實際範例,就是內容行銷最經典的成功例子。因為「建議用途」是內容行銷的王道手法,所以能夠做得到的企業應該都會這麼做。不過,這個形式的內容還是有幾個弱點。

弱點 1　不適合單一用途的產品

用途只有一個的產品,例如防毒軟體,就不適合製作「建議用途型內容」。因為防毒軟體的的用途只有一個,除了「找出病毒,防止病毒入侵」之外,就沒有其他的用途。因此,不可能在內容裡強調「使用本公司的某某超級防毒軟體,可以這樣、可以那樣」。單一用途的產品不能使用建議用途型內容。

弱點 2　在競爭對手多的市場,顧客會流向別家公司

該瓦斯公司之所以能夠靠內容行銷促銷成功,其實是建立在「沒有競爭對手」的大前提之上。瓦斯基本上是區域內的獨占事業,所以上過烹飪教室,進而喜歡上瓦斯的主婦,最後都和這家瓦斯公司簽約。會針對新材料做建議用途行銷,基本上也都知道「這家公司事實上是以獨占的方式提供這種新材料」。基本上,就是默許「這家公司壟斷新材料的市場」。

但是，像智慧型手機，使用者眾多、競爭激烈的行業，狀況就不一樣。就算手機製造公司針對手機的方便性提供了許多深獲好評的資訊，但顧客最後也一定會買這家公司的產品。換句話說，除了只有一家3C店的鄉下地方之外，有多種選擇的產品要用建議用途型內容促銷，其實十分困難。

此外還必須弄清楚自己公司的商品，是競爭對手少的導入期商品，還是處處都是競爭對手的成長期商品。如果是後者，就不適合製作建議用途型內容。

弱點3　建議無法使用的用途效果不佳

資訊科技業就常用建議用途型內容做行銷。如果主旨是「如果這樣使用這項產品，就能夠解決這種課題」，多半是建議用途型的內容。這時，如果所建議的是一種虛構的用途，就會以失敗收場。因為從使用者的認知來看，他們會認為虛構的用途就是一種難以置信、無法使用的用途。

建議用途型的內容，通常都是企業行銷部門想出來的。但是，行銷部門畢竟是「想賣的一方」，而非「使用的一方」。而且，B2B業務中的無形售品，行銷部門的人沒有親自使用過，一點都不稀奇。這種行銷部門只用腦袋想出來的「使用方法」，就很容易流於紙上談兵。

類型4　最新情報型內容（「某某最前線」）

「最新情報型內容」，顧名思義，就是提供這個領域最新

的情報,所以通常都會以「某某最前線」、「某某最新報導」作為主旨或宣傳標語。最新情報型內容就適合人們關注度高、動作快的業界使用。「行銷自動化」「LINE 行銷最前線」等,就是 2017 年 3 月現在,很適合用來製作「最新情報型內容」的題材。不過,最新情報型內容也有弱點。

弱點 1　蒐集最新情報難度高

「送達業界最新情報」,用嘴巴說很簡單,做起來可不容易。各位的公司真的做得到嗎?「有這麼難嗎?只要上網搜尋,再歸納整理,不就可以了?」或許有人會這麼想。但這種想法有風險。最近,某企業的病毒式媒體網站就因為侵犯著作權而上了社會新聞版面。

弱點 2　媒體是競爭對手

所謂「最新情報」是指最新的東西,也就是最新消息。假設貴公司將要以 B2B 公司的立場提供「B2B 行銷最前線」的情報。這時,貴公司的競爭對手就是媒體業所主宰的行銷資訊網站。要持續提供比這些網站更多、更新的情報並不容易。

弱點 3　潛在顧客並不見得想知道最新情報

再舉一個例子。假設貴公司是一間印刷公司,為了做內容行銷,開始用「印刷最前線」的名目提供資訊。這時,出現了一個疑問:「顧客真的想知道最新的情報嗎?」想要委託貴公

司印刷普通傳單的企業，大概不會對印刷方面的最新資訊感興趣吧。換言之，並不是所有的潛在顧客都想知道最前線的情報。

弱點 4　最新情報的價值不見得會反映在公司的營業額上

假設貴公司是一般的印刷公司，使用一般的設備。如果貴公司透過「印刷最前線」，提供顧客美術印刷或頂級設備印刷技術方面的資訊，對公司本身的行銷真的有幫助嗎？就算顧客對最新的印刷技術有興趣，貴公司沒有最新的設備，也無法滿足顧客的興趣，也就無法將績效反映在營業額上。

類型 5　生產者型內容（「可以看到長相的某某製造者」）

所謂「生產者型內容」，就是內容的著眼點不是商品，而是提供商品的「人」。這種內容在 B2C 的領域非常盛行；就是類似「這種有機蔬菜是我種的」、「看得見長相的某某製造者」這種形式。如果是 B2B 的話，就相當於是「訪問員工」。

B2C 用生產者型內容來行銷，效果相當不錯。但是在 B2B 的話，效果就還好。如果賣的物品是有機蔬菜的話，只要有生產者老實的大頭照和一篇「這是我種的」的文章，自然就能讓顧客產生親切感。這是一種「如果是相同的東西，我想向可以看到長相的生產者購買」的心情。在 B2C 的領域，與這種心情和想法有關的感情部分，在購買動機中占了極重要的位置。

但是，客戶是企業的 B2B 商品，卻是一種為解決企業課題才會購買的「冷靜型購買」。就算心情、想法上有購買衝動，

它也是次要選項。做 B2B 的生意，我們不能否定顧客粉絲化的重要性，但是這點在購買動機當中卻不是最重要的。

用具體的例子來想。假設有一家販賣安全系統的公司，以「訪問員工」為名，刊載了一篇強調員工工作熱情的文章。顧客看了這篇文章之後，就會對這家公司產生信賴感和安心感嗎？我個人認為不可能。因為，販賣專業的公司要強調自己的專業素養，才符合顧客的需求和期望。

類型 6 ▶ **商品背景型內容（研究開發的資訊）**

所謂「商品背景型內容」，就是內容的焦點不是商品本身，而是「對這個商品起作用的歷史情況或現實環境」。

B2C 的商品背景型內容會讓顧客「對高價格有認同感」

之前有個電視節目介紹奄美大島傳統和服絲綢製品「大島紬」的製造過程。大島紬的「黑」非常獨特。據說，生產者本人必須親自走入野外的泥池中，把布匹放入泥池中連續泡一小時，才能讓布匹有這種獨特的黑色。生產者說：「因為奄美的土地有豐富的鐵質，所以才能讓大島紬黑得這麼有魅力。如果泥地的鐵質不夠，我們就會放入蘇鐵的葉子補充鐵的成分。蘇鐵顧名思義就是讓鐵復甦的植物。」聽到這席話，就會覺得「大島紬真的很費工」，而認為賣這麼貴是理所當然的。輪島塗（漆器）、荻燒（陶器）、西陣織（織錦面料）等傳統的工藝品，或是高級農產品、高級酒，也常用相同的行銷手法。為酒類做

行銷時，商品背景型內容的主角，就是和產地有關的訊息。

希望顧客能夠認同高價格時，就可以使用商品背景型內容。因為，商品背景型內容不只是要賣商品，還要告訴消費者產地的自然環境、歷史、傳統、工匠的精神、工匠的技術，讓消費者認同「要賣這個價錢是情非得已」。商品背景型內容很適合在製造過程有「工匠」把關的商品。

B2B 的商品背景型內容就是「研究開發的資訊」

B2B 除了一部分的製造業外，在製造的過程中都不像 B2C 那麼重視「工匠」或「個人」。理由很簡單，因為 B2B 是企業對企業，客戶不是你個人，而是貴公司。B2B 商品的評價，由價格、品質、交期決定，所以就算透過商品背景型內容，讓背景資訊透明，也不會馬上就讓客戶產生共鳴。不過，這並不表示為 B2B 做行銷就不能使用商品背景型內容。就像為 B2C 的商品做行銷，可透過說明工匠的技術、所費時間、商品的歷史、傳統的事情等，來提高商品的價值一樣，B2B 只要說明商品背後有關研究開發的種種就可以了。

大多數製造業的企業都會運用研究開發型內容做行銷。事實上，只要以「研究開發的措施」為關鍵字上網搜尋，就會出現大量的相關網頁。在 B2B 的世界，持續研究開發的企業會讓客戶覺得它具有企業價值，因而值得信賴。因為研究開發型內容會讓客戶覺得穩重、信任，所以只要能力可及，企業應該要發送這類的訊息。

不過，研究開發型內容還是有限制的。首先，要考慮的就是「公司內部的研究開發，真的值得告知潛在顧客嗎？」雖然公司的研發沒必要成為世界唯一的新技術，但是既然要當作內容來發送，至少還是要能讓接收訊息的人感動地發出一聲「哇」或「耶」。譬如，前職棒選手王貞治在現役時代，為了完成金雞獨立式打擊法，每天用日本刀練習揮棒的趣聞，就是很不錯的研究開發訊息。在這之前，王貞治在休賽期間自掏腰包聘請名教練揮汗練習的事情，也同樣具有情報價值。但是，如果是每天做三十個伏地挺身，就不需要特別發布消息了。因為這件事只要有心，一般人都可以做得到。

提供軟體等無形商品的企業，在網頁上幾乎不會用「研究開發」四個字。取而代之最常見的是「架構」、「框架」等代表一些概念的語詞。企業當然可以把這些概念當作是提供的訊息，但是架構、框架這些名詞不論說得多精闢獨到，都無助於解決眼前的課題。就這點而言，對於已經在具體檢討是否要導入商品的顧客而言，實在是沒什麼要立即購買的說服力。

類型 7　啟蒙娛樂型內容（「看漫畫就懂的某某」）

就好比是「看漫畫就懂的某某」、「新進上班女郎的某某體驗記」，以漫畫等方式呈現的輕娛樂形式的內容。用漫畫來說明令人頭痛的艱澀技術資訊，讓大家都看得懂。如果能夠製作有趣的訊息，當然應該這麼做。如果能夠用漫畫的形式連載，也可以連續發送訊息。

不過，用漫畫來呈現的娛樂形式也有弱點，那就是「要製作有趣的作品相當困難」，我就常看到無趣的促銷內容。其實，這種內容很難讓人會想繼續看下去。如果是以讓顧客獲得資訊為目的，通常文章式的內容，會比無趣的漫畫式內容有用。

況且用漫畫促銷，通常都只能談一些「表面」、「基本」的事。要用這種形式發送「進一步的資訊」來滿足已經正式討論的潛在顧客，是有困難的。

為什麼範例是最強的訊息內容？

類型 8　**範例**

接下來是第八個類型，也就是本書的主題「範例」。

以行銷自動化來說，要開發潛在顧客，就必須定期向顧客發送訊息。即「要開發潛在顧客就必須發送訊息」是一般性原則。就算五年後、十年後有新的工具取代了行銷自動化，這個原則還是不變。「靠自己的力量製作發送的訊息」也一樣不會改變。以這個原則來思考的話，我個人認為企業要發送訊息，最優秀的形式就是範例。理由有以下七點：

1. 容易持續製作。

2. 因資料是第一手，所以內容絕對具有可信度。

3. 具有可和「銷售」產生連結的具體性。

4. 內容的主角是自家公司的產品。

5. 只鎖定認真的潛在顧客。

6. 情報具有罕見性（其他地方讀不到）。

7. 任何公司、業種、商品皆可製作。

現在就針對這七個理由加以詳細說明。

容易持續製作

假設貴公司決定導入行銷自動化，並在未來的三年內每個月對顧客發送一次訊息。這時，貴公司就必須製作未來三年份、三十六個有吸引力的訊息內容。這是個大工程。不過，內容的形態有易持續和不易持續兩種，而範例是屬於易持續這一種。

著眼點放在人，還是事？

《企畫 X ～挑戰者們》曾是日本 NHK 電視臺相當受歡迎的一個節目。這個精心描繪有氣魄的專業人士，如何團結一致完成蓋黑部大壩、經營東海道新幹線、開發自製日本第一台國產客機「YS-11」等艱難企畫的節目，感動了無數的觀眾。但是，該節目進入後半期之後，觀眾紛紛反應節目小題大作、表現浮誇，無法再讓觀眾感動。原因是題材斷炊，能夠讓觀眾感動的企畫數量有限。這些企畫播完之後，製作單位就用一些微小足道的小型企畫勉強應付，結果這個曾經紅極一時的節目，不到六年就吹熄燈號了。

之後，就由《專家的工作作風》接棒。這個節目正如節目名稱，焦點不是「事」而是「人」。這個節目是從各式各樣的角度描繪各行各業專業人士對工作的熱情、想法、喜悅、挫敗、甘苦等。這個節目從 2006 年開播到 2017 年的現在，已經邁入

第十二個年頭了。

連續播了十二年的《專家的工作作風》，登場人物的行業應該有重疊，但只要焦點在「人」，就不會有問題。企畫不論是規模或投入的心血都有大小之分，但「人」就沒有這種區別。隨著社會的改變，受注目的職業也會跟著改變，所以這節目的題材絕不會枯竭。除了這個節目之外，其他長壽節目如日本富士電視臺的綜藝節目《笑一笑又何妨》、日本朝日電視臺的談話性節目《徹子的房間》等，也都是用這種形式演出，只有特別來賓換來換去而已。另外，像《搭火車看世界》、《新日本紀行》等節目不斷換場所拍攝，也是一種手法。同樣的形式只要改變「人」或「場所」，就是避免題材用罄最穩妥的方法。

範例是把著眼點放在「人（公司）」的內容，所以容易持續製作

「基礎知識型內容」、「最新情報型內容」等類型的內容，全都是把著眼點放在「事」的內容。只要有預算或肯花點心血，就可以製作一、二支有趣的內容，但要連續做三十六支就困難。因為原則上，相同的題材不能使用兩次。

不過，若是「範例」的話，即使商品相同，只要運用規模、業種、公司文化演出不同的企業，就可以製作無數的內容。我在別家公司服務時，就曾為相同的產品寫過百餘支範例。這和《專家的工作作風》節目一樣，就算工作領域（事）相同，只要改變專業人士（人），節目一樣可以成立。因此，就「易於持續」這一點來說，範例真的比其他類型的內容都出類拔萃。

範例優勝的理由 2　因資料是第一手，所以內容絕對具有可信度

　　企業要製作發送訊息內容時，有一個很重要的問題，就是要自己（自家公司）寫，還是交給別人（外包）寫。

訊息內容的責任歸屬

　　我經營的是專門為客戶製作範例的公司。原則上我們只提供製作實際範例的服務，但別的工作還是會常常找上門來。前些日子，有一家科技公司表示，「想在網頁上加強內容行銷，希望我們公司為他們寫多篇報導文章」。聽對方這麼說，我首先想到：「原來如此。那麼只要訪問該公司的技術人員，再把訪問的內容歸納整理就可以了。」

　　但當我再次確定時，對方說：「不，不是這樣。從內容的素材蒐集到撰寫，全都交給你們全權處理。」聽完之後，我認為「這樣的話，或許有點危險」。我擔心的是「文案內容的責任歸屬」。因此，我打電話提出了如下的建議。

　　「我們公司的人並不了解貴公司的技術領域，而這次的案子又不能訪問貴公司的技術部門，所以文章的素材只能從外面取得。不過，如果考慮到費用和時間，購買專業書籍來解讀並不切實際。因此，我們只能上網去搜尋。換言之，我們公司的人只能根據搜尋的資料來撰寫。

　　「我再重複一次。我們公司的人並不具備貴公司技術領域的知識。文案的正確與否，全得看搜尋來的文章是否正確。所以我們會把原始資料的網址列出來，請貴公司的人進入該網址

進行檢核。這是我們公司的提議。不知您意下如何？」

對方回答「我們討論看看」之後便沒有下文。三個月後，一家大企業經營的病毒式媒體網站因侵犯著作權而登上社會新聞版面。看到這則新聞，我很慶幸當時沒有接下那份工作。

如果要接內容製作的外包工作，一定要謹慎考慮「發包方如何擔保文案的內容是適當且正確的」。這麼說，或許有人會反駁說：「訪問技術部門之後不寫文案才有問題。只要先訪問過技術部門，就不會有任何問題了。」這個邏輯是正確的。但是，技術部門在絕大部分的情況下是非常難合作的。

技術部門不想協助內容製作的理由

在未成立公司之前，我是某家公司的程式設計師，因此對技術部門的想法和技術人員的心境多少有些了解。通常技術部門不會想和協助製作訊息內容之類的工作扯上關係。如果要用一句話來說明理由的話，那就是「別讓行銷部太輕鬆，我們忙死了」。這理由似乎過於粗魯、草率。所以，我還要針對這個理由再做以下的說明（括弧內的描述是技術部門的心情）。

技術部門說不出有趣的事

「我們不知道潛在顧客覺得什麼事有趣。我們技術人員本來就不擅言詞（因為我們是技術人員）。」

真正有趣的話是瘋話

「身為技術人員，我們認為實質的、抽象的、專業的話，比老實的、表面的話有趣，但一般人對這類的話不感興趣。」

不喜歡被責怪的感覺

「以前，我們也曾因為要製作訊息內容而接受過採訪，但是撰稿者卻對我們說：『你們講的話太難了！』『能不能說得淺顯一點？』『沒有別的話題了嗎？』這些真煩人。我們是技術人員，談話的素材應該他們自己去想。」

有趣的話和業務祕密之間的分界模稜兩可

「有趣的事情和最新的事情，有很多都是不能講的祕密。但是什麼可說、什麼不能說的基準卻曖昧不明。」

厭惡被迫負責

「訊息內容中的技術正確與否、是祕密與否，都不是行銷部的責任，而是技術部門的責任。根本是自找麻煩。」

知道技術但不知道最新的情報

「技術人員的本業是開發和製造，沒有必要成天追著最新的資訊跑。所以我們雖然會製造東西，但不知道最新的情報。」

一線技術員都是大忙人

「知道尖端資訊的是一線技術員。但這些技術員都很忙碌，他們沒有時間接受採訪讓別人做報導。」

那是行銷的工作吧

「我們不知道什麼行銷自動化、什麼發送訊息。那是行銷部門的工作吧！不要用技術部的資源！自己去想辦法！」

我的說明或許有些露骨，但任何公司的技術部門或多或少都有這種情結。行銷書籍都會寫「公司的技術部門是素材的寶庫」。但以技術部門的立場來說，其實他們並不樂於幫忙。

或許有人會認為：「只要好好跟他們溝通，技術部門應該會了解的。」「技術部門裡一定有人會幫忙的。」確實如此。帶著誠意交涉或許他們會出手協助，但頂多也只幫一、二次吧！要連續幫三年、三十六次是絕對不可能的。換言之，就結構而言，要仰賴技術部門發送訊息是不可行的。

內容要用第一手的資訊來做，才是正確的

客戶委託我們撰稿，原則上都是同時把「採訪和執筆」這兩項業務交給我們。譬如，客戶會要旅行作家先到當地旅行，然後寫下建議的景點；客戶會要求化妝品作家，寫試用新產品之後的感想；如果是資訊科技的小工具、電氣化的產品，就會把產品先借給撰稿者使用，再寫出「使用體驗記」或「商品評論」。此外，有的客戶還會要求作者要參加活動、展示會，然

後撰寫「美國拉斯維加斯秋季電腦展報告」、「搜尋引擎最佳化（SEO）研討會體驗」、「東京車展開幕報導」等（不需要採訪，只要寫出自己的看法和想法。這些人與其說是撰稿者，不如說更像專欄作家）。

以上所舉的例子都是撰稿者透過採訪或使用過產品，取得第一手資料之後才動筆寫文章。由於所使用的資料不是間接透過他人取得，所以情報的可信度絕對沒有問題。但像軟體、諮詢服務等 B2B 的無形商品，客戶就不能像電氣產品般借給撰稿者使用，再讓撰稿者寫體驗報告。簡單來說，無形售品對承攬外包工作的撰稿者而言，是一個很難取得第一手資料的領域。

高可信度可讓實際範例排除所有的限制

如前所述，「企業所發送的訊息不一定可靠」、「要透過技術部門確認文案的可信度其實有限」。但若是範例的話，就可以排除這些問題。因為實際範例是直接用採訪企業的第一手資料所撰寫的，所以具有絕對的可信度，而且這些資料可經由使用者獲得，完全不需要技術部門的協助。

範例優勝的理由 3 　**具有可和「銷售」產生連結的具體性**

如果發送訊息的最終目的是想銷售自家公司產品的話，所採取的措施就必須具有「具體性」。在前面介紹了兩個內容行銷的例子：一個是「瓦斯公司為家庭主婦開設使用瓦斯的烹飪教室」，一個是「新素材公司的建議用途型內容」。這兩個例

子的內容都很具體告訴顧客「瓦斯可用來做料理」、「這個素材可用來做什麼」。這些具體的內容可以很容易就和所要銷售的產品產生連結。譬如，業務員跑業務時，可以開朗地大聲建議顧客：「因為……，所以您就用瓦斯吧！」「因為……，所以各位就用這種新素材吧！」

但是，「有基本常識就知道某某」、「某某最前線」、「新進上班女郎的某某體驗記」之類的內容，畢竟所提供的只是一般的訊息，所以欠缺具體性。要透過這類曖昧不清的訊息引誘顧客來購買公司的產品，並不容易。但是，實際範例是顧客的真人實證。因為內容是「有成功使用這個產品的顧客」，因此可以問：「大家認為如何？」換言之，這種具體的內容可以和自家產品的銷售行為產生連結。

範例優勝的理由 4 ▶ 內容的主角是自家公司的產品

「三分鐘就懂的某某」、「有基本常識就知道某某」之類的廣告文宣還有一個弱點，那就是一般談的都不是自家公司的產品。當然，促銷是為了賣自家產品所做的活動，所以一開始都會先提供一般技術、一般業界、一般產品的訊息，但到最後，還是必須提供一些能讓顧客對自家產品產生興趣的資訊。雖然強迫推銷常被人詬病，但總是說些不痛不癢的話，對銷售還是毫無幫助。

想結婚而參加男女聯誼活動時，如果淨說一些不著邊際的話，可能就會鎩羽而歸。這個比喻雖有些露骨，但這時的你，

為了讓對方能喜歡上你，就必須具體找出自己的優點、特點。同樣地，假設貴公司是一間沒有什麼特別技術的普通公司，如果找不到對貴公司有興趣的顧客，抑是沒有能力開發潛在顧客，貴公司的產品就絕對賣不出去。實際範例的主角必定是自己公司的產品。閱讀範例內容之後會感興趣的顧客，勢必就會用具體的行動來表達對貴公司產品的關心。

範例優勝的理由 5　　只鎖定認真的潛在顧客

和「某某最前線」、「看漫畫就懂的某某」之類的內容比較起來，實際範例給人的印象少了點華麗的感覺。或許有人會認為：「『自家商品體驗記』之類的訊息很平淡。這種程度的訊息，就算每一次都發送，看到的人、收到的人，應該很快就會厭煩了吧！」但如果把這個邏輯倒過來思考，就算每次都發送「這種程度的內容」，非但不煩厭，而且還很感興趣的人就難能可貴了。因這個人絕對不是懶得蒐集資訊的冷漠客人，而是真正對「貴公司產品」有興趣的熱情顧客。這些人和只在臉書上按讚、實則心不在焉的潛在顧客不一樣。他們才是認真思考要導入商品的熱血潛在顧客。

因此，實際範例具有縮小潛在顧客範圍的功能。無論範例的內容多麼平淡，只要這個人對這種內容感興趣，他就有可能是購買貴公司產品的真正潛在顧客。

範例優勝的理由 6 　**情報具有罕見性（其他地方讀不到）**

　　導入範例的內容或許很平淡。換言之，會刊載這種平淡文章的只有貴公司的網頁。「有基本常識就知道某某」、「某某最前線」之類的一般訊息，就算貴公司的網頁沒有，但在別的資訊網站或雜誌上，或多或少都有這類的報導。

　　像「導入貴公司產品的範例」這麼特殊、這麼平淡的文章，只有在貴公司的網頁上才讀得到。企業發送訊息時，就要發送這種具有罕見性、在別的地方讀不到內容才合理。因此，專門為自家公司產品製作、擁有百分百客製化內容的範例，對企業來說才是最適合發送訊息的素材。

範例優勝的理由 7 　**任何公司、業種、商品皆可製作**

　　像開烹飪教室這種內容行銷，只有瓦斯公司才能夠這麼做：「三分鐘就懂的某某」，只有流行領域的企業能夠這麼做：研究開發型的情報，也只有熱心致力於這一方面努力的企業，才能發送這些訊息。但是案列就沒有這種限制。無論是什麼樣的公司、業種、商品，只要有顧客，就一定能夠製作範例。

某中小企業的例子

　　這是我的客戶、一個中小型企業的例子。這家公司除了一位業務專員外，其他的人都是技術人員。因這位專員嫌跑業務麻煩，所以想用網頁集客。但是這專員既不懂資訊科技，也不懂行銷。現在，他每個月都在網頁上刊載一篇實際範例。他持

續製作實際範例，然後放在網頁上。在這過程中，不但顧客有迴響，連成交比率也增加了。

為了更上一層樓，他開始發行每個月一次的電子報。這份電子報的基本雛型就是，每次都以「大家好，我是某某某！」為起首的招呼語，不同的只有正文的範例介紹。雖然這份電子報未經深思熟慮就開始發行，但開封率竟然超過了30％，只要一發行就有訂單上門，可謂相當成功。

這位專員前幾天對我說：「這次我想用行銷自動化系統。」他問我：「發送訊息時，該用什麼類型的內容？」我回答：「基本上就是實際範例。」我不知道這家公司現在使用行銷自動化的狀況如何，但我想這家公司一定能夠永續經營。

重點

1. 企業要發送訊息，「容易持續」、「內容具有可信度」、「情報具有罕見性」非常重要。
2. 著眼點不在「事」而在「人」，訊息的內容就容易持續下去。
3. 範例不僅「容易持續」，同時也可以「針對顧客進行宣傳」，是最強大的內容。

戰略 13
範例的高明用法和差勁用法

有人問我：「在工作現場，如何使用範例才是最好的？」我的回答是：「我不知道什麼是最好的用法，但我知道最好不要犯的錯誤用法。」以下是我根據自己的經驗所整理出來的「範例錯誤使用法」。

接洽時不宜針對範例熱情辯論

「接洽時，拿出範例熱情說明內容並不好。我了解業務人員想要宣傳好範例的心情。我自己也曾這麼做過。但這個時候，對方其實並不像自己期待的那麼起勁。有時不但不起勁，甚至還會對你說『不要再談了！』」這是某位頂尖業務員所說的一段話。

對方什麼都沒問，你就突然拿出範例開始說明，只會落得白忙一場。因為接洽時，業務員本人才是主角，範例等工具是配角。

當客戶自己開口詢問導入的成果時，才說明「有這種實際範例」，這正是最好的時機。因為不用抽象的理論而用實際的例子做說明，客戶會認為「這個業務員真的了解現場實務。他今天給我帶來了有用的資訊」，進而產生信任感。

範例的選擇很重要

客戶詢問導入的成果時，該讓客戶看什麼樣的範例呢？這時要把握一個大原則，就是選用「客戶有興趣的範例」，而非「你想讓客戶看的範例」。換句話說，接洽之前，身為業務員的你，就該仔細調查對方的狀況、想像對方的課題，並選出和對方課題有關的範例。對方只要看到符合自己需求的範例，就會相信你是一個真正了解他的業務員。

基本上，就是讓客戶看規模相同、業種相同、企業文化相同的公司範例。因為客戶對於同業其他公司的範例一定都會感興趣。如果不是同業，就一定要有共同點。只要有共同點，客戶應該也會感興趣。

接洽之「前」使用效果奇佳

範例的最佳使用時機，是接洽「前」而非接洽「中」。因為範例是「獲得初期信任」效果最好的工具。

具體的做法就是，在接洽前幾日用電子郵件打招呼時，主旨寫「這是參考資料」，並附上對方可能會有興趣的範例之網址。不需要熱心在電子郵件當中做詳細的說明，只要不著痕跡把電子郵件傳過去就可以了。只要這麼做，接洽當天，對方就會出現暖身過的感覺，讓接洽順利進行。有時，對方還會把那份參考資料印下來帶到接洽現場。這表示對方要針對參考資料的內容提問題。只要知道對方對要談的事情有興趣，接洽就能順利深入核心。

不只接洽「前」，接洽「後」透過電子郵件發送範例的網址也有效果。只要在郵件主旨寫上：「這是和您上次接洽時提問有關的實際範例」，然後傳過去就可以了。

如果去接洽的是一位新手業務，只要下達「到時把範例交給客戶」的指示就可以了。如果順利的話，這個範例會在客戶的公司內部先繞一圈，再進入下一次的接洽。如果情況如預期，那麼這個範例的內容就必須充實完整到能讓新手業務獨當一面。

範例在電話中的用法

接下來，我要談的是在電話中運用範例取得會面機會的方法。用電話預約見面時，一開口就說：「我想向您說明這個產品！」這是最糟糕的話術。因為沒有一個人會對陌生人的產品感興趣。這時如果說：「我想為您介紹一個解決了某某問題的其他公司的實際範例。」能夠取得見面機會的機率就會大幅提高。因為任何人都會在意其他公司的動向。

不過，對方聽了這句話之後，有可能會說：「（你不必來）請把範例用電子郵件寄過來。」這時，就試著再補充說明：「事實上，有些重要的資訊是沒有辦法寫成文章的。這些不適合公開揭露『帶點風險』的話，必須見面再談會比較好」。這幾句話應該會讓客戶覺得「這個業務員似乎真的有情報」。如果客戶考慮之後，仍然堅持「只要把範例用電子郵件寄過來」也沒關係。因為只要有對方的電子郵件地址，之後還是可以透過這個電子郵件地址繼續關注。

範例在達成交易上的用法

業務上的「成交」是指「那麼，請在這份契約上簽字……」的形式，也就是已經取得眼前這位接洽對手的允諾之意。但B2B電商的「成交」一般是指「負責的窗口上簽呈取得上司的同意」。

這時，如果能夠在簽呈中，附上其他公司的範例當作參考資料，獲得上司同意的機率當然就會大幅提升。因此，負責和這個窗口聯繫的業務人員，平日就必須透過連結範例的網址、宣傳手冊，持續提供範例的題材、素材。這樣就可以透過範例，協助該窗口順利跑完他們公司內部的「成交」流程。

範例雖然只是個工具，但絕對是強而有力的工具，只要靈活運用，業績一定會提升。

重點

1. 範例有幾個不要碰的錯誤使用法。
2. 不可在接洽中把宣傳用的範例手冊拿出來侃侃而談。
3. 在接洽的「前」和「後」使用範例是有效的。

第 2 部

技巧篇

第2章　拜託客戶參與範例的演出

　　廣告媒體的種類很多，有宣傳手冊、公司簡介、網頁、展示會、分類廣告等。那麼，「範例」和它們到底有什麼不同？一般的廣告只要有預算就可以做，但範例卻不行。就極端的狀況來說，一般的廣告取得預算之後，只要交給廣告代理商，至少都可以成形。但是，範例卻必須「讓客戶同意參與範例報導的演出」。

　　這件事不是靠金錢可以解決的，也不能交給廣告公司去做。因為由相當於是第三者的公司員工，突然打電話或發電子郵件給你公司的顧客，不但顧客會覺得不自然，你也無法向顧客解釋為什麼要把顧客的個資洩露給第三者。

　　在電話中運用實際範例約顧客見面，必須由公司某個人單獨完成。但是，這項作業往往都不如預期順利。企業行銷部門的負責人就常來找我商議，表示：「要拜託客戶企業參與實際範例的演出，必須透過業務部的人。但是業務部的人都不動……」

　　因此，在本章中，將告訴大家順利讓企業客戶答應參與實際範例演出的技巧。

業務部不積極拜託客戶參與演出的真正理由

拜託業務部的人去拜託顧客參與範例的演出，通常都只會得到敷衍的回答，讓事情無法順利進行。

「現在這個時間點不對！」

「那家公司才剛人事大調動，先看看情形再說吧！」

「我去拜託看看。不過，從那家公司的企業文化來看，恐怕很難………」

「我得先想想，該怎麼打通關比較好……」

請求參與範例演出最簡單的方法

要解決這個問題其實很簡單，就是自己親自出馬，不要透過業務部的人。

「不能這麼做，這樣對人家公司很失禮的。」

「一個陌生人突然跟對方聯絡，對方不會答應的。」

「還是必須拜託和顧客有交情的業務人員！」

或許有人會這麼想。但這是錯的。以前，我在某公司擔任內勤行銷人員時，基本上都是自己去拜託客戶參與演出。我透過電話、電子郵件，拜託從未見過面的顧客參與實際範例的演出；也就是用這個方法取得了和二百家公司窗口見面的機會。連地方政府、大型銀行，我也都是靠自己的力量讓他們點頭答應參與演出，而且從未有人向公司客訴「有陌生的行銷人員貿

然跟他們聯絡」。

用公司而非個人名義約客戶見面

因為我不是用個人名義，而是用公司的名義和客戶聯絡。客戶是和「公司」做生意，不是和業務部門的「個人」做朋友。因此，只要用公司職員的立場聯絡就不會衍生其他的問題。前面提到「我是陌生的行銷人員」，但就算客戶對我是陌生的，也絕對會知道我所服務的公司。

那麼，業務部門的人所說的「必須打通關」，又是怎麼一回事呢？說出來也不怕被大家誤解，我認為他們之所以會這麼說，其實是在刷存在感。這是業務部的人為了要提升自己的存在感，而賣弄職位的一種話術。若非如此，就純粹是「誤解」。

某位編輯靠自己採訪到大人物

這是某位知名雜誌的 A 總編輯跟我說的話。A 先生還是雜誌的文字記者時，被迫必須約業界的某位大人物進行採訪。一開始，A 先生先找周遭的同事商量。於是，大家就提出個人的看法，譬如，「必須先找相關的機構打通關」、「一定要透過某人的介紹」等。

但是，A 先生沒有後門可走，也沒有靠山。眼看截稿日期要到了，無計可施的 A 先生突然自己打電話到這位大人物的事務所。A 先生在電話中，先報上自己的名字、公司名稱、媒體雜誌名稱，然後很有禮貌地說明「想採訪」的請求、採訪的宗旨、

刊載的形態等，結果對方很爽快地答應Ａ先生。

有了這經驗之後，Ａ先生才猛然發現，「必須打通關」、「一定要透過某人介紹」，其實都是沒有根據的說法。會這麼說的人「只是在故弄玄虛，刷自己的存在感」。之後，碰到預約採訪的案子，Ａ先生幾乎都自己出馬。

「這位客戶非我不可」是都市傳說

不只是業務人員，大多數的人被別人提問時，也會說「事情沒這麼簡單」、「要這麼做有困難」之類否定的話。因為把事情說得愈嚴重，就表示自己「愈有分量」、「愈是個人物」。但是那些看法其實幾乎都是沒有實際經驗、沒有根據、純粹只是嚇唬人的話；那些意見只不過就像是都市傳說。

危言聳聽其實是想突顯自己的重要性

業務人員很喜歡在結尾時，加一句「非我不可」的個人見解。產品銷售出去時，就說「因為是我，所以才賣得出去」；產品賣不掉時，就說「不管是誰來賣都賣不出去，所以我也沒輒」。如果他們說「不管是誰都可以賣得掉」或「賣不出去是我自己不好」的話，就等於是否定自己的存在價值。因此，為了避免給別人這種想法，他們就努力形塑「非自己不可」印象。

這個問題沒有所謂好壞，業務人員會以銷售專家之姿讓自己的利益最大化，是理所當然的。如果我是業務人員，我同樣也會這麼做。因此，絕對不要盲目聽信業務人員的話，對他們

所說的話一定要打個折扣。

真正的理由是嫌麻煩嗎？

不過，事情或許也沒有我們想像的那麼複雜。業務部門的人會說「必須先打通關」而不積極行動的原因，也有可能純粹是「嫌麻煩」。

一般來說，業務部的人，對於實際範例通常都是抱持「提議時贊成，行動時敬而遠之」的態度。對於「應該製作很多範例」這種提議，每位業務員都會認為「言之有理。範例是重要的業務工具，應該積極推動」。但是，當要付諸具體行動，請求客戶參與實際範例演出時，就會馬上變得很沉重。因為他們心裡希望：「這種麻煩的事，最好由別人去做！」

對有業績壓力的業務人員而言，要拜託客戶參與實際範例的演出是一項麻煩的差事。就算讓客戶點頭答應了，對自己的業績也沒有實質上的幫助，而且就所花的時間和勞力來說，多了這項工作等於妨礙自己跑業務。因此，業務人員內心真正的聲音，其實就是「我不想做」。

但礙於人情世故，他們又不能直接回絕說：「因為很麻煩，所以我不想做。」因此，就會猛打煙霧彈，託詞表示「為時過早」、「必須先打關通」。

自己做，事情會變得很簡單

本章大都用負面的角度來描繪業務部的人員，之所以這麼

做，是希望大家捨棄「為範例和客戶預約見面，非業務部人員不可」的迷思。業務部門不動，就自己動。

再次重申：客戶不是和業務員個人做朋友，而是和公司做交易。既然如此，只要用「公司」的名義聯繫就行了。只要像那位 A 總編輯一樣，很有禮貌地說明為範例進行採訪的宗旨、內容等，應該就能讓客戶擺脫個人的偏見，答應參與實際範例的演出。

重點

1. 拜託客戶參與實際範例的演出，必須自己積極行動，不要麻煩業務部門。
2. 雖然和客戶素不相識，但只要以「公司」的名義聯絡，就沒有問題。
3. 雖然有人會說出危言聳聽的話，但不要理會，自己採取行動就對了。

握有參與範例演出決定權者 是業務員不曾見過的人

　　行銷部門的人想拜託客戶參與實際範例的演出，負責該客戶業務的業務人員會說：「我是他們公司的業務員，我去幫你聯絡。」然而，我們最常看到的狀況卻是，事情到此為止，就沒有進展了。就算找時間詢問，也只能得到「對方現在也忙得不可開交」之類不確定的回答。有過幾次這種經驗之後，不免就會對「必須透過某人」一事，產生懷疑。

辨別是否真的要「透過某個人」的方法

　　要辨別是否真的要透過某人或誰時，只要看那個人是否會當場拿出手機打電話，就可以做出判斷。如果這個人真的有「溝通」的本事，應該會當場拿出手機和對方聯絡，或是用最快的速度來進行這件事。如果這個人沒有這麼明快的動作，應該就可以懷疑這個人所說的「交給我，我去幫你打通關」的話，其實只是吹噓的「話術」。

有權決定參與範例演出的是公關部

　　在前一節提到「一般人都認為拜託客戶參與範例的演出，應該是由業務部門的人直接去找對方公司業務部的人談判，但這種想法是錯的」。其實，這種想法還有另外一個錯誤。

　　這個錯誤就是，有權決定是否要參與實際範例演出的人，

並不是對方公司業務部門的人。一旦以公司的名義請求客戶參與範例的演出，這個案子就不是一個業務員可以獨斷專行的。也就是說，這個業務員必須先和自己的直屬上司談，再呈報到公關部並獲得公關部的許可。

換言之，就組織的體系來說，握有是否參與範例演出的決定權，絕對不是現場的業務員而是公關部。總之，能夠左右採訪的關鍵人物，是業務部的人從未看過或見過的公關部的人。

不適當的請求方法

那麼，到底該怎麼做才能突破公關部的關卡，讓公關部點頭答應呢？雖然沒有百分百成功的方法，但卻有絕對不可行的方法。最具代表性的例子就是，不能在接洽業務時順便用口頭拜託。

我說這是不可行的方法，或許有人會覺得怪怪的。因為，就一般認知來說，像這種很難啟口的請求，在洽談業務之後，如果能夠趁著洽談融洽之際，不著痕跡地順勢用口頭請託：「希望您研究一下，是否可以參與這個範例的演出……」這應該是不錯的方法。但是，這麼做真的不行，因為這是口頭請求。不，正確的說法，應該是「只用口頭」請求。

為什麼不能只用口頭拜託

為什麼不能「只用口頭」請求？如果你站在對方的立場，就會明白為什麼不可行了。就如前述，有權決定是否要參與範

例演出的人，不是眼前這位和你洽談業務的業務人員。這個人還必須透過他的上司取得公關部的同意。因此，如果只用口頭拜託，你認為他會有什麼反應？「我必須自己寫書面文件（或電子郵件），向上司和公關部說明。我可不幹！」這個人絕對不會想碰這種麻煩的差事。

但是，礙於你和他有業務上的往來，他又不好意思當面拒絕說：「麻煩死了，我不想告訴上司和公關部。」這時，這個業務人員就會說：「最近我很忙耶。」或「我們公司沒有這個前例！」

這個人或許最近真的很忙。但是，這個案子如果沒有機會在對方的公司被討論，自己就極有可能不戰而敗。因此，如果不想正面拜託被拒絕，又不想不戰而敗的話，到底該怎麼做呢？

避免不戰而敗的方法

要避免不戰而敗，就要寫一封請託函交給對方。不用紙本書信，用 PDF 檔製作也可以。有了這封書信，就可以大幅減輕對方的負擔。因為這位業務人員只要把這封書信交給他的上司和公關部，並對他們說：「這是客戶送來的請託函……」就可以了。

總之，基本原則就是，「不要增加業務夥伴的負擔」、「減少為業務夥伴所帶來的麻煩」。寫一封請託函，就可以做到這兩點。

書寫請託函是行銷部的工作

製作這封請託函時，要假定閱讀者是從未看過，也從未見過的公關部的人。因為不是面對面的拜託，所以不能用說的，必須自己獨自完成這篇文章。

那麼，誰要負責寫這篇文章呢？這不是業務部，而是行銷部的工作。為了不讓文章有濃濃的業務話術和明顯的攀關係氣息，這種請託函必須要有一定的機制。也就是說，從組織理論上來說，行銷部門應該要為這種請託函建立一個機制，讓這種請託函標準化。如果想增加一個範例，首先就要製作拜託客戶參與實際範例演出的請託函。

重點

1. 「必須透過某某某和這家公司打通關」這類的話靠不住。
2. 拜託客戶參與範例的演出，不能只用口頭的方式順便拜託。
3. 必須有通用的請託函。

拜託客戶參與範例演出時 不可或缺的重要訊息

接下來,將具體說明,如何書寫這種為範例而寫的請託函。

對客戶的公關部而言,是否參與範例的演出都無關緊要

針對企業書寫這種請託函時,首先要有一個認知:那就是對客戶的公關部而言,你們公司送過去的這種請託函,在他們的工作排序中是很後面的,有時視情形有可能最後才處理。

我是刻意用這麼強烈的口吻來撰寫的。因為先有這種認知,才不會誤判現實狀況。簡單來說,對自己而言很重要的事情,對對方來說,未必如此。

假設各位是在企業的公關部工作,請想像一下工作的狀況。你的工作每天一定都堆得像座小山。上司總是突然丟個工作給你,讓你忙得焦頭爛額;這時,現場的業務部門發了一封電子郵件給你,對你說:「不好意思,客戶希望我們能夠參與實際範例的演出。所以……」同時還附加了一個請託函的檔案。

你會優先處理這封請託函嗎?我想,你應該不會重視這封請託函,你應該會放在後面再處理。

那麼,這封請託函就有可能被埋在一大堆的文件當中永遠不見天日。不過,我想這種可能性應該很低,因為絕大多數的企業員工都是很認真的。如果對客戶捎來的請託函置之不理,心裡一定會過意不去。

不要長篇大論

如果從上述的角度來思考，這封請託函的內容最好能讓公關部的人，在三分鐘之內看完，而且可以在三分鐘之內下判斷並批准。也就是說，請託函的內容應該要「不麻煩、不費事」。

反過來說，絕對不要用滿腔的熱血來寫這封請託函。也就是說，不要長篇大論贅述，公司為這個範例付出多大的心血、對方公司參與這個範例演出的意義等。客戶的公關部人員對這種熱情既不在乎也沒興趣。雖然寫的人想用熱情打動對方、說服對方，但對方對這種請託函就是不感興趣。要打動一個興趣缺缺的人，對任何一位文字高手而言，都是艱鉅的任務。

減輕對方負擔的寫法

與其挑戰不可能的任務，不如從確實可以做到的事情開始做。想要說服對方之前，應該要先考量減輕對方的負擔。請託函盡量簡單扼要，用一張 A4 大的紙張完成（如果已經非常簡潔，但還是需要兩張 A4 的紙張也沒關係）。文章的標題要明確寫清楚，這是拜託參與範例演出的文件，譬如標題寫「申請範例採訪」就可一目瞭然。

一開始的問候語不需別出心裁。用一般標準的形式，譬如，「敬啟者，貴公司日益繁昌，不勝欣慰」就可以了。接下來的正文部分，就有禮貌、簡單扼要地寫出，希望客戶參與實際範例演出的宗旨、大綱。這時，不需要用特別的寫作技巧來吸引對方，只要平鋪直述就可以了。

簡單扼要，瞄一眼就可理解

為什麼不需要特別的技巧？因為就算寫得文情並茂，公關部的人也只是快速瀏覽過去而已。對忙碌的公關部來說，最討喜的文章就是「瞄一眼就知道是何事的文章」。

採訪要項必須逐條寫清楚

這種請託函最後面的採訪要項，其實比正文更重要。所以在這個部分，一定要把公關部的人事前想先檢核的重點都列出來。也就是，要明確寫出下列事項。

「採訪的時間和地點由貴公司決定（配合客戶的方便）。」

「範例刊載處為弊公司的網頁和傳單。」

「不需要做事前的準備。」

就算你認為理所當然可以不寫出來的事項，也要用心寫清楚。因為對你而言是理所當然，但對對方來說卻未必如此。這時，還必須要附上兩個非常重要的訊息。

必須要有實物樣本

第一個，就是要附上以前製作的範例樣本、實物樣本（如果是用電子郵件的方式發送請求，就附上網頁的網址）。如果是第一次製作範例，沒有可供對方檢視的範例時，就附上別家公司所製作的範例連結網址，再告訴對方「我想製作與這相同的作品」。這麼做是不太好看，但有總比沒有好。

你認為理所當然的事，對方未必也這麼認為

　　拜託別人參與演出的一方，當然會先想像自己之後要做的事。如此一來，就常會把想像當中已經確立的事情，當作是「不用說別人也知道的事情」，而在寫請託函時省略了這些事情的說明。但是，你認為理所當然的事，對方未必也這麼認為。

　　譬如，把實際範例當作促銷工具使用的想法，有可能對方的公關部就不認同。在資訊科技業上，實際範例是一種業務工具。在製造業，虛驚事件案例指的是可改善業務的參考資料。在法律界所謂案例研究，指的是判例的研究。也就是說，實際範例（或案例）這個名詞，會因業界的不同，而有不同含意。

　　要怎麼做，才能突破這種認知上的不同，並把自己的意圖正確告訴對方呢？

　　最有效的方法就是，用實物樣本來提示，不需要喋喋不休地說明。只要讓對方看樣本，就可以精準傳達。一個樣本勝過百句說明。

公關部最在意的事

　　要載明的第二個重要訊息是，「原稿在公開之前可以審核」。對公關部來說，這是最重要的訊息。但是，我發現很多請託函都沒有註明這一點。我想，這或許是因為發送請託函的人認為：「因為對方是客戶，在公開範例文稿之前，理所當然會讓客戶先審核。所以這件事就無需專程寫出來。刻意把理所當然的事情白紙黑字寫出來，反而失禮。」

　　但是，委託者認為理所當然的事，被委託者卻未必認為。少了這句話，公關部的人會懷疑：極有可能不做任何審查就突然刊載了。為了不讓公關部的人有這種疑慮，還是寫清楚可以事前先審核。

申請採訪的理想進行方式

　　要確認以上說明過的事項時，首先公關部的人會先用手指著請託函上寫的採訪事項逐條檢核說：「這點如何？可以。這點如何？嗯，這點也可以。」（到目前為止，所需時間是三十秒。）之後，這個人就會心想：「老實說，這些事情都沒什麼重要性，我也懶得判斷。內容看起來沒什麼問題，其他的事情就交給現場人員吧！」於是，就會回覆業務部的人員說：「關於參與範例演出一事，公關部沒有問題，之後的事情就交給你們現場人員了！」收到回覆的業務人員，就會想：「公關部已經同意了，我也懶得再動腦筋深思。所以，我只要奉陪就好了。」然後最後，業務部的人會很爽快地回覆來申請採訪的你，說：「上回範例的事沒問題了。」這對委託者來說是最理想的進展方式。

重點

1. 對對方企業的公關部而言，是否處理參與範例演出一事都無所謂。
2. 應該想方設法減輕對手的負擔。
3. 一個樣本勝百句的說明。

一句「我們這個行業很特殊」致使無任何進展

為企業舉辦範例製作研討會時，參加學員一定會問這個問題。

「我們公司的客戶大半都是某某行業的人。這個行業的人有自己獨特的想法，而我們公司的產品也有自己特殊的用法。因此，如果拜託他們參與實際範例的演出都會遭到拒絕。我們該怎麼做呢？」

這段話真正的意思，其實是「我們這個行業很特殊。你說的一般技巧對我們不管用。請教我們別的方法」。有二十幾歲的年輕人，用求救的眼神問這個問題；也有較年長的男性，用攻擊性的眼神和口氣問這個問題。

對於這個問題，我一向回答：「放心好了，偶爾還是會碰到好人。」這不是敷衍的回答，而是根據經驗出自內心的回答。

提議積極，行動消極

成立範例製作公司之前，我曾在某保全公司的行銷部工作。那段期間，我就是用電話、電子郵件親自拜託客戶參與範例的演出，並製作了二百個中小企業、大型企業、地方政府等範例。

我在正式製作範例之前，公司內部沒有任何一個實際範例。因為各部門都異口同聲表示，「要提升業績必須增加範例的數量」。因此，我就舉手說：「我會努力製作。」但這時公司的

人卻提出一堆如下的悲觀意見，認為「這根本就是不可能的任務」。

「參與範例的演出，客戶並沒有任何好處。他們不會答應的。」

「地方政府不會幫私人企業做宣傳廣告的。」

「我們公司賣的是安防產品，這是一個敏感的領域。我們不能任意公開客戶所使用的產品。」

理論上這些反對的意見是正確的

在會議室裡，我無法反駁這些悲觀的反對聲音。事實上，十五年後的現在，即使我已經擁有製作一千多個範例的經驗，也還是無法反駁。因為，理論上來說，那些「不能做的理由」絕大部分都是正確的，所以很難反駁。

當時的我，選擇了「試試看」。不管難或不難，就是開始展開請求的作業。一開始先取得小企業的首肯，慢慢地企業的規模就愈來愈大。之後，連地方政府都同意參加實際範例的演出。最後，我甚至靠自己的力量讓日本屈指可數的大型銀行也點頭應允。

「客戶沒有理由參與實際範例的演出，因為……」雖然公司內部一片悲觀，但是我還是用樂觀的心態去做，沒想到卻出奇順利。這之間到底有什麼不同？

主宰現場的是機率

我個人認為，客戶不可能參與範例演出只是會議室的論調，實際的成敗是由現場的機率來決定。用比較淺顯的說法來說，這個機率就是「偶爾還是會碰到好人」。

拜託客戶參與實際範例的演出，其實就類似業務部的人，透過電話和客戶預約見面來建立人際關係。不管是為範例進行採訪，還是要爭取談判的機會，都必須和對方接觸。當然，電話預約並非百分百都會成功。換言之，能否預約成功也和機率有關，所以，拜託客戶參與實際範例的演出也一樣。

簡單來說，世上十人當中，會有一人或二人是「好人」。所謂約定見面，就是為見到「好人」所進行的活動。我這麼詮釋，絕對不會言過其實。

世上必有好人

所謂好人，就是不會找藉口的人。這種人無論別人有什麼請求，都會爽快同意並表示「沒關係、不介意」。這和是中小企業、大企業，還是地方政府的組織屬性沒有關係。所以這世界上絕對有一定比例的好人。

不過，機率論也有殘酷的一面。雖說十人當中會有一人「沒問題」，但是這個人卻未必一開始就能夠見得到。最糟的情況有可能是，被九個人拒絕之後，好不容易才見到這個人。因此，就算被一、二家公司拒絕，也不要輕易就下結論認定「客戶絕對不會答應參與範例的演出，因為……」。

我這麼說，大家或許會很失望，認為「拜託客戶參與範例演出還要看機率，那豈不是只能靠運氣一決勝負？」不是這樣的。既然有機率，就去思考「如何提高機率」。能夠改善方法就可以提升機率。要提高機率有很多方法。根據我個人的經驗，其實最有效的方法就是，讓客戶「看實際範例」。

前例的重要性（誰都不願意當先驅）

繼續製作範例之後，我把數個範例貼在公司的網頁上。用電子郵件向客戶請託時，就把這些範例當作「之前所製作的範例」，並附上這些製作物的網址。雖然沒有人喜歡當先驅者，但是看到別家公司比自己快一步時，就會心想：「算了，就這樣吧！」然後，就點頭答應了。

拜託地方政府參與實際範例的演出時，利用前例大作戰效果特別好。地方政府原本就是最在意其他地方政府的前例和動向的組織（最近，我的故鄉「只要報稅就有禮物可拿」的活動，這種感覺就很強烈）。在沒有前例的狀態下，要某個地方政府答應第一個參與演出幾乎不可能。但是，只要能夠製作一個前例，而且是和對方相同等級或是鄰近地方政府的前例，對方也會很容易被攻陷，認為「算了，就這樣吧！」事實上，只要範例的件數到達某個程度，地方政府比民間企業更容易點頭答應。前例的效果真的令人驚艷。

2：2：6 的法則

只要是請求、拜託的作業，全都適用這個法則。要向十個陌生人拜託時，可以把這十個人分成三種人，即「好人」、「可怕的人」、「普通的人」。它們的比例是 2：2：6。好人就是仔細說明、誠心拜託之後，會點頭說「好，就這麼辦」的人，或凡事都說「好」的人。可怕的人就是對任何人所拜託的事情，都會否定說「討厭」的人，或凡事都說「不」的人。

碰到好人時，我們要感謝這份幸運；遇到可怕的人時，馬上撤退不要窮追不捨；見到普通的人時，努力讓他們說「好」是上上之策。

目標是「普通的人」

普通的人就是「不會深思」、「什麼都好」、「不想做決定」，屬於中間層的人。這些人就像是飄在空中的氣球，只要用力戳他一下，他就動起來說「好」。而這個用力戳的動作，就相當於前面所說的「要安排很多的前例」。

「我們這個行業很特殊」的說詞只是自我感覺良好

千萬不要因為別人一句「顧客沒有理由參與範例的演出，因為……」就決定放棄。因為就機率而言，還是有機會碰到好人的。

另外，也不要有「我們這個行業很特殊」的想法。「你可能不清楚，我們這個行業是很特殊的」，這種說詞其實只是發

言的人自我感覺良好。「特殊」的言外之意，其實就是想告訴別人「我很『特別』」。

但是，以我做過這麼多行業的範例的經驗來說，我認為這世界上並沒有什麼特別的行業。乍看之下，就算認為很特殊，也只是行業的術語不同而已。任何生意、任何買賣，就銀貨兩訖這點來說，其實都是一樣。

雖幼稚卻是事實

在這裡容我說一句失禮的話，所謂「我們這個行業很特殊」乍聽之下似乎很合理，其實這是人人都可以說的平凡言論。但是，「偶爾還是會碰到好人」，聽起來雖然很幼稚，卻是有機率作為依據的事實；也就是說，語句雖然幼稚，但是落實於行動之後就可以看到成果。在會議室想要壓制場面，只要猛說負面的話就可以奏效。但是，如果想要成功約到客戶見面，還是需要用一些能夠具體實行的說詞，才能坐收豐碩的成果。

重點

1. 關於製作實際範例，公司內部總是「提議積極，行動消極」。
2. 拜託客戶參與實際範例演出符合機率論。說三道四沒有意義，應該要思考如何提升機率。
3. 「偶爾還是會碰到好人」是真理。
4. 「因為我們的行業很特殊」是平庸、無意義的言論。

「請求參與演出」的技巧集

技巧 1　平常心

拜託客戶時，就用平常心，一般的態度。不需要特別謙虛或特別有禮貌，這樣會很不自然。用一般對待客戶的禮儀和說話方式就足夠了。

技巧 2　一定要用書面請求

拜託客戶參與實際範例演出時，一定要提出書面請求。即使已經口頭上拜託過業務人員，還是要另外製作請託函交給業務人員。因為沒有這種書面文件，對方的業務負責人要在公司內部跑流程會很麻煩。為了將客戶的負擔減至最低，一定要準備書面文件。

技巧 3　如果對方是董事長，就可以用口頭拜託

不過，如果有可能直接拜託中小企業的董事長時，就可以省去書面文件。因為這個人是董事長，無需徵求某些人的同意，就可以當機立斷做決定。「董事長，那就拜託您了！」、「嗯，沒問題。」只要這樣就足夠了。

技巧 4　書寫僅靠書面就可發揮功效的信函

書寫要拜託客戶參與範例演出的書信時，要設定的閱讀者，不是業務部很熟悉的對方業務部人員，而是我們的業務人員從

末見過面的對方公關部的人。既然收件者、閱讀者是初見面的人，當然就不能利用業務來套交情、也不能用建立人際關係的業務話術，靠默契也行不通，必須用心書寫僅靠書面就可發揮功效的請託函。

技巧5　用折扣交換請託

要為沒有實際成效的新製品製作範例，困難度相當高，所以第一家公司的合約只能靠「業務的毅力」去爭取。如果這家公司要求給折扣就順勢以物易物，這樣就可以爭取到製作第一個範例的機會。

技巧6　導入產品之前也可以用「選擇理由」製作範例

一般來說，範例通常都會在導入的產品出現了效果之後，也就是導入產品之後的半年至一年才製作。但最需要範例的時期，卻是新產品要進行促銷的那段時間。老實說，真的無法撐到半年以後。如果「新產品的範例，能夠一簽約就立即上門請託演出，也就是在導入產品之前就製作」的話，就可以解決這個問題（假設 A 是自家公司，B 公司是 A 公司的客戶。當 B 公司簽約決定購買 A 公司的產品之後，A 公司就立刻向 B 公司請求製作範例。這樣 A 公司就可以運用這個範例為 A 公司的新產品進行行銷）。

「什麼？簽約後就立即行動？那不是在導入產品之前嗎？導入之前，怎麼可能製作實際範例？」有人或許會這麼想。不

過，只要肯下點工夫，還是能夠在客戶導入產品之前就製作範例。我所謂的工夫，就是範例的內容，以產品的「選擇過程」和「選擇理由」為核心。因為範例的核心議題就是選定時的相對評價。只要有這些相對評價，就可以寫出內容十分充實的範例。

技巧7　你害怕的事情其實不會發生

我在某企業的行銷部工作時，讓二百家客戶點頭答應參與實際範例的演出。首肯的有二百家，就表示被我拜託過的客戶是二百家的好幾倍。但在這麼多的客戶當中，只有一個客戶對我說：「現在，我們正忙著處理你家公司產品的麻煩……」這時，我慎重道歉。我說：「我不該在不適當的時間打電話來拜託，真的非常對不起！」說完之後就掛掉電話。

這個狀況讓我明白兩件事。第一件事是，拜託數百次，正好碰到對方在處理麻煩的機率非常低；第二件事是，對對方而言，我是行銷部一個初次見面的人，所以我可以用道歉的口吻說：「我不知道您在處理麻煩。失禮了！」

一想到自家公司的產品會出問題、會惹麻煩，有人或許會害怕得不敢上門請託。但這種倒楣事少之又少。就算真的碰到了，只要誠心道歉就沒事了。

技巧8　行銷部的人先開口，業務部的人跟隨在後

最有利的交涉形式是「一對二」。對方一個人，我方兩個

人。我方兩個人，一個扮黑臉，一個扮白臉。也就是，一個扮演強勢的角色，一個扮演壓制強勢角色，向對方道歉，緩和現場氣氛的角色。用這種形式交涉，對我方比較有利。

如果以這個原則來思考的話，要拜託客戶參與實際範例的演出時，業務部的人和行銷部的人搭檔而行，會比一個業務員單槍匹馬上陣有利。這時，行銷部的人就扮演委託者的角色；業務部的人就扮演調整事項、緩和氣氛的角色。如果只有業務人員一人出馬，因什麼而鬧彆扭時會無法收拾；但如果開口拜託的是行銷部的人，縱使有什麼閃失，業務部的人還可以道歉，打圓場表示：「我們行銷部的人失控了，真是不好意思。」

一般企業不論是進行斡旋或談判，都是兵先出面，上司再登場，或者是在後面待命。請求客戶參與範例演出也可以應用這種手法。簡單來說，就是「行銷部的人先開口，業務部的人跟隨在後」。

技巧9　由行銷部的人出面拜託就不會欠下人情

由業務部的人直接去拜託有一個壞處，就是會「欠人家一份情」。如果對方說：「範例？要我們參與可以啊，但是下回更新合約時，得給個折扣哦（笑）。」業務部的人會很難拒絕。但如果是由行銷部的人開口拜託，就可以排除這個問題。因為對方不會要求行銷部的人降價或給折扣。我擔任某公司行銷部人員時，執行過數百件的委託案子，從來沒有被人要求過要用什麼進行交換。因為行銷部的人不是當事者，所以不會碰到什

麼欠人情的事。

技巧 10　一給人情就馬上拜託

如果把技巧 9 倒過來說，最好的拜託時機，就是業務部的人做人情給對方的時候。在法人之間最容易做人情的，就是給予折扣上的優惠；所以，就設法讓交涉朝著用折扣交換請求演出的方向發展。只要先取得對方參與範例演出的承諾，半年後甚至一年後再製作實際的範例都無妨。如果能夠進一步將這個過程系統化（當成慣例），就可以自動增加同意參與範例演出的企業庫存量。

技巧 11　不要錯失良機

提到給人情，大家聯想到的，就是要給很多的折扣或是要對方解決什麼大難題。事實上，就算是一樁小事也可以。我曾在某家公司的資訊部服務過。有一天，我們的客戶，一家超大型都市銀行的總務部，透過網頁上的「和我們聯絡」，表示「希望公司的網頁能夠連結到我們公司網頁上的安全機制報導」。我發出「沒問題」的回覆之後，心想「機會上門了」。三天後，我照著以往的流程，送出了一封「請求參與範例演出」的電子郵件，次日就收到「好」的回覆。

事實上在這之前，關於製作範例一事，我們公司的業務人員已經吃過好幾次這家銀行資訊部門的閉門羹了。不過，擅用給人情的好時機，就可以輕輕鬆鬆讓對方說「好」。小小人情

也可以大立功。每一件事都有它最好的時機。

技巧12 「採訪」是最強的單字

為拜託客戶參與範例演出所寫的請託函、電子郵件,甚至在電話之中,都可以積極使用「採訪」這個字眼。以「申請範例採訪」為標題,營造媒體採訪的感覺,對對方的好奇心和自尊心都有加分作用。大多數的人聽到「採訪」二字,直覺會聯想到媒體採訪。一般來說,上班族應該都沒有被「採訪」的機會,所以一聽到「要採訪」,就會覺得有趣而感到莫名的興奮。

託「採訪」的福,我就曾經受過意想不到的禮遇。我在某公司服務,因製作範例拜訪某大企業時,一告訴櫃檯小姐「我是某某公司的村中」,櫃檯小姐馬上就很有禮貌地說:「您就是要來採訪的那位先生?」這意味著「採訪」二字可以讓人通行無阻。因此,不論是打電話或寫電子郵件,只要使用「採訪」二字,就可以讓事情順利進行。要做這件事,並不需要特別想方設法。如果你覺得我是在唬你,建議你試一次就知道。

技巧13 拜託客戶參與範例演出靠的不是好處,而是機率、前例和互惠

有人問我:「拜託客戶參與範例演出時,要如何向客戶說明參與範例演出的好處?」我明白這些人為什麼想問這個問題的心情。冷靜想想,真的沒什麼好處。對對方企業而言,參與範例的演出其實是一種花時間協助業者做宣傳的行為,所以真

的很難從中找到什麼好處。

因此，要請求客戶參與範例的演出，與其用利益上的誘惑去拜託，不如訴諸「偶爾還是會碰到好人」的機率論、「大家好像都參與了，好吧，我就試試吧」的沿襲前例、「必須要還人情」的互惠原則，獲得首肯的機率反會比較高。

技巧 14　就算寫出參與範例演出的好處也靠不住

在技巧 13，我寫道「參與範例的演出沒有好處」。但是，書寫請託函時，如果能夠在函中寫上：「我們知道自己的力量很微薄，但希望能透過這個範例向客戶做宣傳」，也就是低姿態向客戶訴說製作範例的好處也不錯。不過，客戶看了之後，就算能夠感受到這個好處，也不見得會說「好」。說得直白一點，就是「寫歸寫，但別指望」。

技巧 15　刺激對方的父母心

我的一位業務員朋友去拜託顧客參與範例演出時，對顧客說：「這個範例完成之後，你可以告訴孩子『爸爸就是在做這種工作』，然後再將範例拿給孩子看。」結果，馬上就勾起了顧客的興趣。我個人認為這個好處秀得很高明。

技巧 16　以「對方無動於衷」為前提進行請託

書寫請託函時一定要先有一個認知，那就是「閱讀者，也就是對方公關部的人，會把這封信函排在很後面處理」。如果

忘了這個前提而長篇大論描繪自己的熱情，事情就會進展得很不順利。因為對自家公司而言，這封請託函很重要，但對對方來說卻是無關緊要。

技巧 17　瀏覽書面文件只有一分鐘時間，所以必須附上樣本

因為請託函對對方而言無關緊要，所以撰寫請託函的前提應簡潔、明快，可以讓對方用一分鐘就看完，而且為了要盡快和對方對上話，一定要附上樣本。

技巧 18　請託函的前半用定型化格式，後半開始決勝負

拜託客戶參與範例演出的請託函，前半部分可用一般寒暄致意的書信格式。重頭戲在後半部，後半必須「逐條寫出採訪的要項」。公關部的人都是大忙人，前半部的致意文章只會瞄一眼，但對後半的採訪事項必定會積極地仔細審查。因此，書寫時，記得「前半用固定的格式，後半是決勝負的關鍵」。

技巧 19　「行程自由」讓對方安心

逐條寫採訪事項時，首先要告訴對方「採訪的時間、地點，客戶可以視自己的方便決定」。對方公關部的人看到這項，就會因為「行程是自由的」而覺得安心。這種大家都認為理所當然的事，一定要事前明確告知。

技巧 20　簡潔第一、誠實第一

完成後的範例要刊載在何處或做什麼用途，也是公關部很在意的一點。所以在請託函中，一定簡潔、誠實地寫清楚「刊載地方是敝公司網頁和傳單」。

技巧 21　明確告知不需要事前準備

告訴對方「不需要特別做事前的準備」。這也是一條可以減輕對方負擔的訊息。另外，告訴對方「當天請穿輕便服務即可」，也是同性質的一種訊息。

技巧 22　一定要附上樣本

公關部在意的還有「製作範例的人到底會怎麼寫？」、「其他公司真的答應參與範例演出了嗎？我們公司該不會是第一個吧？」為了排除這些不安因子，必須把過去製作的範例當作樣本附上去。

技巧 23　製作請託函是行銷部門的工作

需要製作範例的公司不會只有一家。如果每次都要重新擬稿非常沒有效率，所以請先製作一個「請託函的範本」。使用時就只要替換客戶的企業名稱。就企業組織而言，製作範本是行銷部門的工作。

技巧 24　預約見面是一種機率論

「請讓我們採訪！」拜託客戶參與範例的演出，就某個角度來看，其實和在電話裡說：「請讓我們過去跟您洽談！」也就是希望能夠透過電話和客戶預約見面是一樣的。用電話預約客戶見面，最怕被客戶一口回拒。拜託客戶參與範例的演出也一樣，只要一想到或許會吃閉門羹，心情就很沉重。這種心情我能理解，但還是不要用「顧客不可能會答應的，因為……」當作藉口打退堂鼓。在機率論的世界裡，一直消極地找藉口對自己說「一定不會順利的，因為……」是沒有意義的。因此大家要做的，不是去尋找做不到的理由，而是要想方法提高機率。

技巧 25　為範例和客戶預約見面會愈做愈輕鬆

拜託客戶參與範例的演出既然是一種機率論，要採取的解決方案應是提升機率。其中最有效的方法，就是用電子郵件接洽時，多附上幾個有實際成效的範例網址。只要這麼做，就可以蘊釀「我想請大家協助敝公司製作範例」的氣氛，並提升對方應允的機率。電話預約和擲骰子一樣，每個試驗都是獨立的，所以成功的機率並不會變。我們稱這種狀態叫做「平賭」。不過，拜託客戶參與範例演出時，只要讓客戶看過去的實際成效，成功的機率就可以提升，而且做起來輕鬆。

技巧 26　第一個範例得靠氣勢爭取

拜託客戶參與範例的演出，最難的就是如何讓打頭陣的第

一家公司點頭答應。因為人人都討厭當第一個。因此，要讓第一家公司同意，只能使出死纏爛打、利益交換、哀兵政策等各種手段。只要能讓第一家點頭做出實際的範例，就能夠以這個範例作為敲門磚，順利攻下第二家、第三家，逐漸累積範例的件數。

技巧27　從規模小的範例著手，速度最快

這是我還是某家公司員工時的經驗。我想製作一個地方政府的範例。可能的話，我希望這個地方政府能有像縣政府這麼大的規模。但是，在沒有前例的狀態下請託，成功的希望非常渺茫。因此，首先我先做「鄉」、「鎮」的範例，然後，再用這些範例做「市」的範例，接著做「政令指定都市」，最後完成了「縣」的範例。

技巧28　希望匿名不稀奇

有受訪者會說：「我想匿名受訪，不要用真名實姓。」在我製作、監修千餘個範例之中，有過兩次這種經驗。真的只有兩次。能夠用真名製作範例當然最好。如果對方這麼說，就只有兩種選擇，不是接受就是放棄。某一地方的藥品批發商希望匿名，我沒辦法只好用假名「水白藥品」製作範例。這是迫不得已的做法。這麼做總好過寫某某企業。

技巧 29　為範例預約客戶見面不能外包給別人做

　　我曾經想過要把為範例預約見面的工作外包給別人去做。但遺憾的是，原則上十分困難，或是根本不可能。如果把這份工作外包出去，外包公司有了現有客戶的電話號碼和電子郵件信箱之後，就可以和客戶聯繫，請他們參與範例的製作。但是，從客戶的角度來看，一定會心生疑念，心想：「為什麼是一家陌生的公司跟我聯絡，要我們參與範例的製作？」為了避免這種事態發生，我們和外包公司簽約之後，勢必得派我們自己的工作人員常駐在外包公司，用我們公司的電子郵件信箱和電話號碼與客戶聯絡。但是，為了製作範例而如此大費周章，實在是不切實際。

技巧 30　被拒絕一次並不表示永遠沒機會

　　假設，拜託 A 公司參與範例演出被拒絕了。半年或一年後，再去接洽 A 公司，拜託他們參與範例的演出，你認為 A 公司會點頭還是搖頭？一般人可能會覺得就算拜託無數次，應該都還是不行。對方的窗口或許還會對你吼：「上次不是拒絕了嗎？你要我說幾次才會懂！」

　　但是，千萬不要輕言放棄，還是有別的方法可行。第一個方法是「知道這個業務的負責人有異動，就上門拜託」。因為之前那個窗口拒絕，新的負責人或許會答應，至少新的窗口不會像之前那個人對著你吼：「之前不是拒絕了嗎？」第二個方法是「找這個負責人心情好的時候，再拜託一次」。前一次被

拒絕，或許是因為這個人心情不好。這次如果心情好，或許就爽快答應了。另外，「趁著對方欠人情時開口拜託」也是一種方法。當對方有為難的請求時，就順勢用這個人情去交換範例的製作。還有一種方法，就是「換人去拜託」。某位業務人員去拜託碰釘子。半年後，換個生面孔的人去拜託或許就沒問題。如果是這樣，真的就是賺到了。如果對方說：「半年前，我不是拒絕了嗎？」這時道個歉找臺階下。

我這麼說，並不是要大家死纏爛打。不過，輕言放棄畢竟不是件好事。請記住，要「再思考一下！再堅持一下！」

技巧 31　借活動之名製作範例最安全

如果是 B2C 的話，就可以借行銷活動之名，拜託顧客參與範例的演出。我曾經為某郵購公司辦過如下的「活動型範例」。

> 1. 製作「以募集顧客聲音活動」為題的傳單。傳單內容：「願意接受採訪的人，可以獲得一年份的商品。想參加的人，請附上用手機自拍的照片。只要參加，就可以收到小禮物（所謂小禮物，就是不值什麼錢的小東西）。」
> 2. 從參加者中選出長相和履歷都不錯的人聯絡，請他們接受採訪參與範例的製作。落選者全都送上小禮物聊表謝意。

利用活動製作範例真的非常方便。看到人，只要把傳單遞上去說：「不好意思，我們公司現在正在辦這個活動。」絕不會衍生任何問題。借活動之名，可以拜託無數人參與範例製作。視情況，有時也可以應用在 B2B 的電子商務上。

技巧 32　放心，絕不會來一堆人！

借活動之名，有人或許會擔心「這麼做，要是來一堆人怎麼辦？」請放心，又沒在電視上打廣告，只是一家企業辦的活動，不會有那麼多人蜂擁而至的。請記住「沒關係，絕不會來一堆人！」

技巧 33　選擇權在我們手上

關於活動，有人還會擔心「關於業種、規模這點，如果有不好的企業來參加怎麼辦？」我們想製作的是大企業的範例，結果來的盡是中小型的企業，真是傷腦筋。只要在活動的規章上註明「只從中選三家」，就可以排除這個問題。請記住「選擇權在我們的手上」。

技巧 34　只告知目標企業

如果只想找大企業，就稍微狡滑一點，就是「從一開始就只告知大企業」。假設資料庫裡有五百家企業，這五百家之中有一百家是大企業，辦活動時，就只告訴這一百家企業。這麼做，就不會有雜七雜八的公司跑來參加的問題。從客戶名單中就可以判斷客戶規模和屬性的 B2B 類型的業務，就可以用這個技巧。

技巧 35　B2B 的行銷部門絕不要被業務部門看不起

本章中，我一直都用強烈的語氣強調：「拜託客戶參與範

例演出一事不要麻煩業務部，要由行銷部自己來做。」老實說，這麼說是有點矯情。請託之類的工作只要能「讓客戶點頭答應」就可以了，所以不管是由行銷部還是業務部出馬都沒關係。我提到當我還是某公司員工時，就透過電話成功預約了二百位客戶見面，但這並不全都是我一個人的功勞。許多範例其實是我和業務部的人一起合作完成的。我之所以會寫得如此煽風點火，只是想告訴大家：「B2B 的行銷部絕對不要被業務部瞧不起（行銷部的人一定要有自己的魄力）」。

技巧 36　能獲得「客戶給案之前的訊息」就能和業務部並駕齊驅

好的 B2B 行銷人員是什麼樣的人？如果用比較粗俗的觀點來定義，就是「不會被業務部瞧不起的人」。一般來說，B2B 電商企業中的營業部不但地位高於行銷部，而且也比較有權勢。在這個前提下，行銷部門的人如果要刷自己的存在感，最重要的就是要擁有對方不知道的訊息。業務部最不清楚的就是「案子發生前客戶的訊息」。要想知道這些，製作範例就是最好的機會，尤其是採訪。

─────── **防止客訴的方法** ───────

技巧 37　不要把業務窗口隨意給的承諾當真

用口頭進行拜託時，就算對方的業務窗口當場說：「參與範例的演出沒問題。」也不要當真。當場就答應，表示這個人極有可能是個輕率的人。有可能會發生的最糟糕狀況，就

是採訪完提出文案之後，才知道「必須先得到公關部的認同和許可」。結果，未經公關部同意就寫好的範例稿子只能作廢。這世上就是有這種輕許承諾的人。這種人並沒有惡意，但就是輕率。所以就算這個業務窗口當場就答應「可以參與範例的製作」，還是要提出書面文件（即請託函），並且適度把話說得重一點。總之，當場答應，小心有鬼。

技巧 38　為避免被翻盤必須準備樣本

取得同意之後，要進行採訪當天，對方的業務窗口竟然說：「我不知道這個採訪竟然這麼大陣仗。我以為顧客只要說四五句話。」要防範這種狀況發生只有一個方法，就是在拜託參與範例演出的階段，也就是在事前先讓這個業務窗口看樣本範例。只用口頭說「我想製作範例」還不夠周全，一定要附上真實的樣本。只要這麼做，採訪當天這個負責人就不敢說「沒想到竟然這麼正式」。請記住「樣本是消弭不平之氣的良藥」。

技巧 39　不要說也不要寫「要拍照」

照片在範例中占了一個很重要的位置。但在請託的階段，絕對不要說「當天要拍照」。在請託函中也千萬不要註明這點。因為公司裡總有害羞的人、不想出風頭，引人注目的人。如果告訴這些人「當天要拍照」，他們一定會出現一個反射動作，回覆你「不好意思，我不喜歡拍照」。這句話一出口就沒得談了；也就是這個範例不可能會有照片了。因此，不論是口頭還是書

面文件，都不能提「要拍照」。

技巧40　用樣本表達要拍照的意圖

事前沒有告知「要拍照」，採訪當天才突然拍照，相當沒有禮貌；所以事前要先讓業務窗口看範例樣本。樣本上當然有照片。只要事前先讓業務窗口看樣本，就可以無言的方式表達要在採訪當天拍照的意圖。關於照片一事，請記住：拍照之事不能說，只能讓他們看。

<table>
<tr><td>第3章</td><td>## 範例的設計</td></tr>
</table>

所謂設計
就是顧客分析

建築物是由建築師事務所先設計，再交由建設公司或營造廠按設計施工；軟體開發是由系統工程師、系統架構師先設計，再交由程式設計師去執行。想要製作優良的商品，設計很重要，範例也一樣。

大家都說「要製作一個好的範例，一定要具備一流的採訪功力、撰寫能力和下宣傳標語的能力」。當然，這些都是很重要的技術。但採訪、撰寫都是一種「執行」的技術，只是磨練執行的技術，並不能提升成品的品質。身為根基的「設計」才是最重要的。

徹底成為潛在顧客

我把範例的設計稱為「顧客分析」。這裡的顧客指的是範例的讀者（即潛在顧客）。每次接案，我都會先和委託的客戶談兩個鐘頭。經過這兩小時的談話，就可以勾勒出範例讀者（潛在顧客）的立體形象。這種狀態就彷彿我已經把他們都揹在自己的背上。簡單來說，就是我要讓自己變身為潛在顧客，並用他們的身分、立場切入這個範例；這就是顧客分析。

　　顧客分析進行的順利的話，就可以用潛在顧客的心境，去規劃或設計採訪、拍照、撰寫、下宣傳標語。換言之，就可以針對潛在顧客製作具有強大宣傳效果的範例。為了方便起見，將這過程稱為「顧客分析」，其實更正確的說法應該是「潛在顧客分析」。

　　檢查官在進行司法調查時，就常會用到「分析」這個詞，也就是剖析的意思。其基本結構大都是假設「在這個狀況下，會做這個行為的犯人就是這種人」。顧客分析，同樣也是以既有顧客的資料為基礎，一邊思考「購買這個商品的顧客以這種類型的人居多」，一邊設定潛在顧客的立體形象。

設計占七成

　　建築不可能沒有設計。同樣地，沒有經過顧客分析就製作範例也是魯莽的。範例的好壞，七成在顧客分析的階段就決定了；因為採訪、撰寫等各項工作，畢竟只是照著設計去做而已。因此，製作範例設計就占了七成。

他們不是「目標顧客」

　　我針對顧客分析做說明時，有人說：「指的不就是目標顧客嗎？既然如此，就不需重新思考，因為目標顧客是固定的。」但這兩者之間，其實似是而非。

　　顧客分析是以之前的事實為基礎，也就是以「現在正在購買商品的人是誰」為基礎進行分析。但是，目標顧客指的是「今

後想把商品賣給什麼樣的企業」。因此，目標顧客與其說是分析，不如說更像是一種意向、希望，有時甚至是妄想。

有一次，賣保險商品的 A 代理店找我們製作範例。我馬上就做顧客分析。以大都市郊區為營業區域的 A 代理店，他們的業務形態是，先用社區報紙告知大家要舉辦理財研討會，然後在研討會後的諮詢時間，向可能會買保險的人進行推銷。來參加的人大都是住在當地、關心家人經濟的夫妻檔。

如果以這個事實作為前提進行顧客分析的話，潛在顧客的形象自然就是「當地一般家庭的成員」。但是，A 代理店業務部一位稍微資深的男性對這個說法有微詞。

「到目前為止，我們的顧客的確是以一般家庭居多。但是以後我們想把商品賣給高端客，所以我希望你們用這個角度去思考。」

檢視內容的通路

聽到這位先生的指正，我先說：「我明白了。那麼，我們會再針對高端客做設計。」然後再發問：「請問，貴公司現在有多少高端客？」答案是「一、兩個」。我又繼續問：「這些顧客是怎麼來的？」答案是，不是透過研討會，而是「董事長的好朋友介紹的」。接著，我又繼續這樣問：

「假設我們針對高端客製作了範例，請問貴公司要如何使用這個範例？也就是你們要如何讓當地的高端客看到這個範例？」

　　這個問題我沒有得到正面的回答。照理說，如果以金字塔頂端的客層為目標，這位先生應該具體回答「我們會馬上針對這個客層舉行研討會」，或「我們會發邀請函給他們」，但他並沒有這麼做。

　　從這一連串的回答我們就知道，想把商品賣給金字塔頂端的客層，只不過是這位先生個人的願望。對於如何營運，他根本沒有任何具體的想法。不認為這個以「目標」為名義的願望或妄想是妄想，就是這種人的一個特徵。想要檢視這點，詢問內容的通路最有效。如果對內容的通路，也就是「是誰（who）、在何時（when）、用什麼方法（how），把完成的內容（what）讓使用者看」有具體計畫的話，就是構想而非妄想。

假想的範例讀者（潛在顧客）

　　範例是一種「讀物」，所以一定有讀者。我認為範例的假想讀者，不是目標顧客，而是潛在顧客。這麼說有人或許會認為：「要設定假想讀者一點都不麻煩。譬如，如果製作的是防毒軟體的範例，就拿去給對防毒軟體有興趣的業主看。」但是，這和創刊一本時尚雜誌時，就說「假想讀者就是時尚有興趣的女性」沒兩樣，都是過於天真的想法。把某某商品的範例讀者，假想為「對某某商品感興趣的業主」，其實都只是在重複同樣的句子。

他們不是「決定者」

「廣告文宣的內容應該要反映決定者的想法。」

「那個人不是負責窗口，我們必須接觸批准者。」

我常聽到這類的意見。

連談企業技巧的書也都會告訴大家：「打電話預約客戶見面時，應該要約決定者」。甚至強調有的公司，「在第一次接洽時，只見決定者」。

但是，為製作範例開會時，會在會議室裡說「要反映決定者的想法」的人，其實絕大多數都是在裝腔作勢，炒氣氛。這些人根本就沒用心想過，到底誰才是真正的決定者。提到這一點，有人或許會說：「決定者就是董事長啊，要不就是各事業部門的高層主管。」但是，這種想法太直線思考了。

決定者是誰？

以前，我曾經接一個案子，委託人是製作商，以下稱 L 公司。L 公司的商品是一種網路硬碟，略稱 X 商品，價格約十萬日圓。X 商品的特色是具有可以把排除障礙的時間縮短至最短的 XZ 機能。因這個範例而接受我們採訪的是一家擁有二千名員工，使用過 L 公司 X 商品的顧客 M 公司。M 公司派出來的受訪者，是資訊部一名年輕的基層職員佐藤先生（假名）。這時，在範例中，我們強調商品的特色，也就是 XZ 機能。

結果，L 公司經理來電客訴。他說了如下這段話。

「XZ 機能、提升可用性等這些內容，只有使用這款硬碟的

人會有反應。範例的內容一定要反應決定者的想法。你們必須寫一些決定者會關心的東西，譬如，導入這個商品之後，出現了什麼效果、什麼東西變好等。不要用什麼可用性這種術語。」

理論上這種想法並沒有錯，但就這個案子而言，我並不贊成。我想 L 公司經理所想的決定者，應該是資訊部的經理。但是，這個範例如果採訪的對象是 M 公司資訊部的經理，可就錯了。因為擁有二千名員工大企業的資訊部經理，才不會去管區區十萬日圓商品的採購事宜。這家公司資訊部的經理所做的，應該是擬定資訊科技措施等更高階的工作。採購十萬日圓硬碟這種小事，一定是交給下屬或外部的系統整合公司。

事實上，決定選購 X 商品的，不是資訊部的經理，而是資訊部的佐藤先生。以前 L 公司曾經使用過其他公司的商品。這個商品的知名度雖高但不耐用，才用了一年就壞了。所以他們才決定另外採購別的替代品。因為這顆硬碟並不是用來儲存重要的業務資料，所以壞掉的那段期間（當機），並沒有造成什麼特別大的問題。

因此，佐藤先生才考慮接下來要換一個耐用又很少當機的商品。在蒐集資料的當中，他找到了具有 XZ 機能的 X 商品。佐藤先生於是就寫申購單上呈經理。經理很快就批准了這個採購案。我想這位經理應該是用「使用者是佐藤，佐藤自己選的商品應該沒問題」的心情批准的。

因此，若問這個案子的決定者是誰，很明顯不是資訊部的經理，而是基層的佐藤先生。由此類推，和 M 公司同等規模的

公司，如果要採買 X 商品，決定者應該也是相關業務的負責窗口吧。而且，如果是針對這類相關業務的負責窗口（技術人員）製作範例，把重點放在宣傳商品的機能是絕對合理的。當然，要使用「可用性」之類的說詞也是可以的。因為「可用性」這三個字，一般的公司雖然不會使用，但是在資訊科技技術人員之間的使用頻率，卻非常高。

宣傳標語要切實際

最後，關於 L 公司的範例，我們尊重 L 公司的意思，用「二十四小時、三百六十五天，永不停息的網路」為宣傳標語。但是，這個標語太過誇張，在現實中是不可能實現的。

L 公司的顧客 M 公司是一家擁有二千名員工的大企業。這麼大公司的網路，要靠一台區區十萬日圓的硬碟變身為「二十四小時、三百六十五天，永不停息的網路」，根本不可能。換言之，一般人絕對不會如此思考。

我再用另外一個例子說明。譬如，以「導入超性能防毒軟體 X，保證企業安防滴水不漏」為宣傳標語也非常誇張。安防措施除了要安裝防毒軟體之外，還需要設定防火牆、制定駭客機制、防止驅動程式遺失的對策等。只是導入防毒軟體，不能說安防就滴水不漏。

不能改變閱讀者認知的廣告文宣沒有意義

對於以上我個人的意見，或許大家會說：「你是不是太神

經質了？『永不停息的網路』、『保證企業安防滴水不漏』等，只不過是表達自己的承諾而已，你也太過吹毛求疵了。」

但是，就如同我所說明的，廣告文宣如果不能改變閱讀者（潛在顧客）的認知是沒有意義的。「永不停息的網路」、「保證企業安防滴水不漏」之類的陳腔濫調，雖然字詞華麗又順耳，但卻無力改變人的認知。只用陳腔濫調的字詞堆砌的廣告文宣，結果只是「可有可無，無關緊要」。

說大話會阻礙精準思考

為什麼一開始不斷強調「要反映決定者想法」的範例，最後卻結束在「二十四小時、三百六十五天，永不停息的網路」這類空泛、陳腔濫調的宣傳標語上？這是因為在一開始的階段，就受限於「決定者」這種空洞的大話，而無法精準思考的緣故。提到決定者，大家想到的都是經理等人，有點年紀、位高權重的人。但是事實上，真正「做決定的人」會因商品的價格和功能的不同而有所不同。

如果使用像「決定者」之類的大話，我們的思考就會和現實產生落差。結果，看到「二十四小時、三百六十五天，永不停息的網路」這種空洞的宣傳標語，就會愈看愈滿意。「決定者」這個名詞太過粗糙。用這麼粗糙的名詞去思考，當然只會得到粗糙的結論。

除了「決定者」之外，行銷的世界還有許多雷聲大雨點小的大話，譬如，「衝擊力」、「行銷訊息」、「堅持用戶的範例」

等皆是。這些字詞,很多時候都是中看不中用。使用時,一定要當心。

顧客分析就是為改變顧客的認知而設計路徑

潛在顧客只會對和自己有關的事情感興趣。因此,設計廣告文宣的第一步,就是要讓潛在顧客覺得「這件事好像和我有關係」。要做到這一點,必須知道潛在顧客是誰?他們對這件事情的了解程度如何?他們今後還想知道些什麼?為什麼他們想知道這些?首先,必須讓這些前提的訊息透明化。

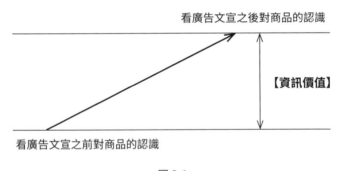

圖 3-1

然後,再從這些訊息推斷潛在顧客在「閱讀廣告文宣之前的認知」,設計可以讓潛在顧客透過廣告文宣改變認知,並對自家公司商品產生興趣的路徑。這一連串的過程,就叫做顧客分析。相對於用大話和陳腔濫調所製作出來的範例,「雖然漂亮利索,但卻無關緊要」;經過顧客分析所完成的範例,就充滿了「潛在顧客看過之後,一定會改變認知」的氣勢。

進行顧客分析時，首先分析既有顧客（之前買過這個商品的人）。然後，再以這些資料為基礎，分析、推測，並確實重建潛在顧客（今後似乎會買這個商品的人）的形象。經過顧客分析的程序，採訪時該問的問題、寫文章時該寫的事情、讀者比較能夠接受的寫法等，製作上的必要指導方針都會非常清晰。

顧客分析的整體輪廓

從下一節開始，將說明顧客分析的具體順序。但在這之前，要先說明顧客分析的整體輪廓。顧客分析大致分兩個區塊，一是「基礎分析」；一是「應用分析」。

基礎分析

基礎分析可以讓「商品的一般性顧客形象」透明化。在這個階段，要刻意不談受訪企業的事情；也就是雖然已經決定要去採訪某某公司，但要刻意忘了某某公司的事情。我通常會花兩個小時做基礎分析。透過基礎分析可以知道「以一般顧客為對象所設計的理想範例章節」。

應用分析

應用分析就是以要採訪的特定企業為題材進行分析。具體來說，就是針對在某某公司洽談的內容、商品的使用狀況，確認實際的情形之後，再根據事實進行應用分析。透過應用分析可將「理想章節」更換成「現實章節」。

基礎分析和應用分析的關係

　　應用基礎分析所確立的結論（章節）是一種理想論；也就是「如果顧客這樣說的話，是最好的」。但理想論卻潛藏著「紙上談兵」的風險，所以必須再進一步做應用分析，用基礎分析所蒐集到事實來修正理想的論調。

　　做基礎分析時，要刻意忘了受訪企業的實際狀況。所以在這個階段，絕對不能有「就以理想而言，或許這樣最好；但是，我不認為某某公司會適時誇讚這個商品」的想法。畢竟它只是一種理想論。對自家公司商品的行銷而言，我們的追求絕對是自私的。

　　應用分析則正好相反。應用分析只重視事實和現實。即使大家都希望「這個範例能夠把某某機能的優勢，當作行銷資訊來進行宣傳」，但如果某某機能的完成時間是 2015 年，而受訪企業導入該商品的時間是 2013 年，某某機能就不能作為受訪企業選購該商品的理由。

　　因此，應用分析的基本原則就是「不能無中生有」。反過來說，應用分析就是要知道「什麼東西」可供拾穗。

　　大家可以把基礎分析想像是追求理想而展開大包巾，應用分析則是為配合現實狀況而把大包巾的邊緣折疊起來。假設要為某特定商品製作五個範例。基礎分析就只要在製作第一個範例時的一開始做一次，而應用範例則是每製作一個範例就要做一次，所以總共要做五次。

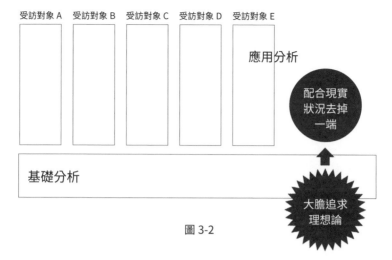

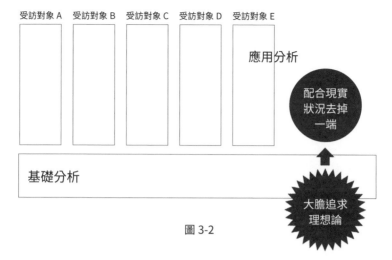

受訪對象 A　受訪對象 B　受訪對象 C　受訪對象 D　受訪對象 E

應用分析

配合現實
狀況去掉
一端

基礎分析

大膽追求
理想論

圖 3-2

顧客分析的成品

　　如果設計建物的成品是設計圖。設計範例的成品就是「章節」。所謂章節，就是開始要寫什麼，其次要寫什麼的文章結構（設計圖）。換句話說，章節就是以「只要按著這種順序把這種資訊，傳達或告訴透過基礎分析就可以透明化的潛在顧客，他們應該就會對商品感興趣」為目標去構想的。

　　文章是由「要素、構成、表現」組合而成。要素是「要寫些什麼」；構成是「以什麼順序來寫」；表現則是「用什麼措辭寫」。思考章節，就是在思考這三個要素中的結構和要素。

　　從下一節起，將開始說明「基礎分析」、「理想章節」、「應用分析」的具體進行方式。

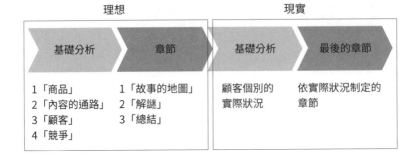

圖 3-3

▍基礎分析

基礎分析，可以讓以下的資訊透明化。

①商品的基本資料（這個商品是什麼、價錢是多少、到目前
　為止賣了多少等）

②內容的通路（如何使用完成的範例）

③顧客的基本資料（到目前為止，這個商品是誰、在何時、
　在何處、因什麼動機、用多少預算購買的）

④競爭狀況（競爭在哪裡）

接下來，我就要逐一說明。

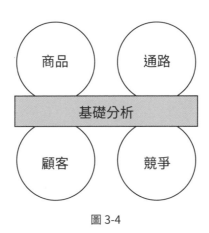

圖 3-4

❶商品的基本資料

—— 這個商品是什麼、價錢是多少、到目前為止賣了多少 ——

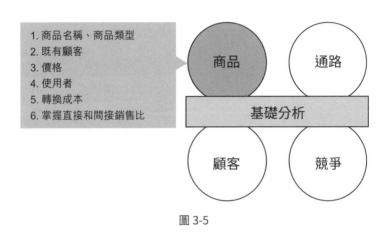

1. 商品名稱、商品類型
2. 既有顧客
3. 價格
4. 使用者
5. 轉換成本
6. 掌握直接和間接銷售比

商品　通路

基礎分析

顧客　競爭

圖 3-5

❶-1　確認要促銷的商品和服務

　　製作這個範例是為了促銷什麼商品或什麼服務。促銷的對象一定要明確，而且這個答案必須是個「單字」。譬如，如果範例的宣傳手冊寫「導入某某範例」時，「某某」的地方就要放入某個特定單字。「除了賣商品外，我們也想全方位宣傳我們公司的提案能力、客服品質等」，這類帶有情緒的長篇文章，因為不是單字，所以不適合用這個定義。

❶-2　確認商品名稱和類別

　　確認要促銷的商品名稱和類別。現在，我是用名為 Let's PC（假名）的筆記型電腦在寫稿子，這時商品名稱就是「Let's

PC」，商品類型就是「筆記型電腦」。一定要正確說清楚「自己販賣的商品是什麼」。

要使用顧客腦袋中的語詞

決定商品名稱時，要注意三點。

第一，不要用自己的期望命名。要使用顧客腦袋中的普通用語。如果有人問「Let's PC」是什麼，應該一百人當中全都會回答「筆記型電腦」。假設「Let's PC」的製造商說：「什麼筆記型電腦！太落伍了。以後，我想用『數位移動設備』這個名稱進行提案。」

但不管製造商怎麼說，對消費者來說，「Let's PC」就是「筆記型電腦」。賣家電的量販店，也應該會把「Let's PC」放在「筆記型電腦」的專區。「數位移動設備」這個名稱是賣方單方面的願望。「筆記型電腦」才是顧客腦袋中的用語。

再以其他的例子說明。我現在經營的範例製作公司叫「顧客智慧（CUSTOMERWISE）」。如果有人問我：「顧客智慧是什麼樣的公司？」我該如何回答？

假設我的回答是「顧客智慧是一家提供前所未有的最新行銷手法『以顧客經驗為內容的內容（Customer Generated Experience Content）』，簡稱『CGEF』的公司」。使用這個新詞，我的心情或許會很高亢，但聽的人一定「還是不知道這是一家什麼公司」。

那麼，如果我的回答是「這是一家製作範例的公司」，如

何？其實，這麼回答也不適合。因為一般公司職員的腦袋中，並沒有「範例製作公司」這個類型。我對初見面的人介紹自己的公司時，都是說「這是一家為企業製作廣告文宣的公司」。這個回答人人都聽得懂。之後，我再補充說明：「廣告文宣的種類五花八門，我們公司只製作其中的範例，所以我們公司是製作範例的專業公司。」

順便一提，如果問的人是親戚、阿姨，我會回答「廣告公司」。因為阿姨的腦袋裡，沒有「製作廣告文宣」這幾個字。總之，說明時，不要使用「自己想說的詞彙」，而是要用「對方腦袋中的用語」。

帶有情緒的修飾語會模糊對方的認知

第二，要注意的是，「要重視邏輯」。這是我在某企業做基礎分析時所發生的事。就在大家決定要將產品的類型，定義為「為使用傳真的零售商，提供商品資訊的系統」時，現場一位長官提出要求，希望能夠加入「雙向型」這三個字。我知道這位長官想表達的意思是：「我們不會強迫零售商接受我們單方面提供的商品資訊。我們非常重視和零售商之間的雙向交流。」但就這個案子而言，「雙向型」是不合邏輯的。因為傳真本來就是發信者單方面把資訊傳送給收信者。顯而易見，傳真就是一種單向型的通訊媒體。電話、聊天室可以互相對話所以是雙向型的。但是傳真並不符合這個條件。如果使用欠缺邏輯的情緒性修飾語，就會讓對方的認知模糊，進而降低範例設

計的品質。

範圍太廣不知所指為何

最後一點就是「不要用範圍太廣的名稱」，譬如，如果以「業務效率化系統」為類型的名稱，符合這個名稱的對象就太廣了。電子郵件、電子表單系統、電子數據交換、文書處理機等，許多工具都可以提升業務的效率。換句話說，如果將商品名稱命名為「業務效率化系統」，消費者會不知道具體是指什麼東西。用範圍太廣的名稱來命名，和鮪魚用「生物」兩個字來說明是一樣的。這樣說明並沒有錯，但範圍實在太廣了。至少應該說鮪魚是一種魚。可以的話，還可進一步將範圍縮小至「高級魚」、「大型洄游魚」。

什麼是好的商品類型名稱，什麼是不好的商品類型名稱。提供下表供大家做參考。

表 3-1

好的例子	不好的例子
「筆記型電腦」	「數位移動設備」
「手機」	「雙向型個人聯絡工具」
「防毒軟體」	「防毒應用程式」
「備份軟體」	「資訊與通信科技業務基礎設施」
「資料復原服務」	「復原遺失資料的解決方案」

言語表述的重要性

製作範例必須秉持一個重要的態度，那就是所有的一切（不

限於商品類型），都必須精準地用語言表述。因為範例輸出的形態是「文章」，所以文章裡的「物」與「事」，都必須給它們一個名稱。沒有名稱的東西是無法寫入文章裡的。

如果是在會議室裡討論的「內部會話」，出席會議的人用「上次那個」、「那個計畫」之類的代名詞來取代大家都知道的事，在溝通上、交流上並不會產生阻礙；因為這個代名詞指的是什麼，在場的人全都知道。

但是，像範例這種讓潛在顧客（陌生人）閱讀的文章，就不允許用「這個、那個」之類的代名詞去唬弄；也就是所有的「物」與「事」，都必須用大家聽得懂、看得懂的話去說。因為範例中的每一句話都足以代表一切。

看不懂的文章，絕大多數都是因為省略了「撰寫者知道，但閱讀者並不知道的訊息」。這類的文章，就是把撰寫者自己知道的事情，當作「不用說大家也知道的事情」，所以就省略不談，而用代名詞來說明。這種文章，撰寫者會非常清楚，因為撰寫者在寫之前就已經知道自己想寫的內容。

但是，潛在顧客對這個前提並沒有任何的認知。因此，這種省略過多的文章，真的會令人百思不得其解。因此，撰寫者的心態應該是「絕不能省略自己知道的事物」。

不過，要做到這一點並不容易。因為要確實做到這一點，必須確定「自己知道多少」和「讀者知道多少」。

為範例所寫的文章必須要「讓人看得懂」。要做到這一點，必須養成所有事物皆不能省略且要一一說清楚的習慣。因此，

為事物命名時，一定要用不會讓概念模糊、能夠讓整體輪廓清晰可見的用語。

❶-3 掌握商品既有顧客數量

確認「到目前為止賣給了幾家公司」。如果是在合約期限內的商品，就確認「現在，還有合約、業務往來比較積極的顧客有幾家」。只要有一個大概的數字就可以了。不需要三千二百一十四家，精準到連個位數字都出現。可以四捨五入取三千二百家，或乾脆連零頭都去掉用三千家。因為不管是三千二百或三千家，對分析的量而言都沒有影響。

這就好比問「日本的人口有多少」，就算回答「一億人」，也不會有精準度的問題。日本實際的人口是一億二千萬人。但用一億人來心算接下來的問題會更方便。只要這個數字能夠保證分析是有意義的，就算粗糙一點也沒關係。

但是，既有的顧客數量如果是「完全不知道或無法估算」，就有點問題了。這種狀態就如同要討論日本的經濟，卻不知道日本的國內生產毛額是一樣的。對於自家公司現有顧客的數量，行銷部門應該都要掌握到某個程度。

❶-4 掌握商品的價格

如果是個人商品，譬如「一罐咖啡一百二十日圓」，價格既單純又明確，但企業商品的價格會因用戶的數量或報價而產生變動，所以不能一概而論。不過，縱使狀況如此，首先，還

是得先「決定」一個價格。商品價格對掌握顧客形象而言，是一項非常實用的資料。因為，只要知道商品的價格，下面兩點就會自動透明化。

・只有支付得起這個價格的企業是潛在顧客。

・只要知道商品的價格，就大概可以知道要得到什麼層級長官的批准（金額小的話，負責該業務的窗口就可決定。但是如果金額很大的話，就必須請部門經理、經理，甚至是管理高層裁決。

如果真的無法為企業商品訂出一個價格，就弄清楚「能夠賣到最高價的金額」、「最便宜的金額」和「中間的主流價格」。

「突然出現了一個大客戶。這家公司採購的金額出奇高。總採購金額高達二千萬日圓。」

「最低的金額是只買一組的顧客，金額是五萬日圓。」

「平均採購金額是三百日圓左右。」

就這個案子而言，並不需要調查或計算得這麼詳細。有個大略是「三百萬日圓」這個數字就足夠了。對細節太過執著會無法進行設計。總之，價格就是只要一個大略、易懂，而且「不會被駁斥」的金額就可以了。

① -5　確認實際在使用商品的人

確認實際在使用商品的人是誰。要弄清楚是只有資訊部這

特定的部門在使用，還是公司一般的員工都在使用。如果是資訊科技產品的話，虛擬伺服器、備份儲存空間、雲端設備等基礎設施系統等產品，只有資訊部的人會直接使用；若是工作流程系統、電子表單系統、生產管理系統之類的產品，則是一般員工在日常的業務中使用。

❶-6 掌握商品的轉換成本

所謂「轉換成本」是指，轉換商品時所需要的成本。以汽車或腳踏車來說，由於任何廠牌的操作方式都一樣，所以就算換一台新的產品，要習慣新的產品幾乎可以不費任何工夫。換言之，汽車、腳踏車就是轉換成本很低的商品。但是，軟體就不一樣了。基本上，軟體的基本操作方式會因產品的不同而不同（和以前比起來，這一點確實已經改善了許多，但是和汽車、腳踏車比起，還是有一段差距）。一般在現場作業的人員最討厭變更已經上手的系統操作順序；因此，轉換成本的高低，和導入商品時所產生的反彈或排拒狀況息息相關。系統再好只要不習慣就是討厭；有點不方便，但用習慣了就是好東西。

「轉換成本」可以用「不可逆的程度」來詮釋。譬如，買房子，就幾乎是完全不可逆。但是，租房子的話，覺得「不好住」，則可以搬家。前者，是轉換成本高的例子；後者是轉換成本低的例子。業務用的軟體則是轉換成本比較高的產品。企業之所以喜歡從小案子開始，就是因為要降低或減少轉換成本。

❶-7 掌握直接和間接銷售比

確認直接銷售和間接銷售的比例，譬如，4：7或6：4。只要一個概略的數字就可以了。這個資料對接下來的「內容的通路」非常重要。

❷內容的「通路」

—— 如何使用製作完成的範例？ ——

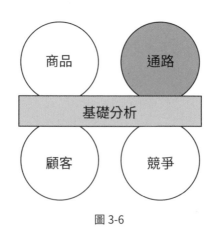

圖3-6

這裡所謂的「內容」，就是範例。「內容的通路」是指，要讓潛在顧客看到範例的路線。具體來說，就是確認以下四點。

「是誰／要做什麼」

「何時做」

「對誰做」

「如何做」

例如有下列這種路線。

「自家公司業務部的業務員」

「第一次打電話預約見面時」

「為新客戶」

「留下參考資料」

「代銷公司的業務員」

「拜訪既有顧客時」

「為該顧客」

「拿出範例的宣傳手冊並做補充說明」

「舉行展示會時」

「對靠過來的客人」

「發送範例的宣傳手冊」

若詢問「內容的通路」，絕大多數人的回答都是，「在網路上看到的」。

「會上網」

「搜尋的潛在顧客」

「會閱讀範例」

這時，我就會想再進一步追問：「誰會上網搜尋」和「用什麼關鍵字搜尋」。只要知道是「誰」，就可以設定假想讀者。只要知道「關鍵字」，就可以知道潛在顧客腦袋裡的用語。這

些資料，對製作範例都是有幫助的。

業務員是要親自拿範例給顧客看，還是要潛在顧客自己上網去看範例？這兩種狀況的範例書寫方式會有若干不同。如果是前者，就是業務員邊讓顧客看範例，邊在一旁做「補充說明」；如果是後者，潛在顧客就只能看網頁上的文章，所以這些文章就必須要精準傳達一切。

❸「顧客」的基本資料

── 這個商品是誰、在何時、因什麼動機、
用多少預算購買的？──

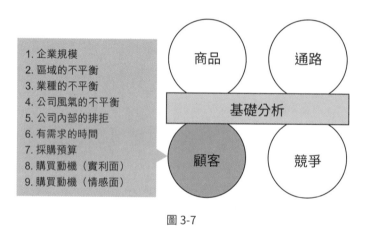

圖 3-7

以既有顧客為基礎，研究「之前是什麼樣的顧客在買自家公司的商品？」請注意，思考這個問題時，目標顧客不是「今後的顧客」，而是「之前的顧客」。

因此，接下來，我就要假設既有顧客是五百家公司，繼續

往下說明。

③-1　掌握企業規模的比例

　　讓現有的用戶企業規模（大型、中型、小型）分布狀況透明化。譬如，整體是 10 的話，就是「5：3：2」或「2：7：1」等。或是用「五百家公司中，大型公司有五十家；中型有二百家；剩下的都是小型公司」的方式來換算比例也可以。

　　在此希望大家注意的是，中型企業和小型企業的定義。大型企業只要用一行字：「上市企業、非上市企業但知名的企業」來定義就穩妥了。但是，中型企業和小型企業的定義卻非常混亂，經常會因人而異。有人認為「小型企業是員工不足百人、年銷售額在十億日圓以下」，但也有人認為「年銷售額在五百億日圓以下的企業都是小型企業」。

　　中型企業和小型企業，令人最有感的定義，其實是企業特色、商品特性，形形色色都各不相同。我認為這樣非常好。雖然日本的《中小企業基本法》對中小企業已有明確的定義，但大家不需要受其約束，只要自己認為符合就可以了。不過，不管是什麼樣的定義，都一定要明確說清楚。

　　我們通常會用「年銷售額」和「員工人數」這兩個數字為基準來定義。如果販售的商品是網路基礎設施，用「年銷售額」來定義非常貼切；如果是員工教育訓練，用「從業人數」來定義也很恰當。總之，請選擇符合自家公司商品的指標。

確認這個比例是否可行

　　假設大型、中型、小型企業的比例是「大型公司有五十家，中型的有一百家，剩下的都是小型的公司；比例就是 1：2：7」。這個比例出來之後，接著就要問：「這個比例可行嗎？」請注意，這時要問的不是數字（公司的家數）而是比例。因為如果是問數字的話，這個答案絕大多數一定都是「不能安於現狀」。

　　因而會問：「假設把顧客的數量由五百家增至一千家。用現在的比例來換算的話，就是大型企業有一百家，中型企業有四百家，剩下是小型的企業，這樣可以嗎？」簡單來說，就是這個問句，不能用期望（妄想），而是要根據某種程度的事實來研究。如果從期望的角度來思考，「就增加大型企業啊，而且比例要從一成變七成」（笑）。但其實不然。研究這個問題時，必須考慮到未來的銷售網、公司的市占率、大環境的變化等現實的狀況。

　　譬如，「公司賣的是三千萬日圓的高單價系統。因為顧客幾乎都是大型企業，所以今後大型企業占 100％沒問題」，如果是以這樣的感覺進行考察，這就沒問題。但當感覺出現疑慮時，譬如，「公司商品的價格是一百萬日圓，現在大、中、小型企業的分布比例是 7：2：1。這種比例會不會是一種機會損失？把商品多賣給中型企業是不是比較好？如果把比例調整為 4：4：2，是否比較恰當？」若如此，就會有問題。

　　如果對於現狀中的分布比例不滿意，該怎麼辦呢？以前面的例子來說，「7：2：1 和 4：4：2」明顯有差距。製作範例時，

就應該以填補這兩者之間的差距為宗旨。

接下來，大家會看到各種比例。確認了這些比例之後，再問自己：「這樣可以嗎？」這時，最好先設個期限，譬如，「如果用對方這一年的表現來思考，可以嗎？」考慮外在環境、公司計畫時，限定一個時間，只看對方一年至三年的狀況會比較容易下判斷。

▶ 3-2　掌握銷售在區域是否有失衡的狀況

掌握商品能夠賣得動的暢銷區域、既有顧客所在區域，是否有特別集中在某一地區的狀況。歸納這個前提之後，B2B 商品的暢銷區域大致有以下四類型。

首都圈商品（以東京為中心半徑五十公里的範圍）

是指「只有在東京才賣得動」的商品。如果自家公司只在東京設銷售據點，而且是都市尖端企業會最先感興趣的商品，大都是首都圈商品。

東名阪商品（東京、名古屋、大阪）

暢銷地區「以東京為主，其次是大阪、名古屋」的商品。銷售對象以大企業為主的商品，如果銷售的狀況如大企業分布的情形，一般來說就是東京、名古屋、大阪商品；因為大企業的總公司大都設在這三個地方。

全國性商品（在地方上，只有大都市能賣得動）

是指銷售地區「以東京、大阪、名古屋為核心，在地方上只有札幌、福岡等大都市」能賣得動的商品。以北海道來說，就是「能賣得動的地方只有札幌，連根室、稚內都賣不動」的商品。一般來說，大型企業的商品大都是這類的商品。

真正的全國性商品

「真正」的意思是指，從日本最北端的北海道稚內到最南端的宮古島，所有的地區都可以賣得動的商品。以資訊科技商品來說，防毒軟體、電子表格軟體，就是這類的商品。

要掌握銷售區域是否有失衡的狀況，一定要先考察自家公司的商品，到底是屬於以上哪一類型的商品。請注意，不是依照自己的希望，而是要配合現狀進行考察。「我希望這個商品能在全國各地賣，所以這個商品就是全國性商品。」這是個人的希望。考察時，絕不能根據這種個人的希望進行。

❸-3　掌握行業別是否有失衡的狀況

看看既有顧客的行業分布情形，判斷是否有不平衡的狀況。如果社會一般公司的行業分布情形，和自家顧客的行業分布情形不一樣，就表示「行業別有失衡的狀況」。

譬如，「為什麼顧客全都和建築業有關？」、「為什麼只有在金融界熱賣？真的很不可思議！」當有這些疑問出現時，

可以說業種失衡了。不過，土木工程估算軟體只賣給建築公司、工程公司，並不是一種偏頗、失衡的狀況。先判斷是否有失衡的狀況之後，再自問：「今後這種狀況沒問題嗎？」

這是一家提供管理職教育訓練服務企業的例子。這家公司在業界經營的時間不算短，但是製造業的顧客卻微乎其微。製造業的特徵是「員工多」、「歷史悠久」、「組織完整」，所以每年都出現許多管理職缺。換言之，提供管理職教育訓練的服務，是一個非常有前途的市場。我真的替這家公司感到憂慮，因為極有可能，這個市場已經悄悄被競爭對手奪走了。

再來看另一個例子。某名製造業的資訊科技子公司，研發了一種資訊管理系統並開始進行銷售。這個系統並不是專門為製造業研發的，所以採用的是所有業種都可以使用的規格。但這家公司數百家的既有顧客幾乎都是製造業者，而且品質管理、資訊管理，好像都取得了國際標準組織的認證。

針對這種狀況，公司內部出現了兩種聲音，一派人認為「沒問題」；一派人認為「不理想」。「不理想」一派認為「應該要積極擴展其他的業種」；「沒問題」一派認為「不強求，就順其自然地賣」。

如果是我，我會選擇後者的看法。日本有數十萬家製造業者，相對於這個數字，這家公司的既有顧客只有數百家。這表示，光是以製造業者為銷售對象，就有十足的發展空間（一定可以吃得飽飽的）。只要集中火力把商品賣給製造業，成果絕對可期。

③-4　掌握公司風氣是否有偏頗的狀況

　　潛在顧客的「公司風氣」是很重要的一個確認項目（為了要說明理由，我會說得很極端、很直接。請大家諒解）。公司的風氣大致可區分成兩個類型：一個是「傳統企業」的公司風氣，一個是「新創企業」的公司風氣。

表 3-2

傳統企業	公司歷史在三十年以上、有許多高年齡層的員工、有穩重踏實的公司風氣
新創企業	公司歷史不長、幾乎沒有高齡層的員工、喜歡求新求變的公司風氣

　　如果不從企業規模的觀點，而根據上表來分類的話，樂天、軟銀等大型上市公司可說是「新創企業」。瑞可利（Recruit Holdings）雖然是間很微妙的公司，但還是可以歸類為新創企業（話是這麼說，不過，這家公司已經成立五十四年了）。另一方面，有財團色彩的企業成為傳統企業；有些在地方上已經扎根三十年的企業也是傳統企業。

為什麼公司風氣這麼重要？

　　有一個指標可供大家辨別，這家公司是新創企業還是傳統企業。這個指標就是「這家公司到目前為止，是否已有人因達退休年齡而退休了」。問一家公司「是傳統企業還是新創企業」，其實就等於在問這家公司員工的平均年齡。

　　問員工的平均年齡，說得直白一點，其實就是在問「貴公

司有多少中高年齡層的員工？」一般來說，人一上了年紀，就會守舊，而且思考會陷入一種「今天是昨天的延續，明天是今天的延續，最好就這樣一直延續到退休」的模式。員工平均年齡高、人數又多的企業或團體，必定有一定比例的人（或是多數人）會有這種想法。

但新創企業的基本價值觀卻是「今天絕對不能和昨天一樣」。新創企業的員工更迭非常頻繁。現在在公司上班的人也認為：「明天會如何，沒人知道（明天或許我就不在這家公司了）。」

這兩種公司，不論是公司風氣或企業文化都正好相反，想法、步調也都完全不一樣。當然，要導入一種產品或服務的採購過程、批准的層級、採購的速度也會不相同。因此，大家製作範例時，必須配合要促銷的企業是傳統企業還是新創企業，來改變範例的書寫方式。假設各位是業務部門的業務員，我想各位去拜訪有財團色彩的名門企業，和去拜訪正快速成長的新創企業時，自然會把說話的方式、製作資料的方法、服裝、儀態都做個區分。簡單來說，就是會用「比較容易讓對方接納的舉止動作」。

製作範例也要這麼思考。將來看範例的是，新創企業風格粗獷的年輕人，還是在傳統企業認真上班的資深員工？先確定這點之後，再將呈現範例的方法及各種論點，調整到對方比較容易接納的程度。

如果從銷售的立場來說，不管對方是傳統企業、新創企業，

只要有意願購買就是好顧客。總之，就是先要弄清楚對方的類型，再配合對方的類型改變自己的應對方式。

③-5　掌握導入商品時，公司是否有發生抗拒狀況的相關資訊

在①-5 的地方，已經確定商品的使用者，是「特定的部門還是所有的員工」。如果使用者是全體員工，導入商品時，公司裡常會爆發抗拒狀況。

譬如，某工廠因用電子表格軟體和紙本表格進行生產表格非常沒有效率，所以有人提議改變生產管理系統。這時，就常有老員工會提出反對的意見，「我們不是就這樣走過來了嗎？就照舊不是很好嗎？」不少工廠都有資深的老員工，這些老將對自己的工作和做事的方法都很固執。說得好聽一點，是工匠的堅持。事實上，他們只不過是不想學習新的事物。不只是工廠，做行政業務的，也一樣。一般來說，在現場工作的員工，最討厭改變操作的順序。就算只是右鍵多點一下，他們都會出現拒絕反應。

像這種「必須改變現場操作順序的商品」，遭到現場工作人員的抗拒，是很一般的狀況。所以範例的內容必須能夠奧援想導入新系統（你的商品）的「改革派人士」；也就是範例的內容要讓改革派拿給反對派看的同時，能夠大聲說：「你看，同業其他公司都已經早我們一步導入了。我們不能輸給人家啊！」

3 -6　掌握發起者、選擇者、批准者

　　企業進行採購時，在採購的過程當中，有三個人一定會出現，即「發起者」、「選擇者」、「批准者」。所以，要分別推測這三個人是什麼樣的人。

發起者
(最先提議的人)

↓

手段選擇者
(選擇方法的人)

↓

產品選擇者
(選擇產品的人)

↓

批准者
(蓋章的人)

圖 3-8

發起者（最先提議的人）

　　企業會購買商品和服務，一般都是為了要「解決某個問題」。換言之，在導入過程的一開始，一定會有人說：「這裡有問題，再這樣下去會很糟糕，我們一定要設法解決。」這個人就是最先提議的發起者。這個發起者有可能是經營高層；有可能是現場的負責窗口；也有可能是某位員工。總之，因為發生了問題，有人就會認為「非變不可」，於是這個人就變成了熱血的人、把事情鬧大的人、製造糾紛的人。

　　發起階段還是一個提出問題、課題的階段，所以不會談到要採購什麼特定商品，或導入什麼樣的服務。

　　因此，這個時候大家一定要盡可能詳細推測、猜想、描繪，這時的發起者是哪個部門的人、職階是什麼、年紀多大、長相如何、個性如何等。如果發起者有很多位，就努力上網搜尋資料；因為這些人極有可能是第一位閱讀範例的人。我的意思是說，他們是重要的人物。

　　另外，如果發起者是經營高層的話，就可以將商品歸類為「由上而下的商品」；如果發起者是部門負責窗口的話，就是「由下而上的商品」。所謂由上而上的商品，就是某天高層像神鶴一般，突然對現場下達一道指令：「解決這個問題！」所以，這種商品又叫做「天國之音的商品」。導入企業資源規劃系統、保安系統之類的案子，發起者很多都是經營高層。由下而上的商品，乍看之下，我想很多人會以為：這是現場某位熱血漢子熱心提議「我們公司一定要改變」之下所導入的商品。事實上，事情並沒有這麼戲劇化。一般的情形，譬如，「正好碰到公司五年要更新一次網路基礎設施的時機，就趁機解決之前已經發現的問題」。換言之，這時就會趁機搭某個活動的順風車申請預算，導入自己所需要的商品。

選擇者（選擇的人）

　　發起者提出問題之後，公司內或部門內，就會有人為呼應這個問題，而吶喊「應該做」、「去做吧」。這時，「選擇者」

就會上場了。選擇者會選擇解決問題的手段或商品。如果有人說：「由最先提議的你來選！」選擇者和發起者就會是同一人。這是常有的事情。如果發起者沒有這方面的專業常識，就會由專業的部門接下選擇商品的工作。如果提議是來自「高層的天國之聲」，一般就會由資訊系統部門或跨部門的專案團隊擔任選擇人。因此，有的選擇者是「幹勁十足」，有的選擇者是「被打鴨子上架的」。因高層的任性而雀屏中選的選擇者就是屬於後者。總之，不管情形如何，因為選擇者是「從多數商品中選出一樣商品」的人，所以對銷售方而言，是重要人物。選擇者非常值得我們重視，因為他們也有可能是範例的讀者。

手段的選擇和商品的選擇

　　有人提議之後，並不會馬上就選擇商品。進入這個階段之前，還要進行「手段的選擇」。我找不到一個好的比喻。但有人提議「今天放假，我們去看電影吧！」這時，我們就會猶豫要看動作片還是愛情片。商品的選擇就是這種感覺。所謂手段的選擇，就類似「不需要特別出去看電影，就在家裡看漫畫也可以」的這種想法。換言之，要解決「打發假日」這個課題的手段，除了看電影之外，還有看漫畫、上網、睡午覺等其他的可能。

　　我們用「員工心理健檢」這個商品為例子來思考。假設有一家公司，有人提議：「要成為一家能夠自在工作的公司，公司一定要改善公司內部的心理健康環境。」之後，公司就馬上

決定要施行「全體員工的心理健檢」。換言之，在做這個決定之前，這家公司完全沒有比較或檢討其他的備選商品。

其實，首先他們應該要先「選擇手段（方法）」。假設這家公司的課題是「改善公司內部心理環境」，解決手段並不是只有全體員工心理健檢。進行「管理職的教育訓練」也是一種解決手段；也就是，只集合管理階層的人進行教育訓練，告訴他們「留意下屬的身心健康，也是管理職的工作」。比起讓全體員工做心理健檢，這個方法不但省時還省錢。就公司的立場而言，只要能夠解決課題，不論用什麼手段都可以，完全沒有必要非做全體員工心理健檢不可。

不過，如果要克服這個前提，推銷心理健檢這項商品的話，就必須強調：「要改善公司內部的心理健康環境，與其用傳統的管理職教育訓練，不如讓全體員工做心理健檢更有效。」也就是，必須提出相對優勢作為手段。總之，選擇者在有人發起之後，一定要先弄清楚，是要馬上選擇商品，還是要先選擇手段再選擇商品。

批准者（蓋章的人）

最後上場的是「批准者」。選擇者把導入商品的意向整理成書面文件，上呈給上級長官。看了書面文件認為「可以買」而蓋章的人就是批准者。這時就可以把範例當成書面文件的附加資料，讓批准者過目。老實說，我並不認為批准者會看範例的內容。但是，就算批准者不仔細看範例，附上範例還是可以

讓批准者覺得「這是個信得過的商品」而安心蓋章。所以範例還是一種具有說服力的重要資料。

　　發起者、選擇者、批准者都是同一人並不稀奇，因為這個人可以同時提出問題、選擇商品，並做出最後的決定。

❸-7　　掌握「何時想要或何時需要」的相關訊息

　　也就是了解商品需求的實際時期（何時想要或何時需要）。企業採購商品的時機，大致有以下四種。

計畫性購買

　　根據半年度計畫、年度計畫置辦採買。從促銷的立場來看，要去潛在顧客那裡跑業務，最好在計畫之前就行動，計畫啟動之後再跑就來不及了。

突發性購買

　　有迫切的緊急需求時，為了因應需求而立刻採買。

從小地方開始購買

　　「首先，先從小案子開始，如果順利，再談大案子。如果不行就算了。」雲端服務一般就是用這種形式。「從小地方開始購買」現在有增多的趨勢。

過期型購買

　　是指因什麼期限過了而購買。譬如，「伺服器租約過期」、「輔助作業系統過期」、「某東西老朽不堪使用」，就會產生購買換新的需求，而這個需求還會升級，因為大家會想：「好不容易有機會換新，當然要換更好的。」、「趁這個機會，讓平常就想做的事情搭順風車。」

　　「突發性購買」和「從小地方開始購買」，在接洽之後馬上就可以實現，但「計畫型購買」和「過期型購買」就得耐著性子慢慢談了。

❸-8　　掌握能夠用多少預算購買的相關訊息

　　考察是哪個部門、要用多少預算購買商品。如果是資訊科技系統部門要採購的話，就會有「資訊系統部門的資訊科技預算」、「業務部門的行銷預算」、「全公司的預算」等預算。雖然要掌握正確的預算出處並不容易，但還是可以推測，因為預算會隨著批准者而變動。

❸-9　　掌握實際利益面的購買動機

　　企業購買商品或服務時，都會要求給一點什麼好處、優惠、恩典。我把這些總結成一句話就是「增加利潤」。或許有人會提出異議，認為「我們從事企業活動，不是要什麼利益而是要貢獻社會」。不過在這裡，我把企業定義為「追求利益的團體」。

　　「增加利潤」可以分解成三個要素，即「增加銷售額」、「減

少成本」、「減輕風險」。所謂減輕風險，如果從各種財務報表來說，就是「減輕特別損失」。能夠做到這點的商品，譬如，保全系統、保險等。貴公司的商品是什麼類型的商品？能夠帶給顧客的好處，符合這三要素中的哪一個？大家不妨先確定這兩點。

商品的導入效果，一般都會橫跨兩個或三個要素。譬如，將伺服器虛擬化，如果從減少物理伺服器台數和減少整體擁有成本的角度來看，效果就是「減少成本」。但是，開始做一個新事業時，如果從不希望因基礎設施不完備而阻礙事業擴展的觀點來看，快速增設伺服器，就是「增加銷售額」。

進行要素分類時，不能憑心情，一定要用現實的觀點去考察。有人認為：「導入的效果若是減少成本，則了無新意，顧客會很不積極。」所以會情緒化地說：「我們公司的服務，可以提升貴公司的業務效率，讓貴公司的生意愈做愈大。換言之，我們公司的服務，不是只是單純被動地為貴公司減少成本，還具有提升銷售額的助攻效果。」但是，這種狡辯只會妨礙分析，應該避免。畢竟，我們要確定顧客的購買動機，而不是賣方的熱情。

❸-10　掌握情感面的購買動機

企業的採買是一種組織的採買，但架構組織的，仍舊是「人」。所以購買行為的基礎在於「情感」。因此，在此我們要了解負責窗口在購買商品或服務時，情感面的購買動機。企

業顧客情感面購買動機，大致可以分成以下三類：

積極型的情感

所謂積極的情感，就是一種激動時，會大喊「我要提升營業額」、「我要降低成本」的情緒；或是基於個人狀況，會「想飛黃騰達（中堅員工）」、「想快點成長（新進員工）」、「想快點提升業績，以獲得周遭之人的肯定」之類的情感。另外，「我想好好工作！」這種自發性動力，也符合積極的情感。邊擺出勝利的姿勢，邊表達意見，或語尾鏗鏘有力表示「我想怎樣怎樣」、「我要怎樣怎樣」的話語，也都符合這個情境。

消極型的情感

所謂消極的情感，就像是「就算導入這個商品，銷售額也不會提升，成本也不會減少，我的考績也不會變好，我更不可能出人頭地。但是，如果不購買的話，如果發生什麼事情，一定會被那些人（如董事長、社會、總公司、客戶）念死。沒辦法，還是先採購……」的心情。如果語尾是「非……不可」的話語，大都是消極的情感。

購買動機是積極還是消極，不是由負責窗口的個性，而是由商品的特性來決定。以資訊系統部門為例，當專案負責窗口被賦予導入企業資源規劃系統的重責大任時，這位負責窗口自然會很積極。因為這個大型的專案如果成功的話，這個人會很有成就感，甚至有可能因此升官加薪。

但是，要為全公司的人安裝防毒軟體，就算安裝的過程都很順利，也難以升官加薪。想到這一點，態度自然就會變得消極。也就是說，如果負責窗口的內心認為「這個商品很麻煩，還得自己處理」，購買的意願就會是消極、保守的。

[實際利益面的購買動機]	[情感面的購買動機]
● 增加銷售額（營業額） ● 減少成本 ● 減輕風險	● 積極型的情感 ● 消極型的情感 ● 擺脫個人痛苦型的情感

圖 3-9

擺脫個人痛苦型的情感

不同於積極型、消極型的情感動機，「我想擺脫現在『自己的』這個痛苦」，是一種心理上的動機。假設資訊系統部的負責窗口，每天都要花很多時間做保守的維修工作。由於自己長期處在這種「晦暗」的狀況中，為了要擺脫這種痛苦，就會出現一種想導入網路管理系統的狀態。這時，這位負責窗口就會在申請採購的書面文件上，很有邏輯地論述各種眾所期待的效果；譬如，可以降低總體擁有成本、提升業務效率等。這些論點其實都是場面話。「我一定要設法解決自己連續熬夜加班的慘狀」才是這位負責窗口真正的心聲。純粹為了擺脫自己的痛苦而產生的購買動機，雖然只占了所有購買動機的極少部分，但在二、三成的購買動機中，其實都摻雜了這種情感。

❹競爭狀況

──競爭在哪裡──

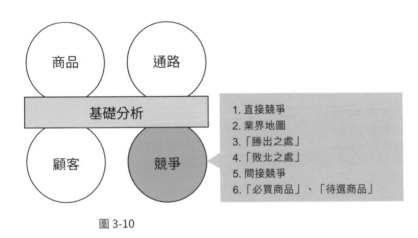

圖 3-10

針對商品周遭的外部環境和競爭狀況，進行考察。

❹-1 **掌握自家商品的直接競爭狀況**

舉出三個和自家商品競爭的商品（或三家競爭企業）。對各賣方而言是「競爭」；對買方而言是「選項」。如果站在賣方的觀點，競爭的定義也可說是「在競爭中常會遇到的商品」、「礙眼的那家公司」。當然，在這項考察當中，也可以回答「沒有競爭商品」、「沒有競爭企業」。

❹-2 **掌握自家商品的業界地圖**

調查自家商品的業界地圖。所謂業界地圖就是市占率的狀況。大多數的行業都沒有明確的市占率分布圖。好耶，請大家

把這當成一個好訊息。這時，思考下面的問題，就很容易歸納整理。

「我們的商品在業界的市占率，從上面算來第幾名？」

「假設是第二名，和第一名差多少？」

「是些微差距的第二名？還是差很大的第二名？」

是屬於「主要商品群」還是「其他商品群」？

除了上述的思考方法，還可以如下的思考。

「我們的商品能夠進入業界的前三強（或前五強、前十強）嗎？」

不管哪種行業、哪個商品，都可以區分成「主要商品群」和「其他商品群」。譬如，以啤酒業來說，在顧客的認知裡，麒麟啤酒、朝日啤酒、札幌啤酒就是「主要商品群」，其他廠牌就全歸類為「其他商品群」。如果明著列舉一些商品，一定會惹怒一些人，所以我沒這麼寫。但是，在智慧型手機的世界、電腦作業系統的世界、企業資源規劃系統的世界、數位相機的世界等許多商品的領域，顧客都會在心裡把相關的商品群，區分成「主要」和「其他」兩大類。

如何應對「全新顧客」

「請舉出四家主要的啤酒公司。」

「最暢銷的電腦作業系統是什麼？」

只要是在社會上工作的人，人人都可以答得出這兩個問題。

這是因為潛在顧客已經「預先」就知道業界市占率的分布狀況。但是，大部分 B2B 商品的市占率，一般來說，顧客就不知道了。

賣方之所以熟知自己業界的競爭訊息、市占率狀況，是因為這些都在自己的業務領域之內。但是，潛在顧客通常對這些訊息不感興趣，他們不會知道哪一家企業的市占率最高。我們稱這種顧客為「全新顧客」。

全新顧客造訪貴公司網頁時，對貴公司完全沒有先入為主的觀念，所以這是給全新顧客好印象的大好機會。如果這時讓他們看到大量好的範例，他們就會很直率地認為「這家公司很火紅」。說得直白一點就是，即使貴公司的商品是屬於「其他商品群」，全新顧客也不會知道。因此，只要讓全新顧客留下鮮明的第一印象，貴公司商品在顧客心裡的存在感就會一口氣衝上來。

面對全新顧客時，在範例中，最好不要強調自家商品比其他競爭商品強。因為這麼做，會讓全新顧客知道原來還有其他的公司也賣這種商品，並勾起他們想進一步調查的好奇心；但如果是潛在顧客的話，就要刻意透露競爭商品、競爭企業的相關資訊，並強調自家商品的優勢。

❹-3　掌握自家商品在競爭中「勝出之處」

掌握自家商品在競爭中的優勢和勝出之處。這種優勢不需要客觀，用業務話術或自我宣告的方式提出都可以。

詢問競爭優勢，是個很單純的問題。但是根據我個人的經

驗，能夠流暢回答這個問題的人並不多。其中，有人思考了很久依然回答不出來。「嗯，沒什麼地方贏過別人耶……」大多數的人都是帶著謙虛的美德和一臉茫然的表情這麼說。

就算有人可以回答：「我們公司的行銷策略是……」、「透過這個範例，我們公司想傳達的行銷訊息是……」此時容我再繼續說：「請舉出三點勝過競爭企業的地方。」他們就開始結巴了。為什麼會有這種狀況呢？

個人推測原因就在於，在這個人的意識當中，有沒有別人的存在。行銷訊息可以一個人自吹自擂、自由發言。但要針對「勝過競爭企業之處」回答時，有別的競爭者（競爭對手）出現，這時就不能隨心所欲暢所欲言。

另外，相對於行銷訊息是針對一個「抽象的市場」進行宣傳，要回答「勝過競爭企業之處」則是針對正在選擇商品的顧客，也就是針對「具體存在的別人」發言。要對別人說自家公司的優勢會有極大的壓力。

因為，如果誇口說「比起其他的競爭商品，我們的商品更勝一籌」，則會擔心遭到嘲笑：「明明商品就這麼弱，還敢大言不慚說更勝一籌。」猜想會遭到嘲笑，或許有點浮誇。但行銷訊息是自說自話，而勝過競爭對手之處是要對別人說的（後者有極高的困難度），這兩者絕對是對立的。

要用平常心分析自家公司不容易

所謂別人就是麻煩的人、難應付的人。人（或公司）對於

自己的事情，不能高估也不能低估。所謂高估，簡單來說，就是誇口說：「我很了不起！」；而低估就是畏畏縮縮地說：「我還不行！」

要冷靜分析自家公司，一定要用平常心。所謂平常心就是不卑不亢、平心靜氣。能夠這麼做的人並不多。管理顧問常說：「自己的事要問其他的顧問。」這就表示，要用平常心評估自己真的十分困難。

人（或公司）面對現在在此的「自己」時，真的很難平心靜氣不做太多聯想。換言之，要用平常心評估自己，幾乎是不可能的。但是，這項工作對自己而言很難；對別人來說卻很簡單。因為別人對你這個人或你的公司，並不會特別關心。

別人會關心、會感興趣的，還是「自己」。顧客眼前所關心的事情，就是為解決課題而選擇商品。因此，他們想知道的是：「我是客戶，選擇商品是我的權利；請列舉出三點，你的商品比其他公司好的地方。」

針對這個問題，必須精準回答。對顧客高估自己的公司，表示：「我們是顧客滿意度第一名的公司……」顧客對此並不會感興趣；反之，低估自己的公司，表示：「我們公司真的很不成氣候……」這也不是顧客樂見的。

想出三個勝出之處的方法

當我請客戶「舉出三個自家公司勝過競爭企業的地方」，而客戶結結巴巴時，我會進一步咄咄逼人地說：

「現在你的面前，出現了一位正在討論你們公司產品的潛在顧客。這個人說：『我們現在也在檢討那邊的商品；你現在就用自己的方式，告訴我三個你的商品贏過競爭商品的地方。我現在很忙，我只能給你三分鐘做說明。如果這三分鐘你說不出個所以然，我就當作你的商品沒有勝過別人之處，就直接將你的商品排除在選項之外。』好了，請回答！」

這和「利用和董事長客戶搭同一部電梯的三十秒宣傳自家公司」的例子，有異曲同工之妙。只要我這麼問，大家一定會擠出一些答案。大家想不出自己公司有哪三點贏過競爭企業時，不妨就問問自己這個假設的問題。

④-4 掌握自家商品在競爭中「敗北之處」

和剛才的狀況正好相反，舉出三個「自家產品輸給競爭產品的地方」。

這也是一個要用平常心做評估的問題。

以前，有人聽到這個問題，當場就說：「沒有（輸給競爭產品之處）。」我想這個人對「輸」字可能反應過度了。但是，這個人被問到「商品市占率是第幾名」時，他回答「第四名」。一個沒有任何地方輸給競爭對手的產品，為什麼市占率是第四名？透過邏輯思考，我認為極有可能是「這個產品是最好的，但這家公司的業務、行銷都不行」。用一種不輕易認輸、只靠一股氣勢回答，很容易和其他的回答自相矛盾。

透過顧客分析，進行各種分析時，絕對不容許有矛盾的情

形發生。分析時，一定要留意整體是否合乎邏輯。如發現矛盾之處，一定要找出原因並做修正。

④-5　掌握間接競爭

先前的問題是要讓大家認識自家公司的「直接競爭」；這裡則是要確定自家產品的「間接競爭」。所謂直接競爭，泛指所有的競爭商品、競爭企業。譬如，對漫畫雜誌《少年○○》而言，直接競爭的就是《少年□□》之類的其他漫畫雜誌；而其間接競爭就譬如「智慧型手機」等。如果大家有用智慧型手機，就非常清楚自己花了多少時間和金錢在手機上看漫畫。

我再以導航為例。對某個導航產品而言，直接競爭是其他廠牌的導航，而間接競爭還是智慧型手機；因為用手機也是可以查到行車路線。

從顧客的角度來看，間接競爭是「解決自己問題的另外一種手段」。譬如，要解決娛樂、打發時間之類的課題，不看漫畫，玩手機也可以；要找路，不用導航，用手機也可以。

由漫畫和導航這兩個例子可知，對賣方而言，間接競爭就是「來自其他領域的威脅」。如果間接競爭的對手非常強，在範例中就必須強調自己的相對優勢。

④-6　針對間接競爭掌握自己的強項和弱點

和直接競爭一樣，要針對間接競爭，檢視自己贏過人家和輸給人家的地方。

④-7 確認自家商品是「必買商品」還是「待選商品」

世上的商品大致可以區分成二種，一種是「必買商品」，一種是「待選商品」。簡單來說，「必買商品」是市占率第一名的商品、用「無論如何，還是要某某商品」、「買某某商品準沒錯」這種心情買的商品，所以這也可說是一種維護主流派的選擇。相對於「必買商品」，「待選商品」則是放著、等著倒向購買「必買商品」的潛在顧客看到自己，讓自己有機會表示「客人啊，要選就選我」的「挑戰性商品」。

要促銷「必買商品」，最重要的就是「不要讓顧客思考」。因為最好的狀況就是，讓顧客什麼都沒想就直接購買。但是，「待選商品」就必須要「讓顧客好好思考」。譬如，賣的人必須強調說：「先生（小姐），您不認為現在『這個商品很普通嗎？』不要急，慢慢來。要選擇這麼重要的商品，光靠想像來決定不太妥當吧！請看我們公司這個產品的機能、樣式。真的能夠解決貴公司問題的是我們公司。沒錯，您要選的話，就要選我們公司！」

自家商品明明是「待選商品」，卻口沫橫飛一直強調「我們公司最講信用且實際成效令人刮目相看」、「我們公司的顧客滿意度第一名」，是無法戰勝「必買商品」的。進行促銷時應該要有自知之明，「待選商品」就是等待接受挑戰的商品。

④-8 掌握自家商品要增加銷售的障礙

大家會用範例等廣告文宣進行促銷，就意味著對現在的銷

售狀況不滿意。因為如果現狀沒問題，就沒有必要製作廣告文宣。因此，在這裡，大家要問自己：「妨礙自家公司商品增加銷售的主要原因是什麼？」然後，把它們說出來。

B2B 業務型態的銷售過程中，有集客、追客、成交三個階段；也就是銷售的過程，會被分成「聚集」、「追逐」、「總結」三個部分。銷售的問題應該就出在這三個階段中的某個地方。

集客（聚集）會有問題的狀態，一般都是「我們對我們的商品有信心。上門去談案子，我們也有信心可以收到訂單。不過，初次的諮詢卻完全沒有下文」。

追客（追逐）會有問題的狀態，則是「案子做得很體面，在最後的競賽中也贏得很體面。但是，已經提出去的案子，卻沒有正式被討論就消失了」。

成交（總結）會有問題的狀態，通常是「從一開始的接洽到後來的比較討論都很順利，但是，最後卻拿不到訂單；在競爭中落敗了」。

另外，就是集客之前的「認知」有問題。譬如，如果要銷售的商品是我在前面提過的「神祕商品」，對潛在顧客而言，或許他們真的不知道你在賣什麼東西。

總之，一定要清清楚楚地把自家商品在什麼階段、出了什麼問題說出來。

希望讓潛在顧客的認知和
行動會產生什麼樣的變化？

前面我談到了商品、顧客、競爭環境，也就是「自己在什麼樣的環境下，要賣什麼東西給誰」。追根究柢來說，這麼做就是為了要確定以下三點。

· 範例的讀者（潛在顧客）是誰？

· 潛在顧客在閱讀範例之前，是什麼樣的認知？

· 希望潛在顧客閱讀範例之後，認知會有什麼樣的改變？

如果用圖示，就是下面這種狀況。

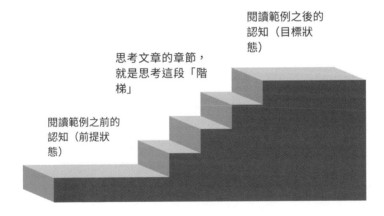

圖 3-11

前面我在顧客分析的地方，談到了「潛在顧客的形象」和「前提狀態」；也就是，我已經針對顧客在閱讀範例之前，對

商品的認知做了分析。所以，接下來我要談的是「目標狀態」。也就是潛在顧客閱讀範例之後，對商品的認知和行動。目標狀態也可說是為範例這個廣告文宣設定一個目標。在目標狀態上，要掌握且注意「現實考量」、「根據前提狀況」這兩點。

重點 1　現實考量

要根據現實中的實際狀況來設定目標狀況。千萬不要隨口就回答：「希望顧客看過範例之後怎麼樣？我希望他們立刻就買啊！」當然，如果能夠馬上就買是最好。或者，如果大家在網站上賣的是一些比較刺激的資訊商品，或許可以把目標狀態設定為「衝動購買」。

但是，顧客不是個人而是企業的話，通常都有一定的流程。也就是，先貨比三家，從中選出一個之後，再透過書面文件上呈長官，獲得長官的批准之後才可以採購。這是一種花時間、合乎邏輯的採購流程。衝動性購買是沒有原則的。「希望顧客馬上就買」是一種個人願望，所以不能設定為實際的目標。

大家可以把顧客購買商品的過程想像成上階梯。顧客要一階一階，朝向客戶購買商品的那一階往上走。根據現實的實際狀況，思考希望看過範例的潛在顧客能夠上到這個階梯的哪一階，就可以設定目標狀態。

重點 2　要和前提做整合

目標狀態是否根據現實中的實際狀況設定的，只要檢視「是

否和前提做整合（是否合乎邏輯）」就知道了。譬如，假設商品前提是「商品是價格一千萬日圓的專業等級業務系統。我對這個系統的機能有信心，但因市場的競爭非常激烈，所以市占率很低，從排名來看，大概是第七或第八」，而且顧客對這個系統的認知是「完全不知道這是什麼商品，所以毫無興趣」。

面對這種冷漠的潛在顧客，就算將目標設定為「要在顧客的心目中植入品牌意識，並將顧客的購買傾向提升至決定性的水準」，還是不能和前提產生連結。那麼，要設定什麼樣的目標，才不會偏離現實中的實際狀況呢？以下是我個人的想法。

如果要導入「預算一千萬日圓的專業等級業務系統」，顧客應該會先認真檢討後再購買。假設顧客要從候選的三家公司中選一家。在正常狀況下，其中兩家的商品應是市占率第一或第二的炙手可熱商品（必買商品）。但是，負責選購產品的人認為，這兩個在候選之列的商品，雖有名卻平凡無奇，沒什麼特別的地方。所以，希望候選名單中的第三家公司的產品是有特色，能讓人眼睛一亮。但是，你公司的產品市占率是第七或第八名，如果這樣放著不管，就絕不可能成為顧客候選商品名單中的第三家公司。

為了成為候選名單中的第三家公司

因為要引進的是價格一千萬日圓的高單價商品，所以負責窗口一定會用心蒐集資料。換言之，雖然你公司的商品市占率只有第七或第八名，還是可以期待這位負責窗口成為貴公司網

站的訪客。這時，如果能事先在網頁上準備許多優質的範例，看過這些範例的負責窗口或許會想：「啊，我從來都沒注意到這家公司。但是看了這些範例之後，竟然發現他們的產品正好可以解決我們公司的問題。雖然這個產品市占率並不高，但卻能令人眼睛為之一亮。好吧，就讓這家公司成為候選名單中的第三家公司！」這段敘述應該可以成為符合實際狀況的目標狀態了吧。因為我透過範例，讓冷漠的潛在顧客變得「有點溫度」了。

之後，如果這位負責窗口有聯絡我們，行銷部門的階段性任務就算完成了。之後就交棒給業務部門，由他們去做最後的衝刺。

找出能讓人信服的語句

聽到這種目標狀態，大家或許會認為「搞什麼，根本是一個幼稚的故事！」不過，根據我個人的經驗，在範例的設計中，最重要的就是要找到「雖幼稚卻能夠讓人信服的語句」。

我在這裡設定的目標，畢竟只是假說。是否為正確答案，我也不清楚。因為這個假說，還必須透過實際的範例製作和行銷活動進行驗證。假說最重要的不是「用語是否高級」，而是「是否整合整體和前提狀態」。

因為範例的成品是文章，所以範例的設計必須和文章的製作產生連結。商業理論常用的外來語（英文），概念的層次雖然很高，但是對文章的製作卻完全不管用。因為文章必須用普

通的詞彙來寫，範例的設計也必須用普通的詞彙來表達。如果能夠整合前提和整體狀態，就算用很幼稚的話來說明假說和方針也無所謂。因為這些幼稚的話，在現實的實際狀況中能夠發揮功能。

到目前為止，我們已經透過各種做法弄清楚「潛在顧客的形象」、「前提狀態」和「目標狀態」這三點。接下來要確定的就是，可以讓潛在顧客的認知，從「前提狀態」變成「目標狀態」的步驟和故事。要建立步驟，透過事前設計的最終成品，也就是「文章章節」的設計，就可以實現。

理想的章節
——範例的黃金結構——

在本節中，將針對基礎分析的成品，也就是「理想的章節」來說明。本來，範例的章節，應該會因企業、商品、案件的不同而有各式各樣的型態。但是，我在製作、監修千餘個範例當中，發現任何商品都適用的「範例章節基本型」。

只要用這個基本型，每次都可以從零開始思考章節。我將這個基本型稱為「範例的黃金結構」。

「故事的地圖」	1「照片和宣傳標語」 2「用戶介紹」 3「商品的使用概況」 4「導入效果」
「解謎」	1「導入前的課題」 2「候選產品」 3「比較基準」
「總結」	1「評價」 2「前輩用戶的建議」 3「結論」

圖 3-12

範例的黃金結構，由以下三個部分組成。

❶故事的地圖

就是範例的整體輪廓。也就是傳達「這是什麼樣的話題」、「這話題和身為讀者的你有什麼關係」之類的訊息。結構如下：

❶-1 照片和宣傳標語

❶-2 用戶介紹

❶-3 商品的使用概況

❶-4 導入效果

❷解謎

就是闡明「導入該商品之後出現效果的理由」。結構如下：

❷-1 導入前的課題

❷-2 候選產品

❷-3 比較基準

❸總結

顧名思義就是進行歸納整理，結束文章。結構如下：

❸-1 評價

❸-2 前輩用戶的建議

❸-3 結論

以下，我就用「用戶A公司導入商品X」這個假設，來說明範例的黃金結構。我想「用戶」這個名詞，或許有必要對資訊科技界之外的人，稍做說明。我們除了會稱產品的使用者為

「用戶」之外，也會稱導入產品的企業為「用戶」，或者稱「用戶企業」。

❶故事的地圖

範例一開頭應該要傳達的是範例的整個輪廓，我稱之為「故事的地圖」。千萬不要才一開始就突然宣傳；冷不防開始宣傳，還沒有拿到故事地圖的潛在顧客，只會一臉問號。人對和自己無關的話題是不感興趣的。所以首先應該要傳達的是，「從現在開始我要說什麼」、「這些話和你有什麼關係」這兩點。

❶-1 照片和宣傳標語

看到故事的地圖從「照片和宣傳標語」開始，有人或許會想：「照片和宣傳標語不是應該歸類在『重點』處嗎？」事實上，我一開始也這麼認為。但是，最近我的想法改變了。我認為「把照片和宣傳標語當作故事的地圖來思考會比較好」。因為，如果把照片和宣傳標語當「重點」的話，常會被認為是想「透過具有震撼力的照片和宣傳標語，抓住潛在顧客的心」。範例的開頭，重要的不是「抓住誰的心」，而是要讓閱讀者「認為這個範例和自己有關係」。照片和宣傳標語也要擔負這個職責。

照片和宣傳標語應負的職責是，提供「摘要」和「判斷關係的資料」。「摘要」是簡短傳達「接下來要說什麼」；「判斷關係的資料」是為了協助讀者判斷這個話題是否和自己有關，而給予的輔助性資料。

　　讀者看範例時，首先會瞄一眼「照片」和「用戶企業的公司名稱」，用一秒鐘的時間了解業種和公司的規模，接著才看「宣傳標語」，了解話題的摘要（大約三秒鐘）。然後，如果認為「這個話題和自己好像有關」，就會繼續往下看，如果覺得「好像無關」就不看了。

　　雜誌報導的主題名稱，也是用這種想法設定的。「年金岌岌可危」、「要買房，還是租屋？」、「五十歲之後的資產運用」等，讀者只要看到這類的宣傳標語，就知道這篇報導要談什麼，而且馬上就能決定是否要繼續看下去。如果宣傳標語是「五十歲之後的資產運用」，瞬間就知道內容是為五十幾歲的人所寫的。也就是，五十幾歲的人會認為「這是為自己所做的報導」。另外，四十幾歲、六十幾歲的人或許也會想「姑且看看當作參考」。在宣傳標語裡放入年齡，就是要提供資料，讓讀者判斷內容和自己的關係。

　　如果想一網打盡所有年齡層的讀者，而將宣傳標語訂為「大家的資產運用」，反而會讓人不知道話題的內容。而且，只有「大家的資產運用」這句話，也無法判斷是否和自己有關係，最後大家就不了了之。這種貪心不足蛇吞象、最後落得無法向任何一個人宣傳的宣傳標語，真的很糟糕。

　　為了要引起潛在顧客的興趣，用宣傳標語布謎也是一種方法。譬如，「資產運用的內幕」之類的宣傳標語，讀者就會因為「內幕」這兩個字而產生興趣。

　　最近的網路報導很流行用這種方式下宣傳標語。不過，範

例是一種針對企業製作的廣告文宣，這麼做只會有損自己的格調，建議最好不要這麼做。就算把範例的名稱，訂為「某某公司成功的內幕」，也只會讓潛在顧客覺得「他們的內幕關我什麼事，沒興趣！」為企業所製作的範例，講究的是質樸踏實，所以就算在宣傳標語布謎，也無法提升你所期待的效果。

總之，我個人的想法是，以讀者為本位，誠實提示「摘要」和「判斷關係的資料」，就能提升被閱讀的機率。

0-2　用戶介紹

放上照片和宣傳標語之後，接下來就是針對受訪者用戶 A 公司做簡單的介紹；也就是扼要地說一下，這家公司的規模和所做的事業。簡單來說，就是寫出這家公司的年銷售額、員工人數、業務據點、成立年資等基本資料。

介紹用戶有兩個意義：一是，提示判斷關係性的資料，也就是提供讓潛在顧客判斷和自己是否有關的資料；二是，間接為用戶 A 公司做宣傳。

對「用戶介紹」的理想反應

「哇，這家公司和我們同行耶。同樣的行業、同樣的規模、同樣的公司風氣，這個話題好像和我們有關喔。」如果能讓看過用戶介紹的潛在顧客這麼想就成功了。

或者，「雖然業種和我們不一樣，但是這個行業的基本結構和我們的行業很相似。既然如此，看一下或許會有幫助。」

能出現這樣的想法也很不錯。

如果要把這部分當成是以提示判斷關係資料為主的「附錄」來製作的話，也可以把「宣傳用戶A公司的資料、最近受關注的話題」寫進去。簡單來說，只要潛在顧客認為「這家公司很棒」，接下來就可以期待他們會覺得「如果這麼好的公司都導入的話，這絕對是個不錯的產品」。A公司發光發亮，自家公司的產品也跟著沾光。

另外，我認為這個部分，最好不要寫「A公司的企業理念」。因為，潛在顧客對別人公司的理念不會感興趣。

❶-3 商品的使用概況

用戶A公司如何使用自家的商品？就用5W1H把事實寫出來。在這裡請注意，請不要進行宣傳，只要冷靜提示A公司「如何使用」的事實就可以了。

視情況，可以用框線把這些內容框起來做成一個圖表。做成圖表，有興趣的人可以一目瞭然，沒興趣的人可以直接略過。使用圖表可以節省讀者（潛在顧客）的時間。

對「商品使用概況」的理想反應

「原來何處的誰是這樣使用商品的，竟然只要看故事的地圖就知道了！」如果能讓看過「用戶介紹」的讀者（潛在顧客）這麼想就成功了。

0-4 導入效果

理解話題地圖（誰在何處如何使用了什麼）的潛在顧客，接下來就會想：「不知道導入效果如何？到底會出現什麼好的狀況？」為了回應這個疑問，在此，就把導入效果寫出來。

對「導入效果」的理想反應

「咦？什麼，這家公司竟然出現了這麼神奇的效果！莫非也可以為我們公司解決現在所煩惱的課題？這究竟是什麼樣的產品？」

如果能讓看過導入效果的潛在顧客這麼驚喜且肯定，就成功了。如果能再進一步刺激他們「被別人搶先一步心有不甘」的心情就更理想；潛在顧客一定會重新再看一次用戶的公司名稱和照片，並捶胸頓足在心中上演小劇場。

「這家公司的規模和我們相當，不，或許比我們還要大。這個負責窗口的年齡和我一般大，這家公司可以解決問題，我們公司為什麼做不到？」

若出現這種情形真是可喜可賀，因為在一陣懊悔、驚嚇之後，這位潛在顧客就會開始吶喊：「為什麼他們可以這麼順利？告訴我原因！」

只要出現這種感覺，就會有力氣繼續看下面長篇文章。

當然，大家都希望導入效果能夠用定量分析的方式來表達。不過，根據我個人的經驗，導入效果能夠用有根據的定量分析來呈現的範例，十件大概就只有一件，甚至掛零。

另外，有些產品，譬如保安系統，就算導入效果可以用定量分析的方式來寫，也不能寫它。因為「之前每個月都有十件駭客入侵的事件，導入這個產品之後就變成零件了」，這種事是不能寫的。

❷解謎

到目前為止，潛在顧客已經透過「用戶介紹」、「商品的使用概況」掌握了話題的概要，並在看過「導入效果」之後，了解「Ａ公司已做出成果，而且進行的很順利」。接下來，讀者就會產生好奇心，或心生疑問。「我知道使用這個產品可以解決課題；但為什麼這麼順利？給我一個理由。」以上就是範例黃金結構第一部分「故事的地圖」的主要內容，接下來將進入「解謎」這一部分。

❷-1　導入前的課題

導入產品之前的課題；也就是，用導入前當時的視角描寫「和應有現狀之間的差距」。

對「導入前課題」的理想反應

「這個課題和我們現在的狀況相同……（但他們已經解決了，真叫人羨慕。）」潛在顧客看完導入前課題，如果能這麼想就成功了。「客戶用Ａ公司導入商品之後，已經擺脫課題的痛苦了！」、「但潛在顧客還陷入痛苦之中！」如果能夠再進

一步提示這些狀態,讓潛在顧客再次認清這個事實並激起他們心中的不甘心,就更理想。

只要讓潛在顧客對用戶 A 公司的課題產生共鳴,「這個範例對我們狀況真的有用」的想法就會更深刻。之後,就可以期待潛在顧客走入範例的內容裡。

❷-2 **候選產品**

看完「導入前的課題」之後,自然就會接著出現這個畫面:「為了解決這個課題,我決定導入產品。首先就是列出候選的產品名單。」因此,在此要寫出如何選出什麼樣的產品。而這些敘述只是「過個場」,所以只要簡短幾句話就可以了。

❷-3 **比較基準**

用於比較、檢討候選產品的「比較基準」,要根據邏輯,逐條寫出並詳述。絕大多數的範例其最精采的地方就在此。

比較基準就是比較時的著眼點。譬如,假設用戶 A 公司的負責窗口,為了選擇產品而舉行競標。評比時,這個負責窗口要聽取各競標企業的簡報。請大家想像一下競標的畫面。這時,這位負責窗口應該是面無表情,邊聽各公司的簡報,邊在心中思考「這點如何」、「那點如何」。也就是在事先做好的檢核單上,畫上圈圈叉叉。因此,所謂寫比較基準,就是寫這位負責窗口心中那張檢核單。

不是寫採用理由而是要寫比較基準

這時，請注意，不要寫「選擇該產品的理由」。「選擇產品的理由」和「比較基準」，表面相似實際不然。這種情形，就好像參加企業面試新人時，錯把「錄取 A 先生的理由」當成了「錄用基準」。

選擇產品的理由，很容易流於一面倒的誇讚。這類誇讚的詞彙如果使用不當，用戶 A 公司在潛在顧客心目中的印象，就會變成了「你公司的間諜」。如此一來，原本優質的範例看起來就會假假的、好像是刻意安排的。

就資訊面而言，「比較基準」就比較客觀且值得信賴。因此，對潛在顧客來說，比較基準是非常有價值的資訊。

必須是「完美結局」

「比較條件」給大家的印象通常是雖客觀但很嚴厲。不過，大家不用擔心，因為詳細寫完比較條件之後的後續發展（文章的結尾），一定如下所述的皆大歡喜。

「我們根據以上條件，比較、檢討候選產品後，因為某某產品最能滿足公司需求，所以我們決定採購某某產品。」

也就是說，最後雀屏中選的，一定是你公司的產品。在承諾「為自家公司打造一個完美結局」的前提下，比較條件反而是愈嚴苛愈好。因為通過重重嚴格條件才被採購的商品，從讀者的立場來看，才更名正言順。

對「比較基準」的理想反應是灌輸標準

最有效的促銷，不是宣傳，而是讓人知道基準；不是拚命告訴別人這個產品有多好，而是要告訴別人「選擇商品最好的基準應該是這樣」。我稱這個動作是「灌輸標準」。

潛在顧客看完比較基準後，最理想的反應就是「把比較條件複製在自己的腦中」。

「原來如此，要解決課題必須用這個基準來選擇商品。這個資訊真有用。好吧，我就用這裡寫的基準選擇商品吧（要從零開始思考比較基準，麻煩透了！）」

如果能讓讀者這麼想就成功了。如果這個人在寫書面申請時，可以複製範例所寫的比較基準就更好了。就算不能做到這個程度，只要有意願參考範例中的比較基準，對促銷也是有幫助的。總而言之，就是希望潛在顧客能參考範例中所寫的比較基準。比較基準在讀者心目中的分量愈重，你的商品獲選的機率就愈大。

比較基準可以突破「表達的限制」

書寫範例時，必須留意受訪企業的「外在形象」。如果要顧及受訪企業的形象，範例的內容就會受到限制（即言論就會受到控制）。但是，「比較基準」就沒有這層限制。

所謂「嚴格的比較基準」，就是「用心嚴選產品」。換言之，比較基準有助於提升用戶企業的外在形象。

以下圖來說，比較基準就是圖中最理想的「◎」部分。因

為「企業想說的事情」、「潛在顧客想知道的事情」、「無損
於受訪企業外在形象的事情」全都集中在這個部分。這部分只
要精心描寫，就可作為範例整體的支柱。

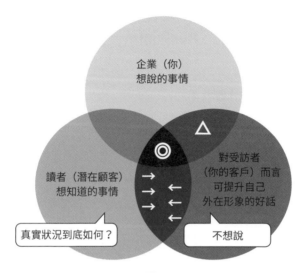

圖 3-13

能夠顯示比較基準的只有範例

　　刊載產品比較基準的載具，如果是「自家公司就是說話者
的媒體」，譬如商品宣傳手冊，會沒有說服力。因為，自家公
司是賣產品的這一方，不是比較、選擇的那一方。只有實際比
較並使用過的用戶企業來談比較基準，才有說服力。如果從這
個角度來思考，和比較基準有關的相關資訊，應該就是範例文
章的核心。

　　如果用商品宣傳手冊來說明產品的比較基準，就沒有說服
力。因為商品宣傳手冊是一種「自己公司就是說話者的媒體」。

不需要所有的基準都一百分

假設比較基準有五個項目，你公司的商品不需要這五個項目全都贏過競爭產品。也就是，不需要一百分，就算只有八十五分，只要其他公司的商品是六十分、七十分，你公司的商品還是會雀屏中選。這叫相對優勢。

事先列舉「理想的比較基準」

看完到目前為止的說明，大家或許會認為「原來詢問比較基準這麼重要。那麼採訪當天，只要問清楚『比較基準是什麼』就行了」。這麼想並沒有錯。不過，事實上，大家還得再下一點工夫做一些事前的準備。

就是在出發採訪之前的設計階段，先預測幾個「對自家公司而言，比較理想的比較條件」。所謂理想的條件是指「如果能夠在這種條件下選擇，對我而言比較有利」，也就是對自家公司比較有利的條件（先打如意算盤）。

為什麼要先把條件列出來呢？這是為了採訪當天要有靈敏的反應。事先想好理想的條件，採訪時只要對方說到類似的話，你的心就會馬上出現「機會來了」的反應，進而深入這個話題繼續問：「那麼，進一步的具體做法呢？」總之，為了採訪當天能夠反應快，事前一定要先做好預測。

❸總結

前面，我已經說明了「故事的地圖」和「解謎」。最後，

就是為整體做歸納而寫「總結」。

❸-1 評價

把實際使用商品後才知道的評價寫出來。說「評價」其實有點鄭重其事。坦白說，是希大家在這個地方寫出對產品的誇讚；也就是要設法透過問話，讓受訪者說出「使用過產品之後才知道的三個優點」。

對「評價」的理想反應是希望潛在顧客能頻點頭

到目前為止，我們已經循著「故事的地圖」→「導入效果」→「選擇產品（比較基準）」的順序，展開範例的黃金結構。如果潛在顧客能夠前進到這裡，就表示他已經對你的產品產生了「不錯的」好印象。

這時，你要趁勝追擊，讓他看到肯定的評價，也就是寫出「實際使用產品之後，發現這裡好、那裡好、那裡也好」的好評價。我希望潛在顧客看到這些評價後，能夠頻點頭。頻點頭就能夠增強已在潛在顧客心中萌芽的好印象。

❸-2 前輩用戶的建議

範例的潛在顧客是「現在碰到課題，一心只想解決課題的負責窗口」。受訪者則是用戶企業的負責窗口，也就是「已經用你的商品解決課題的人」。從這個觀點來看，對潛在顧客而言，用戶企業的負責窗口就是「某種前輩用戶」。

因此，在此你可以用前輩用戶的口吻，寫一些「解決某某課題時的注意事項、選擇商品的訣竅」，或是相當於「前輩給晚輩的建議」等訊息。對正在選擇商品的潛在顧客來說，這些都是非常實用的訊息。「前輩給的建議」和前面提到的「比較基準」一樣，都是只有用戶才說得出來、只有範例才能夠提供的訊息。所以這個地方，一定要努力加一些豐富的內容。

③-3　結論

最後，只要寫完文章的結論就結束了。結論的部分，用「平常的結束方式」寫就可以了，譬如以下的寫法。

「這次，終於能靠著導入 X 產品，解決長年以來的課題。敝公司今後一定會繼續努力提升企業的價值。希望某某公司能夠用他們精湛的技術和提議，在後方支援我們提升企業的價值。今後尚請大家多多指教。」

「結論」這部分不需要腦力激盪，只要用一般的寫法來寫就可以了。

‖ 應用分析

　　到目前為止，我已經說明了「基礎分析」，和根據基礎分析所製作的「理想章節」。但是，理想章節畢竟是一種「理想論」，所以我們還需要把「理想章節」，修正為「符合範例需求的現實章節」。設計「現實章節」的作業，就叫做應用分析。

　　所謂理想章節，也可以說是「打如意算盤」、「紙上談兵」。事實上，為範例進行採訪時，顧客會一直說好話的機率非常低，理想和現實之間一定有差距。為了填補這個差距，決定受訪企業之後，就要先進行應用分析。

　　所謂應用分析，就是讓一般性的、抽象的理想論，配合現實中的實際狀況做調整。這項作業、這個動作，就像是為配合現實中的實際狀況，而把展開的大包巾的四個角折疊起來。做基礎分析時，可以不管現實，只追求理想；但做應用分析時，就必須徹底以現實為優先。

‖ 透過應用分析來掌握該掌握的資訊 ‖

　　大家可以運用應用分析來了解「事實訊息」，這項作業就如同製作年表。年表是一種先確定「誰、在何時、在何處、做了什麼、為什麼做（5W1H）」之後，再按照年代先後次序、條列而成的表。進行應用分析時，就要像製作年表一樣，把用戶從成案開始，到導入產品、使用產品這段期間的一舉一動都弄得清清楚楚。

透過運用應用分析，應該要掌握如下的資訊。（以下的內容都是假設受訪的 A 公司已經購買了資訊科技產品 X。）

（1）買了什麼？

不可用一句含糊不清的「導入了全套的解決方案」帶過去。一定要明確知道「買了○○和△△和□□」。○○和△△和□□，就填入具體的商品名稱。如果有簽維修合約，也要一併提出來。譬如，不是寫「德川家康掌握實權」，而是具體寫出「德川家康於 1603 年建立江戶幕戶之後，成為征夷大將軍」。

（2）是透過什麼商業流程買的？

弄清楚是直接向企業購買的（直接銷售），還是透過代理店購買的（間接銷售）。在這裡，為了方便做說明，我都假設「X商品是 A 公司直接向企業採買的」。

（3）顧客打算買什麼？

企業「打算賣什麼」和顧客「打算買什麼」，有時是背離的。譬如，你的公司把防毒產品賣給顧客，你當然會以為就是「賣防毒產品」。但如果顧客這麼做，是為了要推動「強化整體資安計畫」的話，賣出去的防毒產品就只不過是「這個計畫中的一個材料」。

如果是這種情形，就表示你所看到的狀況是「洽談防毒產品之後收到訂單」。而顧客所看到的狀況卻是「為推動整體資

安計畫，而先導入一部分的產品，譬如防毒產品」。換言之，這張訂單對你而言是「全部」，但對顧客而言卻是「部分」。如果不清楚這兩者的不同就上門採訪的話，就有可能會雞同鴨講。

（4）支付了多少錢？

了解 A 公司為購買產品花了多少錢。如果初期費用和維修費用是分開來的話，兩種費用都要掌握。也就是，你要知道的，不是你公司的營業額（即有多少錢進了自家公司帳戶），而是用戶 A 公司為了這個產品，總共付出了多少錢。有了這層認識，就知道直接銷售和間接銷售的差異。如果導入 X 產品是大型專案的一部分（導入材料），就要盡可能掌握整體的預算和專案的規模。

（5）如何使用 X 產品？

讓 X 產品的用戶數、用戶數的變化、使用部門、產品用途等狀況透明化。譬如，如果這家企業以是全世界為舞臺的全球企業，就算負責的窗口說要「整體導入」，導入範圍還是會有差異。簡單來說，就是要弄清楚是只有日本引進，還是在全球的企業都要引進。總之，不要嫌麻煩，一定要查出確切的數字。

（6）掌握「從接洽到導入產品的整個過程」

確認成案時間、決定導入時間、設計施工期間、開始啟動

時間。譬如可以做如下的歸納整理。感覺上，好像是在製作年表。

- ・2013 年 3 月　　　　聯絡洽詢
- ・2013 年 4 月　　　　決定導入
- ・2013 年 4 月～ 7 月　設計和施工
- ・2013 年 8 月　　　　開始啟動

(7) 確認是否從以前就有往來？

整理你的公司和 A 公司的業務關係。譬如：

「從以前就有往來，而且關係很深。」

「雖然以前就有往來。但是交易金額都不大，而且關係尚淺。」

「這次是第一次交易，是全新的客戶。」

弄清楚你的公司和 A 公司的關係是以上的哪一種。

(8) 成案的原委（是我方上門去推銷，還是對方自己和我方聯絡）

這次的案子是怎麼來的？也就是要弄清楚，是我方主動出擊的，還是對方自己和我們聯絡的。

(9) 課題發生的原委

和我方聯絡之前，顧客碰到了什麼樣的課題，或是導入產品之前，顧客如何處理這個課題。盡可能地把這件事從頭到尾弄清楚。

（10）接洽、談判的人

弄清楚第一個和我方聯絡的人，和之後與我方談判的人的部門、職務等。

（11）是否有競爭對手？

弄清楚顧客方是否要比較候選產品，或是其實候選產品就只有 X 產品而已。如果要競標，盡可能弄清楚其他候選產品的產品名稱。

（12）競標的來龍去脈

盡可能弄清楚「之後將如何進行競標」這件事的來龍去脈。

（13）勝出的理由

推測在競標中可以勝出的理由。如果只有去採訪才會知道真正的原因，就用「我方已看到的狀況」去推測理由。

只關注事實

應用分析的成品也是「章節」。在這裡，就是以已經透明化的事實為基礎，把理想章節轉化為現實章節。「現實」的意思是指「章節的內容和事實不會矛盾」。

做應用分析，可以減輕顧客的負擔

先做好應用分析，採訪當日就可以減輕受訪者（你的顧客）

的負擔。範例是一種你先發問，然後再根據對方的回答來寫的東西。但能透過「5H1W」獲得的資訊，其實只要問自家公司的業務窗口也可以知道。既然如此，最好在採訪之前就先問清楚相關的資訊。先這麼做，採訪當天就無需再問顧客一些沒用的問題。為了減輕顧客的負擔，先做好應用分析，就等於是先做預習。

做應用分析可以在事前檢測危險

先做好應用分析（先預習），可以避免採訪當天的溝通擦槍走火。如果能夠透過預習，在事前先知道「不能碰觸的話題（地雷資訊）」，採訪當天就可避開這個話題，讓採訪順利進行。

譬如，假設某家運輸公司導入了可以改善員工身心健康的服務。你在看產品導入時間時，發現這家運輸公司導入這個產品的時間點，正好就是在其他運輸公司的司機因過勞而釀成大車禍之後。於是，你就可以大膽推測，你要採訪的企業為什麼會在那個時間點致力於員工身心健康的改善。當然，這種事情就不應該拿來當作採訪的話題。

只要事前先認識「地雷資訊」，採訪當天就可以安心對談。

「設計」的技巧集

技巧 41　可使用的應用故事 1　打倒宿敵型

雖說「範例的黃金結構」是範例故事的基本型，但大家不需要被這個基本結構所束縛。因為，從這個基本型出發還是可以發展成應用型。以下就透過例子來說明應用型。

在夢幻英雄的故事裡，主角和伙伴們克服了種種困難，最後打倒大壞蛋。無人不曉的桃太郎，就是和小白狗、小猴子、雉雞，一起勇闖魔鬼島，打倒了大魔王。假設就如同這個故事一樣，身為主角的顧客要用你公司的產品，就好比帶著一把黃金劍，要打倒大壞蛋，也是要解決所碰到的業務問題。

在這個故事裡，最重要的那個反派角色，那個大壞蛋就是業務課題。如果這個反派角色不夠強，就無法突顯英雄的存在。範例也一樣。應該要解決的課題，從潛在顧客的角度來看，必須要是一個「大難題」。如果用曖昧不明的宣傳標語，譬如，「提升業務效率」、「改善公司內部的溝通」等來點出課題，就無法勝任大反派這個角色。簡單來說就是，當敵人太過弱小時，打倒宿敵型的故事就無法成立。因此，請記住「敵人角色、大壞蛋的角色很重要」。

技巧 42　可使用的應用故事 2　示範型

如果顧客對產品的使用方法精熟到令人嘆為觀止，就可以使用讓顧客來示範的「示範型」故事。如果是這種狀況，就要

明確傳達事實的狀況；也就是一定要讓潛在顧客知道，這個顧客是如何靈活運用這個產品。因為，示範型範例的目的，就是要潛在顧客模仿這個模範生。如果運用的狀況不明確，讀者就不會想模仿。

另外，就是不需要極力稱讚受訪者，也就是那位模範生。因為模範生就算無人稱讚，怎麼看都還是那麼出色，那麼優秀。過度稱讚反而會讓你看起來很輕浮。請記住「就是要透過範例，示範給別人看」。

技巧43　可使用的應用故事 3　激戰勝出型

經過嚴格的競標之後，如果顧客選擇了自家公司的產品，就可以使用激戰勝出型的故事。這一型的故事也可說是變相的打倒宿敵型故事。英雄是自家公司的產品，宿敵是競爭產品。這時，最重要的就是宿敵，也就是競爭產品，必須要強得令人憎惡，抑是可以決定勝敗的受訪者（你的顧客）所訂定的審核基準非常嚴酷。如果自家公司的產品是因競爭產品太弱、審核基準一般般而雀屏中選，會讓潛在顧客提不起勁。請記住「戰鬥不嚴酷就沒有看頭」。

技巧44　可使用的應用故事 4　來龍去脈型

如果產品是未使用前不知是好是壞，而且有些部分還不清不楚的「神祕產品」時，就可以像實況轉播一樣，把顧客使用產品解決問題的來龍去脈都寫出來。這種做法非常管用。

　　以前，我曾經為某行業製作了一個諮詢的範例。這種諮詢不但費用高達數千萬日圓，而且名稱也非常曖昧。從潛在顧客的角度來看，完全不知道這個行業到底在做什麼，換言之，這種諮詢就是一種「神祕產品」。這時，我就把這家公司為用戶解決問題的來龍去脈全都記錄下來，製作成一個範例。製作時，我刻意不宣傳產品，而且還放了很多照片，努力為讀者實況轉播「5W1H」的分析。

　　聽說這家公司的顧問夫人看過這個範例說：「我終於知道你的工作是在做什麼了。」這表示，對這位夫人而言，丈夫的工作長年以來就像是一個謎。但是，看過這個範例之後，這個謎終於解開了；這是一個很成功的「整個故事型」範例。請記住「不重宣傳，而重說明的來龍去脈型」。

技巧45　可使用的應用故事5　建議用途型

　　建議用途型的意思，就是介紹既有顧客使用產品的方法和產品的用途。這一型和示範型很類似。不同的是，這一型未必一定要由顧客作示範。但是，你也不能跟顧客說：「不能這樣使用！」要如何使用產品，本來就是顧客的自由。就算使用的方法不合規則或出現了例外，只要對業務有幫助就好了。用戶範例畢竟是一種重視顧客現實需求，勝過製造廠商意見的廣告文宣。總之，如果要用這一型來撰寫範例，就請詳細描寫顧客使用產品的來龍去脈，並提示顧客可以這樣使用。

技巧46 可使用的應用故事6 說商品故事型

透過既有顧客使用產品的例子，用說故事的口吻向潛在顧客細說，這個商品到底該如何使用，才能對自己有幫助。用這個方法製作「神祕商品」的範例格外有效。這時，絕對不要為商品進行宣傳。所謂「神祕商品」，就是一種未使用之前，不知是好是壞的產品。因此，如果在範例中呼籲商品的優點，潛在顧客會覺得事有蹊蹺。如果不能擺脫這種狀況，就無法進一步促銷。

麻將、日式象棋的遊戲規則，如果只看說明書，通常還是一知半解，但只要實際玩過幾次，就能夠輕鬆了解。換言之，要讓玩家了解遊戲的規則，最簡單的做法不是逐條說明，而是讓玩家親自去實際體驗。

同樣地，商品的內容與其用宣傳手冊做抽象的說明，不如用範例故事來說明更淺顯易懂。說商品故事型和前面的來龍去脈型一樣，宣傳要低調，說明要徹底。請記住「如果無法用大道理傳達，就用說故事的方式傳達」。

技巧47 地方政府的購買動機是「提升居民福祉」

解說基礎分析時，我曾假設要把商品賣給民間企業。如果銷售的對象是地方政府或政府機構的話，你該怎麼思考呢？其實，基本的項目和分析的內容是一樣的。最大的不同點只有「購買動機」這部分。相對於民間企業導入商品的目的大都是為了「增加利潤」，而地方政府則是為了「提升居民的福祉」。如

果根據憲法來說的話，地方政府的最終目的就是「在健康上、文化上，保障居民最基本的生活需求」。所以導入商品的服務，也是為了要資助這個最終的目的。

技巧 48　訴諸言語，就命名吧

　　進行顧客分析時，必須用言語來表達所有的內容。所謂用言語來表達就是「命名」，因為範例的輸出形態是文章，所以所有事物都必須有名稱；沒有名稱的概念無法寫成一篇文章。

技巧 49　言語命名要獨一無二

　　訴諸言語（命名）時，這個語詞所指的對象只有「一個」。這叫做「單值的言語化」。譬如，用「提升效率的系統」來詮釋自家公司的系統，看在別人眼裡還是不知道它是什麼，因為考勤管理系統、電子表單系統、工作流程系統等都符合「提升效率的系統」的條件。因此，必須透過言語（命名），縮小語詞的範圍，讓潛在顧客一看就知道指的「何事」或「何物」。

　　譬如，指示「在咖哩裡加入肉和青菜」，做的人還是不知道具體該放什麼食材。但如果指示「在咖哩裡放入牛肉、洋蔥、馬鈴薯、紅蘿蔔」的話，因為每個名詞的意思只有一個，就可以實際動手去做。請記住「語詞的意思必須只有一個」。

技巧 50　回答「譬如呢」這個蠢問題時，答案要有唯一性

　　要將某事物言語化（命名）時，當有人問「譬如呢」，若

所有人的回答都一樣，就表示這個回答是唯一的。「譬如呢？」雖是個愚蠢的問題，卻可以藉此掌握事物的唯一性。

用「蔬菜」來說明。如果問：「說到蔬菜，譬如？」有人會回答「高麗菜」，有人會回答「花椰菜」，這是因為「蔬菜」並不是只有一種；但如果回答「紅蘿蔔」的話，如何？如果問：「紅蘿蔔？例如呢？」回答的人應該會說：「譬如嘛，這個嘛，紅蘿蔔就是紅蘿蔔吧！」嚴格說，紅蘿蔔的種類也有很多。但就一般常識而言，一般人不會再做進一步的細分。所以，「紅蘿蔔」這個名詞就可以說具有足夠的唯一性。

技巧51　曖昧的言語、模糊的設計

「言語化」、「唯一性」這些詞光聽起來就覺得好艱澀。或許有人會認為，輕輕鬆鬆做不是很好嗎？但是，範例是以言語為工具設計的。如果言語不是唯一的，就如同建築師畫建築圖時，尺是彎曲的；要做精密的設計，就必須使用精密的言語。請記住「彎曲的尺，彎曲的圖面；曖昧的言語，模糊的設計」。

技巧52　基準在於文句脈絡和常識

言語的唯一性到底要達到何種程度，「以當下文句脈絡為基礎的常識」來決定。譬如，聽到「現在我在賣車」這句問話，就會想進一步追問：「賣車？請說得具體一點。是高級車？普通車？還是排氣量不到一千的小型車？」或是「哪一國的車？是日本車？還是進口車？」但如果聽到的是「我要開車前進目

的地」這句話，就不需要再繼續問：「開車？請具體說明。」
所以判斷的基準就是「語境」和「常識」。

技巧 53 沒有名稱的商品等於無

請想像一下你喜歡的音樂，披頭四、日本搖滾組合 B'z、柏
林交響樂團都可以。然後，再想像一下這些樂團沒有名稱、所
演奏的曲子也沒有曲名。沒有樂團名稱、沒有曲子的曲名，還
是可以繼續聽音樂；但是，就算聽的是同樣的音樂，因為沒有
樂團名稱和曲名，聽的時候心情應該不平靜吧。又或者，可以
想像一下自己現在正在看一本沒有書名的書，大家應該會很困
擾不知道該怎麼處理這本書吧。

事實上，能夠讓這些事物有存在感、有明確輪廓的就是名
稱。人不會想處理沒有名稱的東西。如果自家公司的商品是無
形的商品，至少必須給商品類型一個精準的名稱。所謂商品類
型，就是「電腦」、「電子表格軟體」、「生產管理系統」等。
有了名稱，就能提升商品的存在感，而沒有商品的名稱等於無。

技巧 54 沒有名稱的東西無法口耳相傳

口耳相傳和介紹都是非常重要的銷售通路，但人無法介紹
沒有名稱的產品；因為沒有名稱，就無法掛在在嘴上說。

技巧 55 盡可能使用「有衝擊力的詞句」

大多數的人在為自家公司的系統命名時，都會想取一個「冠

冕堂皇」的名稱。譬如,「綜合資通訊科技解決方案」、「以
處理文件為核心及發展企業業務的平臺」、「雙向溝通的服務
環境」。我能了解大家為了宣傳想取「冠冕堂皇」名稱的心情。
所以對於這種做法,我既不肯定也不否定。

不過,顧客分析是以言語為設計的工具(基準),如果使
用無意義的誇大詞句,勢必會無法做精密的思考。所以設計時,
還是建議使用可以精準表達實體唯一性的「震撼詞句」。

技巧 56　看不見的商品就是「神祕商品」

如果賣的是有形財,譬如,鋼筆、杯麵、車子、房子等。
如果有人問:「你在賣什麼?」任何人都可輕鬆回答「鋼筆」、
「杯麵」、「車子」、「房子」。我想應該沒有人會回答:「輕
鬆書寫的解決方案」、「方便的街頭生活麵條」、「移動型解
決方案」、「家庭福利發電機」。就算取這麼誇張的名稱,聽
的人還是只會想:「不就是鋼筆、杯麵、車子、房子嘛!」。
基本上,肉眼看得到的東西,就不是神祕商品。

但是,無形的商品肉眼看不到,從某種意義而言,就可以
自由命名。因此,就算取個漫無邊際的名稱,譬如「以處理文
件為核心及發展企業業務的平臺」也無妨,因為無形的商品本
來就很難口耳相傳。請記住:看不見的商品就是神祕的商品。

技巧 57　範圍太廣的名稱是便宜行事又不好的名稱

無形的商品、解決方案之類的商品要用一個詞或一句話來

表達其本質，而且是具有「衝擊力的名稱」，真的非常困難。想藉由別人之口把自家公司商品的本質說出來，就必須用別人的眼光來看自家的商品。這在精神上是一種很大的壓力。

反之，要取一個冠冕堂皇的名稱卻很簡單。因為冠冕堂皇名稱的意思所涵蓋的範圍非常廣泛。譬如「綜合資通訊科技解決方案」這個名稱的意思範圍就非常廣，所以很多商品都符合這個條件。但有衝擊力的名稱由於意思範圍非常狹小，所以勢必要一擊中的。請記住「範圍太廣的名稱，是便宜行事的名稱，也是不好的名稱」。

技巧 58　所使用的詞句定義，會因行業的不同而有不同

在這裡，想談一談我個人在為商品類別命名時的甘苦談。我在資訊科技企業上班時，為自己所製作的作品命名為「導入範例」。因為是導入產品的範例，所以就命名為導入範例。我同事也說：以後用這個名稱完全不會有問題。但是，我自行創業成立公司的某一天，我在研討會上對一位認識的名顧問說：「我現在從事製作導入範例的工作。」這位顧問的反應竟然是「導入範例？這是什麼工作啊？」我以為我說的不夠清楚所以他聽不懂。所以我就再重新說一遍「就是顧客導入範例」。「你是說，把顧客導入什麼裡面嗎？」我和他之間的對話就像雞同鴨講一直兜不在一起。這時，我才恍然大悟「導入範例」這四個字，原來只是在資訊科技業界才行得通的一種說法。

不只是導入範例，就連「範例」這個名詞，也不是只有一

個涵義。製造業的範例是指像災害事例一般，可以作為改善業務用的參考資料；而在法律界的範例好比說案例研究，則是指過去的判例。換言之，「範例」這個詞會因行業的不同而有不同的意思。本來，用這種不具唯一性的語詞作為自家商品類別的名稱並不好，但我實在找不到可以取代「範例」的名稱。

我公司的顧客一半來自資訊科技行業，一半是來其資訊科技之外的其他行業。所以，對資訊科技業界的顧客，我就很單純地用「範例」或「導入範例」；對其他業界的顧客，我就說「顧客範例」或「原版的客戶心聲」。當然，最好能夠有一個單一的標準版，但老實說，我找不到。

技巧 59　不知道的詞句沒有傳達功能

數年前，我第一次出版有關範例的書。那時最讓我傷腦筋的，就是在書中不知該用什麼名稱來稱呼平時所稱的「範例」工作。書籍是一種 B2C 的商品，要增加銷售量，就不能只把書賣給對範例有興趣的人。換言之，我必須讓對範例一無所知的人走進書店就眼睛一亮，「咦？這是什麼書？好像很有趣！」進而把書捧在手心上。因為這本書的類別是商業書籍，所以我必須讓在店內看到這本書的人，只看書名一眼，就期待這本書「對自己的工作有幫助」、「能夠增加公司的營業額」。

如果以這前提來思考的話，「導入範例」、「範例」、「顧客範例」等全都是一般人不知道的名詞，所以是行不通的。如果使用這幾個名詞，在正式宣傳之前，我甚至都無法告訴讀者

這是一本關於什麼的書。之後，我和出版社的伙伴一起腦力激盪，才終於決定書名使用「實例廣告」這個詞。首先，放入廣告二字，可以讓人認為「這是一本有關廣告宣傳的書」。不論是字面的意思或是讀起來的語調，感覺都很不錯。所以我第一本書的書名，就叫做《只要『秀』就能賣的實例廣告方法》。

「實例廣告」這個名稱，對資訊科技業者而言應該並不是那麼適合。因為在資訊科技業界，所謂實例廣告是指，刊載在報紙、雜誌等各種媒體上的「使用實例的單純廣告」，和貼在自家公司官網或印製在宣傳手冊的「導入範例」是兩種完全不一樣的東西。但是，書籍的銷售對象，也就是讀者，不是只有資訊科技行業，而是涵蓋了所有的其他行業的人。因此，即使資訊科技業界之人對此名稱稍有格格不入的感覺，但我們睜一隻眼閉一隻眼，還是決定採用「實例廣告」這個名稱。

本書的日文版書名雖然是《決定版　範例廣告‧導入範例的聖經》。但是在正文當中，我並沒有使用「範例廣告」，而是從頭到尾都用「範例」來說明。理由是，我鎖定的讀者是B2B業界的人；也就是，我的目標客群是對「範例」這種廣告文宣有相當程度了解的人。

用這種形式把讀者的範圍縮小，符合的人大半是「資訊科技業界的人」。我希望任何行業的人讀這本書都能夠有助益，但是，就「看的人能夠了解到什麼程度」而言，我還是設定以資訊科技業界的人為基準。

我這麼說，或許有人會認為：「如果以資訊科技業界的人

為主要的客群,用『導入範例』這個名詞真的好嗎?這個名詞在資訊科技業界不是很普通嗎?」但為了顧慮書籍在書店上架的問題,我必須這麼思考。

要賣書,首先,必須讓書在書店裡上架。書店的店員常常會把送到書店裡的幾十本書分門別類放上書架。為了講求效率,書店的店員通常只看書名一眼,就判斷要把書歸在哪一類。這時,如果書名是像謎一樣的「導入範例」,店員會不知道該把這本書分配到哪一區。但是,如果以「實例廣告」為書名,店員絕對會把這本書放在「廣告、行銷類」的書架上。因此,這回這本書,我就用「實例廣告」這個名詞當書名。而且,還把「B2B」清楚寫出來,為的就是要向這本書的主要讀者群,也就是資訊科技業界的人招手。

技巧60　商品必須有名稱

我把製作範例的事前設計,稱為「顧客分析」,這也是經過無數次的錯誤嘗試才有的名稱。

一般人製作範例並不重視設計。通常都是事前只談幾小時,然後就馬上到顧客那兒進行採訪。換句話說,就是沒有經過仔細的設計,就快快著手製作範例了。但是,我是一個專業的範例製作者,所以在這裡,我想鄭重呼籲事前設計的重要性。

那麼,該取什麼樣的名稱,才能讓大家都了解呢?用「磋商」這個名詞不行。因為這個名詞既沒有重要性,也沒有價值感。那麼,用「範例諮詢」如何?「用範例諮詢這個名稱來稱呼,

的確可以增加一點價值感」，但總覺得還是少了點什麼。

　　某天，「顧客分析」這個名詞突然浮現在我的腦海。我覺得這個名詞或許可以派上用場，因為「分析」這個詞，對一般人而言並不陌生。大家都知道這是搜查罪犯的一種手法。看到「分析」這個詞，就會產生一種很特別的期待感，期待範例能夠像搜尋凶手一樣，解開神祕的面紗。而且，這個名詞，不論是字面的意思還是唸出來的聲調，感覺都不錯。於是，我就試著把這個名詞放在前面，標上價錢，放入價目表中。

　　結果，顧客真的買單。在顧客的眼裡，顧客分析是一種服務的名稱，甚至表示「顧客分析很重要」。換句話說，顧客「記得住這個名稱」，這點極為重要。終於找到一個「有衝擊力」的名稱了，我總算可以鬆口氣了。

　　「磋商」、「諮詢」、「顧客分析」等，無論取什麼名稱，我所做的工作內容都一樣。但若能取一個好名稱，同樣的行為就可以從「單純的磋商」，升格為「有價值的商品」。

技巧 61　冠冕堂皇的名稱過於廣泛且不具傳達功能

　　進行顧客分析時，曾有企業的窗口胡謅：「我們公司提供的不是單純的系統，而是涵蓋了技術支援、服務等綜合性解決方案……所以名稱就叫做『綜合資通訊科技解決方案』吧！」也就是，他提議為產品取一個冠冕堂皇的名稱。這個人對於自己所取的名稱滿心歡喜。這時，我就試著用下段話說服他。

　　「有一家居酒屋的涼拌茄子非常美味。因此，老闆就考慮

以「美味的涼拌茄子店」作為宣傳的口號。對於這個口號，店內的員工表示：『我們的店不是只有茄子好吃，我們的紅蘿蔔和其他的蔬菜也是很可口。』於是老闆採納這個意見，決定把口號改成『美味的蔬菜店』。這時又有人說：『不只蔬菜，我們的肉也非常鮮甜。』於是老闆就從善如流，又改成『美味的餐飲店』。終於皆大歡喜，一致贊同。但是，他們用「美味的餐飲店」作為宣傳口號，就真的能夠向顧客進行宣傳嗎？」

我想透過這段話說的是，因為有技術支援和服務就命名為『綜合資通訊科技解決方案』，其實和「蔬菜、肉品全都美味的『美味餐飲店』」是一樣的道理。

「美味的涼拌茄子店」的名稱或許範圍縮得真的太小，但「美味的餐飲店」卻沒有宣傳到店中的任何一項特色。取名時，一定要用心勾勒潛在顧客的形象，並找出潛在顧客會感興趣、會覺得有魅力的「適當焦點」。要取一個冠冕堂皇的名稱很輕鬆，但客群太廣，只會讓這個名稱變得沒有意義。請記住「冠冕堂皇的名稱過於廣泛，是不具傳達功能的名稱」。

技巧 62　概念的單位要一致

有關聯、可並列、兩個以上。譬如，要為三個東西命名時，這三個名稱的單位一定要一致。譬如，「美國」、「倫敦」、「北非」；這三個名稱並列時，一個是國名、一個是都市名、一個是地域名稱，所以概念的單位並不一致。如果要一致都是國名的話，就是「美國」、「英國」、「阿爾及利亞」。「凌志汽車」、

「超跑」、「賓士Ｃ級2011年展示車」，同樣也是概念不一致。如果要一致的話，就是「凌志」、「法拉利」、「賓士」。使用不一致的概念會造成思考和設計卡卡不夠靈活。

技巧 63　輪廓模糊的詞句會妨礙精準明確的思考

進行範例的設計和顧客分析時，應該要用「輪廓清楚的詞句」。因為輪廓如果使用曖昧的詞句，設計也會模糊不清。

輪廓使用曖昧的詞句，最具代表性的就是陳腔爛調。我們經常使用陳腔爛調而不自知。當有人問：「這句話你指的是什麼？」或請進一步說明定義時，很多人都會詞窮而不知如何回答。以下就舉幾個最好不要使用的陳腔爛調和差勁的詞句。另外，為了糾正這些差勁的詞句，我還會寫出反將一軍的問法，供大家參考。

技巧 64　差勁句：「這是前所未有的服務」

有人會用「這是前所未有的服務」、「沒有其他類似的產品」，來表達自家公司的商品或服務。這些都是差勁的句子。聽到這樣的句子，可以問：「那麼，請問之前的主流服務是什麼？」、「這次的服務和之前有什麼不一樣？」

這麼問，有人會回答：「我無法籠統地說明。」但是，無法用言語說明的事物，就無法寫入以文章為輸出形態的範例之中。這麼說，或許有人會提出反駁，認為：「所以，我才會想用顧客的言語來表述……」但老實說，顧客根本無法將自己對

商品的感想一一精準地說出來，而且如果是很久以前的事情，他們早就忘得一乾二淨。因此，要期待「顧客替你把你自己都說不清楚的事說明白」，根本就是錯的。

「前所未有的服務」、「沒有其他類似的服務」，如果從語義去倒推的話，就是「前所未有或沒有其他類似→比其他的都優秀→最好的」的意思。這是賣方不知不覺就會想用的句子。但是買方卻不會真心接受這樣的句子。或許賣方會期待顧客的反應是：「咦？這是怎麼回事？為什麼是前所未有？看起來這個產品一定非常棒！」但是，天下並沒有這麼美好的事。

譬如，去參加某公司的面試。假設，有人自誇地表示：「在之前的公司，我是一個擁有前所未有，獨特能力的職員。」這時面試官真的會很感動，心想公司挖到寶了嗎？我想這位面試官一定是內心暗忖，邊繼續問：「哪一點這麼獨特？請你具體說明好嗎？」如果這個人針對這個問題，回答：「我無法籠統的說明。」那麼，面試就到此為止了。

像「前所未有」這種否定的語句，是一種不具傳達功能的說法。所以必須用「這個服務就是○○」的肯定語句來確定對象的輪廓。

技巧 65　差勁句：「我想那個有點不一樣」

進行範例的設計時，必須用「這是○○」的肯定語句來確定對象的輪廓。但是，要用一句「這是○○」就說出正確答案的機率很低，因為很多人都還是會覺得有點不一樣。不過，如

果這時只說一句「不，還是有點不一樣的」，並不洽當。這時應該要說出替代方案。譬如，「不是那樣，而是XX」。就算無法說出替代方案，至少也要說：「就○○這一點來說是不一樣的。」也就是，至少要明示哪一點不一樣或不一樣的理由。只表示「不是這樣」或「就是有一點不一樣」，就很不負責任地結束話題，這是違規的。請記住：「那不一樣」這句話誰都會講。

技巧 66　差勁句：「吸收現場的聲音」

進行顧客分析時，有人會頻頻提出意見，表示要加入「現場的聲音」、「現場的感想」。也就是有人會提出「在用戶某某公司的現場，或許有人會提出感想。我們可以把這些感想反映在範例中」之類的意見。但是，「現場」這句話，其實只是一種迴響不錯卻沒有實體的名詞；也就是說，「現場」只是一種會閃閃發光，引人注目的話。這一點大家必須留意。這時可以反問：「所謂現場，指的是誰？」是負責導入（採購）的資訊系統部門嗎？還是要使用這個系統的業務部門？」、「聽到『現場』發出什麼樣的聲音（說什麼）才是理想的？」如果這兩個問句沒能得到精準的回答，那些人口中的「現場」就是陳腔爛調。請記住：「現場」是閃閃發光的兩個字。

技巧 67　差勁句：「導入效果要多少有多少」

「導入效果我無法籠統做說明。但是導入效果您想得到的都有！」像這種打煙霧彈的說法也不理想。這時可以反問：「要

多少有多少，就表示有很多個。請列舉其中的三個。」請記住「如果說要多少有多少，就請舉例說明」。

技巧68　舉例說明是理解的證明

要辨別一個人所說的話，是「經過認真思考的」還是「隨隨便便說的」，最有效的方法，就是問一句：「譬如呢？」針對前面那一句「導入效果要多少有多少」，問一句：「譬如呢？請舉出三個！」如果馬上就能答出三、四個，就可以表示那個人說那句話是經過認真思考的；反之，如果舉不出列子，就表示這個人只是隨便說說的。

技巧69　差勁句：「之前的銷售方法已經不行了」

一口咬定「之前的銷售方法已經不行了」，乍聽之下很酷。但是，是否真的不行，還是會令人存疑。修正後的說法：「之前是怎麼銷售的？為什麼不行呢？」、「之前的○○已經不行了」是一種否定的語法。如果提不出根據，就只是說大話而已。如果要否定什麼，一定要說出明確的對象和正當的理由。請記住「輕易的否定，就是粗糙的思考」。

技巧70　差勁句：「客戶只做了這一點」

設計時，有人會說：「在這次的範例裡，我想強調客戶的想法，就是這一點驚人的想法！」要糾正這種說法，就問：「這一點是哪一點？請把驚人想法的內容和驚人的程度說出來。」

當話中出現像「這一點」這種代名詞時，就要留意了。這一點到底是哪一點？事實上，說這句話的人幾乎都不知道。開會時或許有人就會用這種曖昧的說法。但是，範例是要讓別人（也就是潛在顧客）看的文章，如果用這種含糊不清的代名詞唬弄讀者，讀者一定會敏感察覺。請記住「不要用代名詞欺騙讀者」。

技巧71　驅逐代名詞，養成敏銳思考的模式

當一個人的邏輯含糊不清時，說話時就會使用很多的代名詞。譬如，「這是不可能的」、「就是因為這個理由」、「這裡應該這樣思考」等。要糾正這種說法，就直接問：「這是什麼？」、「這個理由是什麼理由？」、「這裡指的是什麼事？」既然用的是代名詞，當然就應該有這個代名詞所代替的本來名詞。

但是，事實上，很多人都回答不出代名詞所取代的本來名詞。這就表示，說話的人是因為自己的思考不清不楚，所以才會使用代名詞來矇騙。建議大家強迫自己「禁止使用代名詞來表述」。一旦不能使用代名詞，就不得不有清晰的思路。請記住「驅逐代名詞，養成敏銳思考的模式」。

技巧72　能夠做文章的詞句就是好名稱

聽到「防毒軟體」、「恢復資料服務」、「手機」等這些名稱，就知道它們是什麼樣的產品。因為這些都是好的商品類

別名稱。這些名稱的最大特徵，就是只要提出來就可以說出一篇文章或一句完整的句子。就好像聽到「防毒軟體」，就會想到這是「可以防止電腦中毒的軟體」；聽到「恢復資料服務」，就會想到這是「提供客戶恢復資料的服務」；聽到「手機」，就知道這是「可以帶著到處跑的電話」。總之，「能夠用來造句、做文章的詞句」就是好名稱。

技巧73　要檢視語言化就必須確定可以說出口

　　試著把自己在腦子裡所思考的事情說出來，就知道自己是否可以精準地用言語表達出來。自己在腦子裡東想西想時，會覺得自己一定可以把所想的全都正確說出來。其實未必如此。但如果能把自己的想法實際說出口，因為自己所說的話會先進入自己的耳朵再輸入到腦子裡，就能馬上知道自己是否是認真在說話。請記住「要檢視語言化就必須確定可以說出口」。

技巧74　連自認理所當然的事也要說出來

　　把自己認為理所當然的事也一一說出來，對自己的工作會非常有幫助。因為，「對自己而言理所當然的事情」，對潛在顧客來說，未必是理所當然，所以，不用言語說明，潛在顧客就會不知道。不論是說話或寫文章，人都常會省略自己覺得理所當然的事。別人聽不懂你說的話或看不懂你寫的文章，就是因為這個緣故。因此，就算是你認為理所當然的事，也要一一用言語來表達。請記住「對自己而言是理所當然，對別人而言

是百思不解」。

技巧 75　對自己而言是客戶，對別人來說是一般人

　　有個名詞叫「蠢父母」。這是指父母溺愛孩子到了失去客觀的一種狀態。簡單來說，就是為人父母會偏愛自己的孩子；企業同樣也有這種狀況。一般就是「會先入為主以顧客為尊」。對重要的既有顧客會待之以禮，覺得對方所做的一切都是美好的。尊重顧客當然很重要，但製作範例時，絕不能忘記：對潛在顧客而言，受訪的既有顧客只不過是「世上眾多公司中的一家公司」。換言之，讀者對你的顧客的態度是，「不會故意輕視，但也不會特別尊重」。這就好比父母對別人家的孩子，「就算覺得可愛，也不會溺愛」是一樣的道理。

　　如果製作範例時忘了這個前提，完成後的成品就會是一個打著「介紹客戶先進措施」的名義，用美麗詞藻來修飾顧客不夠客觀、不具劃時代意義的企業理念及各種企業活動的範例。這就像父母親用自己的角度，來拍「自己孩子的成長紀錄」是一樣的。這樣的內容對別人而言，資訊價值不高。

技巧 76　大企業並不一定就最先進

　　有客戶委託我們製作範例。客戶的窗口說：「產品是全公司員工都會使用的資訊共享系統。你們要採訪的企業，是一家擁有十多萬員工的超大型企業（Ａ公司）。」在做顧客分析時，我表示：「要全公司的人都接受這個系統一定非常不容易，應

該有不少員工會抗拒，表示不想使用或嫌麻煩。」這位窗口聽我這麼說，馬上就說：「你太低估我們的顧客了。」然後提出反駁：「A公司是足以代表日本的龍頭企業。他們的資訊科技策略非常先進，所有員工對這方面的認知也很高。所以導入這個系統應該很順利。」

但是，我們實際去採訪時，A公司的窗口說：「事實上，我們公司花了很長的時間，才讓全體員工接受這個系統。」我提問：「請問貴公司的規模有多大？」這位窗口說：「我們公司有十萬名員工。有點年紀的工廠技術員不會使用電腦是很稀鬆平常的事。」委託我們製作範例的客戶窗口，就是因為先入為主過於尊重顧客，才會無法客觀正視A公司，因而產生誤判。尊重顧客的精神固然重要，但製作範例時，客觀推測比尊重顧客更重要。請記住「客觀推測比尊重更重要」。

技巧77　「那個人很風趣」這句話靠不住

做顧客分析時，難免會猜測對方可能會回答的內容。這時，委託客戶的窗戶就會說：「不需要東猜西猜，不會有問題的。對方的窗口是個很風趣的人，只要你發問，他一定知無不答。」總之，他這番話就是暗示「不要再猜測人家會怎麼回答了，因為要先做預測很麻煩。」但是，根據我個人的經驗，通常這種窗口所說的話都靠不住。

實際去採訪那一天，原本應該是風趣的那個人，十之八九都是平庸無趣的人。所以，就算那個窗口表示「沒有問題」，

也不要盲從相信。請記住：「那個人很風趣」這句話靠不住。

技巧78　提出合乎邏輯的假說

所謂顧客分析，就是一種「先蒐集很多和商品導入、商品使用有關的片段事實」，「再針對和片段事實產生的因果關係提出假說」的作業。這個假說是否正確，必須透過和受訪者的回答做比對來檢驗。

但是，如果根據過於失準的假說提問的話，就會當眾出醜。為了避免出醜，在設計階段，就要盡可能多蒐集一些真實的資訊，並讓這些資訊在互不矛盾的狀況下聯結起來，以提高假設的可能性（準確度）。譬如以下的做法。

假設這裡有兩張照片。第一張照片是一名男子走在人行道上，他的腳前有一片香蕉皮；第二張照片是這名男子跌倒後的照片，他的旁邊有一片踩爛的香蕉皮。如果從第二張照片推斷，最穩妥的假說就是「這名男子是踩到香蕉皮滑倒的」。不過，還是不知道這個假說是否是真的。這名男子也有可能是被石頭絆倒，再順勢把香蕉皮踢飛了；所以，第三張照片出現了。這張照片是香蕉皮的特寫照片，香蕉皮上有清楚的鞋印。這張照片出現之後，「這個男子應該是踩到香蕉皮滑倒」的假說的真實性就更高了。但還是不能斷定到底是不是真的。因為這張香蕉皮的特寫照片，並不能證實就是這個男子所踩到那片香蕉皮。這時就要檢查拍照的時間。結果，發現三張照片的拍攝時間，是同一天且幾乎是同一時刻。因此，這個假說似乎就沒有

問題。

換言之，像這樣邊推敲多個實際的訊息是否有矛盾的情形，邊提升假說的可能性。所提出的假說，可以透過範例的採訪來驗證。也就是向這名跌倒的男子本人確認「是踩到香蕉皮跌倒的」。對於這種口頭上的確認，我們不能否認對方還是有說謊的可能性。但是進行驗證時無需如此懷疑，可以以「這名男子是踩到香蕉皮後跌倒的假說是正確的」作為最後的結論。

進行顧客分析就是用這種形式架構假說。請記住「提出合乎邏輯的假說」。

技巧79　提升假說的準確性

我把顧客分析定位為「架構高準確性的假說作業」。有人針對這種定位提出反駁：「因為是假說，當然不知道準不準。」、「採訪當天，如果不問受訪者就不知道（準不準）」，這種「不問就不知道」的想法，準和不準的機率都各是二分之一。如果機率是二分之一，的確是不問就不知道。但是，現實中的實際狀況是，猜中與猜不中的機率，幾乎都不是各占二分之一。

因為這種機率論的話題比較抽象，所以就用骰子來思考。譬如，如果有人問：「現在我要擲骰子，你認為會出現六點嗎？」這時我可以很明確回答：「不見得。因為從一點到五點都有可能會出現。它們出現的機率是83％。」這時如果提出「擲骰子，六點以外的點數會出現」的假說，準確的機率就會高出很多（83％）。對於這個假說，有人或許會反駁說：「不擲骰子

不知道。」這句話固然沒錯，但這麼說只會讓意見更分岐。

這裡的問題是，像擲骰子這種機率在事前就一清二楚的事情，都姑且有這種問題，如果是像廣告文宣這種有固定故事性的假說，其猜中的機率就更難判斷了。因此，這時的判斷基準就是，「這個假說和前後的事實對照時，是否能夠在沒有矛盾的狀況下水到渠成」。就以前面香蕉皮的照片來說，就是以前後是否有矛盾為基礎架構假說並進行驗證。

簡單來說，就是先針對每一個事項，進行可以提升準確機率的預測，再以這些預測為基礎架構假說。只要用心進行這些過程，就算假說會堆積如山，猜中最上一層「最理想內容（＝範例的章節）」的機率也一定會很高。

只要這麼思考，就不會問：「就算提出假說，但是不準怎麼辦？」因為大家應該要思考的是「該如何做才能提高假說的準確性」。只要多做，就能提升假說的準確度。我現在提出的假說，就比十年前精準了很多。總之，多做假說的練習累積經驗，就會愈做愈精準。

技巧80　只要想成下賭注就會認真思考

要針對每一個假說估計猜中的機率，是一項很麻煩的作業，因此就會有人想放棄，直接表示：「我不知道哪一個是正確的。」而要讓這個人願意繼續思考的最有效方法，就是問一句：「那你賭哪一個？」換言之，就是問自己：「不知道自己提出的假說準不準，如果賭十萬日圓的話，要賭哪一個？」

一想到要賭錢就會認真思考了。譬如，假說是「明年，東京會下二公分厚的雪」。當被問到「你認為真的會下雪嗎？」這時一般人的反應大都是「不到明年不知道」、「是否下雪都無所謂」。但如果要賭十萬日圓的話，就不得不認真思考了。

如果深思熟慮的結果是「我不知道該賭哪一個」，就表示你估計下雪的機率是二分之一。這和擲錢幣，不是正面就是背面的機率是一樣的。不聽天由命試一下，就不會知道結果。

但是，如果你判斷「如果要勉強賭一把的話，下二公分厚的雪比較有可能」，就表示你估計會下二公分厚的雪的機率高於二分之一。這時只要再問自己「為什麼判斷機率會高於二分之一？」就能夠繼續往下尋找假說的根據。請記住「只要想成是賭，就會認真思考」。

技巧 81　進行顧客分析時選受訪者最理想

要製作優質的範例，選擇受訪的公司很重要。在進行顧客分析時，就是選擇受訪公司最理想的時機。只要用心進行顧客分析，自然就能看到讓什麼樣的顧客參與範例的演出，可以產生最大的促銷效果。簡單來說，就是根據顧客的分析選擇受訪企業。不過，這畢竟只是一廂情願的理想論。事實上，大多數的情況還是會去採訪「已答應要受訪的顧客」。總之，就是可以視情況，根據這個原則採取實際的行動。

技巧 82　首先明確決定黑白

　　進行範例的設計時，建議使用二分法理論。所謂二分法理論，就是在猜測什麼、思考什麼時，首先，一口咬定是白還是黑。當然，現實中的一切是無法那麼簡單就切割成黑和白。真實的情況大概可以精準到「黑七十七，白二十三」吧。但要一下子就猜得這麼精準是不可能的。既然如此，不如先決定「黑一百」，然後再逐漸向黑七十七靠近。一開始用黑白來區分的時候，提出意見表示「最終結論是什麼」、「現實不是這麼單純」、「我認為有些不一樣」，是沒有任何意義。總之，首先就從極端的理論開始，然後再慢慢調整至符合現實的理論，這樣就可以在最短的時間內，結束分析作業。

技巧 83　使用能答出「這個詞的定義是什麼」的詞句

　　顧客分析是一種以言語為工具、為材料所進行的設計。這個時候，一定要使用「踏實的詞句」。用「踏實」來形容，是指「就算被問到『你現在使用的這個詞，它的定義是什麼？為什麼你要在這裡使用這個詞？』你也可能明確回答的狀態」。就這層意義而言，我就非常不喜歡用日語的片假名強調或是用三個英文字母組成的詞。譬如，最近遭年輕人濫用的「KPI」。

　　接下來，就透過考察「KPI」這個詞來說明要周密使用詞句的重要性。

　　「這個活動的『KPI』是什麼？」、「就算可以固定掌握一定的效果也沒有用，還是必須要設定『KPI』，才能做出正

確的評價。」「KPI」多半用這種形式出現，但我常覺得怪怪的。因為，「KPI」並不是「憑空想出來的東西」，而是「要從很多當中選出最好的東西（最關鍵的東西）」。「KPI（Key Performance Indicator）」的翻譯是「關鍵績效指標」。這個翻譯聽起來有點沉重，稍微說得淺顯一點就是「關鍵的活動指標」。

誠如「關鍵績效指標」的意思，「KPI」原本是經營分析中的一個名詞。也就是問：「在公司各種數字當中，例如營業額、營業淨利、經常利潤、股東權益報酬率、短期流動流動資金比率、庫存周轉率等，最能顯示公司績效的關鍵績效指標是什麼？」如果能夠回答這個問題的答案是股東權益報酬率，那麼股東權益報酬率就是「KPI」。

換句話說，仔細思考「有那麼多的數字在眼前游移，真正重要的是哪一個」之後，才推論出來的數字就是「KPI」。所以「KPI」並不是「因全無並不好，所以才想設定什麼」而產生一個指標。如果這個指標是在這種狀況下產生的，這個指標是否真的重要就不得而知。

不要說電視的收視率是 KPI

我會認為「KPI」是「從很多數字當中選一個來決定」的另外一個理由是：因為在指標只有一個的世界，不能使用「KPI」這個名詞。譬如，提到電視節目的評價指標，不論你贊成與否，就是收視率，但不能因此就說「電視節目的『KPI』是收視率」。

因為在指標只有一個的世界，使用「KPI」這三個字，聽起來真的很滑稽。

有一次，我看到有人寫「我們公司網站的『KPI』是點閱次數」。意思是說「只要看點閱次數，就知道這個網站是好是壞」、「點閱次數多，就表示這是個好網站」。但是，我真的不明白，這麼說到底有什麼意義。

點閱次數當然是愈多愈好。但是，宣告這就是「KPI」，就如同說：「公司的業績看利潤就知道」、「把營業額當作『KPI』，就知道業務員的好壞」。太刻意宣告理所當然的事，只會讓人覺得無趣、沒有意義。而且，利潤和營業額是最終的結果，並非是判斷的指標。同樣地，對網站而言，點閱次數也是結果而非指標。如果要把「KPI」的概念帶入網站，思考方式應該是「看到○○，就可以預測點閱次數是否會增加」。

技巧84　不要馬馬虎虎的「KPI」

「不管如何掩飾，只有這一部分無法矇混。因此，只要看這一部分，就能知道真實狀況（真相揭露）的指標。」這是我個人給「KPI」的解釋。現在就舉幾個例子。

查稅官說：「不管你們怎麼虛報飯店的營業額，我只要看毛巾、床單、枕巾等備品的採購金額，就知道住宿人數。」
↓
備品的採購數量是營業額的「KPI」

女性說：「年紀可以用化妝、髮型、造型矇騙。但是，只有頸部和手騙不了人。」

↓

頸部和手是辨別女性年齡的「KPI」

資深作業員說：「不會把現場收拾乾淨的人會受傷。」

↓

井然有序是作業員職安的「KPI」

在這一行有幾十年經驗的工匠說：「工作的好壞，只要看一眼「○○的裡面」就知道。」

↓

「○○的裡面」是工作品質的「KPI」

以上是一般常見的例子。接下來，就以大和運輸的「宅急便」為例來思考。我讀小學時，曾經把行李打包成包裹拿到郵局去寄送。我還記得那些要送到親戚家的行李非常重，所以我和爸爸一起扛到郵局。那年是 1976 年，大和運輸公司已經開始做宅急便的服務。如果叫宅急便，貨運司機就會到家裡來收取行李。就在慶幸有這種服務的同時，雖然我的年紀還小，也知道要司機一一到府收件其實並不划算。但是，大和運輸老闆小倉的想法卻不像我們這麼膚淺。他認為「只要增加行李的密度，就可以解決問題」。換言之，「只要增加營業所內處理的行李

數量，而且不讓卡車空跑就可以了。另外，個人客戶行李一公斤的單價，本來就比企業客戶（大宗貨品）高，所以只要能夠超過損益平衡點，就能確保有足夠的利潤」。簡單來說，就是把判斷的指標（KPI），放在「行李的密度」上。

小倉老闆更了不起的是，他沒有對員工說「要提高行李的密度」，而是下達指示：「服務先，業績後。」據說，「他並沒有特別提業績的事，反而對服務的水準有嚴格的要求」。我想小倉老闆的想法是，只要服務好，就能得到家庭主婦的支持，託運的行李數量就會增加，行李數量增加，就可以提升行李的密度。如此一來，營業額自然就會往上攀升。

還有，他還下指示：「車先買，行李隨後」。對這個指示，現場管理階層說：「要增加營業用的車輛不合情理。應該要先增加行李的數量，才能夠回收成本。」聽說小倉老闆當場就回話說：「照你們這種說法，就無法提升服務水準了。總之，首先請先採購營業車。有了車，就可以增加運送量。行李數量增加了，營業額就會提升，成本就可以回收了。」

小倉老闆這番話最令人驚艷之處，就是他還設定了「第二指標」。「以服務為最優先」、「以客人為第一優先」這類的話誰都會說，但「服務第一，業績第二」就沒人敢說。換言之，小倉老闆從很多指標中，選出來的最重要指標是「服務」。為了強調這個第一指標，他還提出了一般人心目中的第一指標「業績」作為第二指標。

以上所舉的「KPI」例子，全都是根據「專業人士的洞察」

而來的。如果將「KPI」定義為「一些不想掩飾的什麼東西」，能夠看穿這一點的只有專業人士。倒過來說，所謂專業人士也可以定義為「能夠設定適當『KPI』的人」。如果再衍生來說的話，也可以說是「看以什麼為『KPI』，就可以知道你這個人的實力」。這是一種「視什麼為『KPI』就是此人實力『KPI』」的雙重結構概念。

要定義適當的「KPI」，需要專業級的技巧，所以千萬不要輕言「這次的措施以什麼為『KPI』」、「嗯，只要看○○數字就可以了」。因為，指標馬馬虎虎，判斷當然也就敷衍了事。

技巧85　使用踏實的言語

針對以上我對「KPI」的說明，有人或許會認為：「這麼鑽牛角尖，太瘋狂了吧！」但是，要透過言語和概念的累積做設計時，為了要提高設計的精準度，就沒有「太拘泥於詞句定義」的說法。我之所以認為「KPI」這個詞有問題，是因為開會時只要用到「KPI」這個詞，僅僅這三個英文字母就讓會議室飄散著一股好似在陳述什麼了不起的意見的氣氛。我猜真實的情形或許是這個人是用「FBI（聯邦調查局）」的心情，在看「KPI」、在說「KPI」，所以才會這麼趾高氣揚。

我不否認，製作宣傳手冊或簡報時用這種時髦的商業用詞，確實可以增添氣氛。但是顧客分析是「根據概念製作的東西」，如果使用只會讓氣氛輕飄飄的詞句，思考的基礎將會不夠穩固。因此，進行顧客分析時，除非非常必要，否則應該要盡量避免

使用「KPI」這三個字,而用「評價指標」、「判斷標準」等既明確又踏實的詞句,才比較能夠提升設計的最終品質。

──────── 應付客訴的方法 ────────

技巧 86　顧客最在意的是和自我形象相稱的程度

製作範例,受訪者(你的顧客)最在意的,就是完成之後的範例內容,是否和自家公司的自我形象一致。所謂「自我形象」就是自己的形象,也就是「我們公司的形象應該是這樣、應該是那樣」。

因此,製作範例,從設計階段就必須要預測受訪者的自我形象,並在這個形象的框框之內思考文章的章節。其實看受訪企業的行業別,就知道他們對自我形象的在意程度。

以下就是非常在意自己的外在形象,而讓範例的表達方式備受限制的一些行業。

技巧 87　限制很多的地方政府、金融機構、醫療機構

地方政府、金融機構、醫療機構等,這些很「硬邦邦」的行業,一定會非常堅持對外的形象要規規矩矩、彬彬有禮。所以範例的內容和表達方式,一定要和這種外在形象一致。金融、醫療這些行業,在一般人的眼裡,本來就是踏實、可靠的行業。所以只要一開始就這麼認定,製作範例就不會發生誤判的意外。

技巧 88 其實「製造業」有許多表達上的限制

最危險的就是，「乍看之下，對外在形象的表達方式好像沒什麼限制，其實限制是異常嚴格」的行業，其中之一就是「製造業」。提到製造業，大家最有印象的應該就是，日本 NHK 電視臺相當受歡迎的一個電視節目《企畫 X ～挑戰者們》。這個節目一開始的狀況並不順利，但因不屈不撓的精神，嘗試了許多錯誤之後，終於讓這個計畫受到肯定，而且節目中的故事更是令人動容。

如果從這個角度去思考的話，製作製造業的範例，好像應該要像寫故事一樣，告訴讀者「業務上有一個大課題阻擋了我們的去路，但是我們勇敢地嘗試了很多的錯誤之後，終於解決了這個課題」。但用這種故事來撰寫範例，極有可能會被對方封殺出局。

製造業大致可區分成最終產品製造商和零件材料製造商。最終產品製造商，就像汽車公司、電器製造商等廠商，製造車子、電化商品等最終產品，再將它們賣給消費者的公司。相對地，零件材料製造商，就是製作要製作最終產品的零件、材料，然後把它們交給最終產品製造商的公司。

對零件材料製造商而言，對外的形象管理，最重要的就是要讓顧客，也就是最終產品製造商，認為「這是一家好公司」。在製造業，所謂的良好狀態，是指做好整理、整頓、清掃、清潔和素養的管理。也就是指，會擬定好的計畫，並按照計畫，有條不紊持續生產活動，並如期出貨，交出符合顧客指定的樣

式、品質、數量的貨品。因此，如果是製作製造業的範例，尤其是零件材料製造商的範例，絕對不能寫和這些外在形象有所偏離的事情。具體來說，就是不能寫「導入前的課題」。

導入產品前有課題，是指導入產品前，是在不夠完善的不佳狀態當中。如果在範例中赤裸裸地把這種狀態寫出來，看見這個範例的交易客戶（最終產品的廠商），可能就會對這家公司產生「原來這家公司以前竟然這麼混亂」的不好印象。這時，向客戶表示「以前混亂，但現在已經改善了」是行不通的。因為就算解釋了，也無助於改變「以前不好」的印象，甚至還可能讓客戶萌生「現在才說改善有蹊蹺，實際情形或許就是現在也不好」的想法。讓往來的客戶留下這種印象，對零件材料製造商而言，一點好處都沒有。因此，導入產品前的課題就算是事實，也不能夠公開寫出來。企業的外在形象比現實的狀況更重要，這是製作範例的一大原則。

那麼，到底該怎麼寫才不會被三振出局呢？就是要把論點放在「導入產品之前，狀況很好（沒有問題）。現在，導入產品之後，狀況更好」。換言之，就是必須要營造「敝公司以前和現在，都規規矩矩做得很好」的印象。最起碼的底線是：「雖然以前普普通通，但是現在愈來愈好了」。

總而言之，為製造業，特別是為零件材料製造商撰寫範例時，電視節目《企畫X～挑戰者們》給觀眾的印象，也就是類似「挑戰困難→經過無數次的失敗→在放棄中找到了希望→最後成功」的故事情節，是不允許出現在範例當中的。請記住：

製造業是有很多表達限制的行業。

技巧89　其實「股票剛上市的新創企業」也有很多表達上的限制

　　和製造業一樣，看起來似乎不太在意外在形象，事實上卻嚴格得不得了的行業，還有「股票剛上市的新創企業」。

　　一般人對新創企業的印象，都是「不墨守成規、不受正式規範約束、喜歡自由發想、產品雖不夠完善先啟用再說、喜歡邊跑邊修正」。因為剛開始我也這麼認為，所以採訪某新創企業時，我就用「專案經過無數的錯誤嘗試之後，終於克服了各種困難、挫折、障礙、公司內部的不協調成功了……」的語調來撰寫範例。我未刻意多做修飾，就照實把實際的情形寫出來，但完成後的範例卻引起該公司公關部的極大反彈。我接受了他們的批評，改用不痛不癢、沒有高低起伏的語調重寫，然後再提出去。那時我心裡的想法是，明明是新創企業，想法卻這麼拘謹古板。但是後來經過一番思考後，我終於明白了，因為那家新創企業在那個時候股票才正好剛剛上市。

　　股票才剛上市的新創企業的公關部門當然不會讓任何不利的形象影響到股價。企業在創業初期或許有暴走失控的部分；但是，公司一旦上市之後，公關部門的人就必須和上市企業打交道。這時他們為了要和一流的企業並肩而行，勢必就得擺脫新創企業的氣質，塑造穩重大方、彬彬有禮的外在形象。所以，不管以前的實際情形如何，公關部的人會利用這次的機會反彈，並為塑造企業的新形象而努力，一點都不足為奇。

這不是好的比喻，但我真的一聽到要採訪的顧客是才剛在股市掛牌上市的新創企業，我就會擔心是否會碰到「帶著小熊的母熊」。因為撰寫範例時，如果不繃緊神經，極有可能會遭到慘烈的逆襲。請記住「股票剛上市的新創企業很恐怖」。

技巧 90　對表達方式限制最嚴格的是「人事部門」

採訪人事部門時，他們會對範例的表達方式提出最嚴格的要求。我就用以下的例子來說明理由。假設，某公司把培訓管理職的課程賣給某顧客。我們受這家公司之託，要採訪這位顧客製作範例。

（1）人事部是公司中最穩重、最可靠、口風最緊、做任何事都是循規蹈矩的部門。也就是說，人事部的自我形象（對外形象）是純潔、端正、美麗的。因此，製作範例時，除了必須尊重這些，也必須描繪這些。

（2）人事是一個公司內部各種意圖、評論、行情、感情會群魔亂舞的領域。人事部也是一個必須處理勞資糾紛等各種齷齪事情的部門。所以人事部所發生的業務課題，其背景一定是既棘手又錯綜複雜。但是，範例絕不能讓人事部純潔、端正、美麗的形象有所打折。

（3）人事部派出來的窗口，為範例接受採訪時，絕不會不經大腦任意發言，而且會從頭到尾都只會談一些純潔、端正、美麗、抽象的正向理論。

（4）如果要把採訪人事部的範例放在網頁上，就理論而言，公

司的職員只要透過搜尋應該都可以看得到。所以一定要把人事部寫得讓公司的一般員工都可以接受。

（5）導入產品前的課題和導入的真正意圖只能一筆帶過去，不能詳細說明。如果寫出「真正的情形是……」這一類的資訊，一般的員工看到恐怕會心生反感，認為「人事部的人跟我們說的這麼好聽，結果他們真正想的原來是這麼回事」。因為在一般員工的眼裡，人事部是一個恐怖到深不可測、不知他們在想些什麼的部門。如果透過範例，讓一般的員工知道了人事部真正的意圖，對公司人事的政策或措施而言，這個範例就是雜音。

（6）在培訓管理職的課程當中，如果闡明範例的內容和意圖，有可能會引起其他員工嫉妒、吃醋等負面的情緒。這對參與培訓的幹部而言，也是一種雜音。

（7）有些公司，人事部和現場工作員工的立場是對立的。譬如，現場人員會抱怨：「人事部又再搞什麼怪訓練了！我們都忙得焦頭爛額了，還搞這種飛機……」在這種狀況下，人事部要得意洋洋大談導入訓練課程的效果就不太適當。

技巧91　對公司形象有諸多限制的行業，只針對「安全區域」撰寫也是一種方法

如果用圖 3-14 做說明的話，就是採訪人事部、製造業時，就只對準中央那一狹小的區域，也就是最理想的那一區塊（◎的部分）進行。如果設計的比往常更精確，就可以狙擊這小小

的理想區塊。如果做不到，就放棄這一區塊，改在有△符號，也就是相對安全的的這一區塊製作範例，也是一種方法。

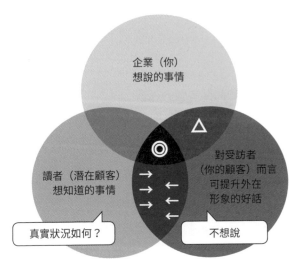

圖 3-14

技巧92　範例不是寫個人而是寫企業

有時客戶會說：「金融機關給人的感覺確實很硬，但那個人心直口快，有問必答。」、「那個窗口是個很風趣的人。」但事實上，窗口的個性，和因顧及企業外在形象而對範例表達方式有諸多限制，並沒有關係。

硬邦邦的公司裡，的確也有風趣或像俠客一般的人。但是，為範例進行採訪時，受訪者（你的顧客）並不是以個人的身分，而是以企業的立場接受採訪的。因此，寫在範例中的言論，並不是受訪者表現個人個性的個人言論，而是完全以企業的角度來發表的言論。

如果從這個觀點深入思考的話，那麼就算受訪者快人快語說了許多心直口快的話，但只要這些話的內容會損及對方的企業的形象，就絕對不能寫。如果用公式來說的話，範例就是「企業的外在形象＞個人」。請記住「範例不是寫個人而是寫企業」。

技巧93　要留意和醜聞有關的事情

這是我製作某公司的範例時所發生的事情。這家公司因過去曾經爆發過醜聞，為了防止醜聞再次發生，所以才導入系統。這時，我就以一般的論調來寫範例的文案。但是委託客戶看了之後馬上反駁表示：「我這個顧客想強調的是，因為現在自己非常重視安全方面的問題，所以才不惜斥資採購這套系統。所以你們應該強調的是，我這位顧客對這方面的用心良苦和積極的態度。」於是我就從善如流，將稿子做了適度的修正。

但是一年後，那家公司又再次發生醜聞。世上之事無法盡如人意，再怎麼防患還是又發生了。製作範例時一定要把這個前提放在心上，不能一味只寫顧客的熱血、熱情。用平常心記述事實才是上上之策。請記住「要留意和醜聞有關的事情」。

第 4 章　採訪

‖ 照著設計提問是基本原則

如果有人問我，請舉出一個採訪時最重要的事項，我會回答：「照著設計提問。」也就是採訪時，要根據運用顧客分析所確立的「理想章節」進行發問。從設計的定義來思考，這絕對是理所當然的事情。任何建築物也都是照著設計圖施工完成的。

我這麼說，或許有人會認為「採訪還要按設計提問，太古板、太拘謹了！」、「採訪不就是要自由發揮、臨機應變嗎？」不過，大家千萬不要被這些話給迷惑了。「自由發揮」聽起來很好聽，但是事實上，很多時候是指漫無計畫、赤手空拳、順其自然的狀況。通常，為範例接受採訪的人，都是一般不擅言詞的職員。如果和這類型的人自由對話，最後極有可能不是以採訪，而是以「單純聊天」的方式結束。

雖說是照著設計提問，可是並不是像機器人一樣用讀稿的方式來問問題。採訪的對象是人，當然必須有一些即興的演出。不過，要讓旁人看起來像是自由對話，必須冷靜計算如何讓採訪的過程照著自己腦中的設計進行。採訪時，一定要弄清楚「現場的水流狀況」。想要在急流中撐船渡江需要企圖心和技術，若非如此，就會被急流沖走。

主題、標準、放輕鬆的三個原則

「照著設計提問」的具體做法就是「照著章節的順序提問」。以第三章所述的「黃金結構」為例，黃金結構除了導入效果之外，其他的全都是依照時間序列來排列。這就表示「只要照著章節的順序提問，就可以很自然地進行採訪」。

具體的例子，譬如，假設用戶 A 公司導入 X 商品，只要循序問以下的問題就可以了。

1. 問「A 公司的簡介。」

2. 問「A 公司如何使用 X 產品？」

3. 問「導入 X 產品前的課題。」

4. 問「是否有列出一張候選產品的單子？」

5. 問「比較候選產品的基準。」

6. 問「X 商品的導入效果。」

7. 問「對 X 產品的評價。」

8. 問「前輩用戶給的建議。」

9. 問「今後的期待、最後的總結。」

接下來，就是順利發問的技巧。我用「主題、標準、放輕鬆」這三個原則來詮釋這個技巧。

原則 1「主題」：發問是權力

所謂主題就是說話的主題。在採訪的現場，「從現在開始要說什麼」這個主題，就是設定以「發問」的形式進行採訪。採訪者為了不讓現場冷場、不讓現場失控，一定要一個接著一個提出適當的問題，並將對方所說的話帶往目的地。採訪者可以讓受訪者自由表達意見，但是主題一定要由自己決定。這是一種「雖然把選擇權給對方，但自己緊握主導權」的狀態；也就是採訪者要透過發問，把主導權緊緊握在自己的手中。

在此，希望大家對「能夠發問是一種莫大的權限」有一番認識。因為發問、提問，本來就是一種「只有處於上位的人，才被允許的權力」。

以一個比較極端的例子做說明。假設天皇陛下舉行園遊會，受邀列席的的都是功勳赫赫的人士。身為主人的天皇陛下，當然會四處走動和這些人寒暄致意。致意時，能夠開口問「最近好嗎」的人，只有天皇陛下，其他的列席者絕不會問天皇陛下這個問題。再舉一個稍微淺顯的例子。假設大家都被叫到董事長辦公室。敲門走進董事長辦公室之後，會開口問問題的人是誰？不用說，當然是董事長。身為員工的你們只有答話的分。不管是在園遊會還是董事長辦公室，主導權都在對方的手裡，不在你們的手中。

從這兩個例子就知道，在公開的場合適合提問的人，只有立場占上風的人。所謂提問、發問，是一種用半強制態度將兩人原本有無限可能的對話，限定在一個特定話題之上的行為；

換句話說，就是一種「區隔的行為」。所以，並不是任何人都可以做的。

為範例進行採訪，雖然氣氛不像在園遊會或董事長辦公室那麼緊張，但是因為必須在行進中向客戶請教，所以仍然是一種「公開的場合」。在這種場合，處於「下位」的人是誰呢？很明顯，這個人就是採訪者。處於「下位」的採訪者，為何能公然大大方方地對著「位處上位」的受訪者提問呢？因為這個場合是以「採訪」為主軸。能夠握有主導權並提問，湊巧是為了要採訪，所以，採訪者還是必須要有自知之明，知道自己是現場處於「下風」之人。

· 能夠提問是一種莫大的權力。

· 採訪者之所以能夠提問，是因為站在採訪的立場。

· 採訪者必須正確使用這個權力。

這麼寫，可能會有點威脅的味道，不過，處在下風的採訪者若採訪得太過笨拙，會一口氣陷入窘境，遭人質問：「你是什麼東西！」如果不想陷入這種困境，最重要的就是要做好「事前的設計」。精心的設計就是一張會把話題帶到目的地的地圖。只要有了這張地圖，就算發生了突發狀況，也可以不慌不忙安然度過。

原則2「標準」：輕輕施「壓」

採訪時，要從對方的口中套出有價值的資訊，「輕輕施壓」、「巧妙地設定回答的標準」，比讓對方放輕鬆更有效。因為不習慣受訪的一般職員，一旦放輕鬆之後，很多人說起話來，不是惺惺作態就是變成閒聊。其實一般人也一樣，只有一放輕鬆，就喜歡「自說自話」。但是，說話的人亢奮，並不表示連看採訪報導的人也會情緒高亢。「呶呶不休，看不懂！」、「這個人到底想說什麼！」不少人甚至看得一肚子火。簡單來說，就是「放輕鬆過了頭，所說的話就不有趣了」。

如果是洽談生意或招待客戶之類，以「讓對方擁有好心情」為目的，就沒有問題。這類的狀況就可以盡量讓對方放輕鬆。但是，範例最重要的利害關係人，不是受訪的、你的既有顧客，而是範例的讀者，也就是潛在顧客。如果真要排優先順序，「潛在顧客排第一，既有顧客排第二」。

因為，受訪者（你的既有顧客）如果在輕鬆的氣氛中只是一直瞎聊天，那就傷腦筋了。因此，採訪者還是必須努力讓受訪者說出潛在顧客感興趣且「有價值的資訊」。

此時，最有效的方法就是「設定對方回答的標準」，譬如「問三個」就是很典型的回答標準。假設你想知道「選擇商品的理由」，這時不是說「請告訴我你選擇這個商品的理由」，而是說「請告訴我三個你選擇這個商品的理由」。如果只說一個理由，對方可能會當場隨便敷衍。但如果是三個的話，就不得不認真思考。這就是「設定回答標準」。只要對方能夠用心

擠出三個答案，這裡面極有可能就有潛在顧客想知道的資訊。把對方的回答寫成文章時，三個理由也比一個理由有看頭。

有人或許會認為，不論是「施壓」或是「設定回答標準」，都不是一種穩健、溫和的做法，這樣對待重要的既有顧客實在太失禮了。有這種感覺其實是對的。如果沒有任何顧慮只是一味提出高壓問題的話，就真的會讓對方產生壓力而心生不快。為了避免這種狀況發生，對於提問的方法和所營造的氣氛，還是要十分留意。

我個人是習慣「愚笨地問高壓問題」。譬如，若我想問「請告訴我三點，和這個商品相關的評價」，我會說：「這個商品您已經使用過了，請告訴我這個商品的三個優點和三個缺點。」這時，我會邊伸出右手手指邊說「三個優點」，再伸出左手手指講「三個缺點」。這麼做是希望能夠營造「我是小呆瓜」的氣氛，藉此緩和問題咄咄逼人的感覺和壓力。就如前所述，在現場，採訪者是處於「下位」，所以就算要提出高壓的問題，也不能擺出高壓的姿態。

當然，「裝笨賣傻」並不是唯一的方法。有時，我還會視狀況扮演「二百五」、「小丑」或「開心果」的角色。大家也可以透過適合自己的角色扮演來緩和採訪現場的壓力。

這種「輕輕施壓」的提問技巧，難的不是施壓，而是緩和壓力。「為了施壓而問三個」，是一種基本的技巧。但是要「靠演技來緩和壓力」，就得思考什麼角色該用什麼樣演技。

這裡我所謂的角色，不是指你內心的角色，而是指對方眼

中的角色；也就是對方眼中所看到的外在、氣氛、屬性等。譬如，你是男性還是女性、你的年齡有多大、你的說法方式如何、你的外貌長相如何、你是哪個部門的、你的立場是什麼等，根據這些來思考如何演出。總之，要提出有壓力的問題，一定要扮演好稱職的緩和壓力角色。

原則 3「放輕鬆」：說明宗旨最強大

為範例進行採訪時，讓受訪者放輕鬆非常重要。那麼，要怎麼做，才能讓受訪者放輕鬆呢？

據說，初見面時，想解除對方的緊張感，最有效的方法就是「暖身」；也就是不要突然切入正題，先開個玩笑或先聊聊天。一般都是先談天氣或聊一點業界的八卦。

但是，我個人為範例進行採訪時，一開始並不會先暖身。當然，我會在自然的氣氛中輕鬆交談，但基本上我不會說廢話。我之所以一開始不先暖身，是因為我認為暖身需要高度的即興演出能力，我有可能會適得其反，所以這一招並不適合我。

我是個凡事都講理的人，尤其擅長為對話做總結。但是，我日常的溝通能力並不高，閒聊時幾乎無法隨機應變。為範例進行採訪必須和各行各業、各種位階的人談話。社交手腕並不高明的我，面對各式各樣的人時，我並不認為每一次都能夠順利暖身。而且仔細想想，如果我採訪的人是企業的老闆，用開玩笑的方式暖身，其實既輕率又失禮。如果我採訪的人是位年輕的女子時，我這個中年大叔，更是不可能做到完美的暖身。

　　雖然我基於以上的理由不做暖身的動作，但我也絕不會不做任何前置作業，就在訪問的時候冷不防地切入正題。在採訪的一開始，我一定會先「說明宗旨」。或許有人會認為「說明宗旨何其平凡」。但是，我在採訪的技巧之中，最重視的就是說明宗旨，而且還花了很長的時間設計周密的腳本架構。

只要說明宗旨就能適度消除對方的不安

　　為什麼顧客為範例接受採訪時會緊張呢？因為「他們不知道接下來到底要做什麼，不知道自己會遭遇到什麼樣的狀況」，所以會惶惶不安。

　　「他們到底要幹什麼？（為範例進行採訪到底是怎麼一回事？）」

　　「完成的範例要刊載在什麼地方？（如果刊載在怪怪的地方可就頭痛了。）」

　　「在刊載之前會讓我們先檢視嗎？（沒有告知就突然刊載會有麻煩的。）」

　　透過說明宗旨就可以將這些不安一一消除。暖身只可以緩和氣氛，但說明卻能夠消除對方內心的不安。

每次都可以用同一種模式說明宗旨

　　暖身必須視現場的氣氛即興演出，至於說明宗旨，則每次只要用一個普通的模式就足夠了。無論對手是什麼行業、什麼職位的人，基本上我都是同一種模式說話。

只要說明宗旨就可營造適度的緊張感

為範例進行採訪時，為了要從受訪者口中套出有用的資訊，只讓對方放輕鬆還不夠，有時視狀況，還必須讓現場出現一點緊張的氣氛。在採訪的一開始，如果要正式說明宗旨，可以先說一句「從現在開始我們要做的不是聊天，而是為第三者（讀者）進行採訪」，就可以營造健康的緊張感。而且，只要從說明宗旨開始，接下來的三分鐘，就是說話的人和周圍聽眾的專屬時間。採訪者必須區隔出場子，才可以開始進行對話。

即如前述，採訪者是採訪現場居於「下位」的人。說得誇張一點，說明宗旨其實就是，採訪現場中的最下位者要藉著區隔場子，為自己製造立場的一種儀式。採訪者要想把採訪的主導權握在手中，三分鐘的說明宗旨非常重要。

說明宗旨的順序

說明宗旨不但不需要即興的溝通能力，而且只要用同一套談話腳本，不管對方是什麼樣的人都可以得到一定的效果。從這個觀點來看，說明宗旨也可說是本書所闡述中，效果重現性最高的的技巧。

以下，將說明我個人平時說明宗旨時所用的說話腳本。

說明宗旨的整體結構

說明宗旨所需要的時間大約是三分鐘。整體的結構如下：

1. 打招呼

2. 提示樣本

3. 說明用途

4. 解除限制

5. 告知可事前先核對

接下來，我將透過「說詞」、「宗旨和目的」、「預期反應」這三點，來說明以上五個項目。所謂「說詞」，就是談話腳本、所說的話。「宗旨和目的」就是在這裡要說這些話的理由和目的。「預期反應」則是猜想對方在心中會這麼想。

1　打招呼

【說詞】「謝謝你百忙中抽出時間。」

【宗旨和目的】只要進入社會，見到人，理所當然一定會先打招呼。就算之前曾經聊過天，也要再次透過寒暄致意，讓交流模式從閒聊轉成採訪，就可以營造健康的緊張感。

【預期反應】雖說從打招呼開始對話並沒有格格不入的感覺，但是對方或許還是會因為「不知道接下來要從何開始」而覺得微微不安。

2　提示樣本

【說詞】「我今天是來為導入範例進行採訪的。我想做的就是這個（在此要拿出範例樣本讓對方看）；我想用這種方式製作

範例。」

【宗旨和目的】一定要消除受訪者心中的不安和「你們到底想製作什麼」的疑問。提示樣本時，不論是用紙本的宣傳手冊或是透過電腦的說明來提示都可以。只要讓受訪者看過樣本，之後就不會被客訴「我不知道是要製作這種東西」。另外，也要不著痕跡地暗示受訪者今天要拍照。總之，一個樣本勝過百句話。

【預期反應】「原來是要做這種東西。只要看一眼就明白了。」猜想受訪者看過樣本後，應該就會安心了。不過，受訪者對於「完成後的作品會刊載在何處或如何使用」可能還是會有疑問。

3　說明用途

【說詞】「關於完成後的範例所刊載的地方和用途，首先，我們會刊載在敝公司的網頁上。另外，我們還會印在宣傳手冊當中，當作接洽客戶時的業務資料使用。」

【宗旨和目的】誠實、精準地告知刊載處和使用的形態。

【預期反應】因為已經針對「如何使用」這個疑問精準回答，所以可以期待受訪者能夠更加安心。而且透過這個回答也可以讓受訪者明白「完成的範例不會刊載在雜誌上，也不會用在廣告上面」。

【說詞】「因為這就是我們的使用形態，所以製作範例的最終目的，可說是為敝公司擴大行銷，也可說是在做廣告宣傳（要說得謙虛一點）。」

【宗旨和目的】謙虛（但一定要明確）告知，製作範例的目的是

為了擴展業務。

【預期反應】這麼說，雖然可以讓對方暫時認同「是為了宣傳」，但可能也會讓對方認為「在採訪當中，必須為這家公司說好話，真麻煩！」

4　解除限制

【說詞】「但是，你不需要刻意誇讚敝公司。」

【宗旨和目的】告知對方「你可以自由發言」。

【預期反應】可以期待受訪者能夠安心，覺得「太好了，這樣就不會麻煩」。

【說詞】「請根據事實、根據真實的狀況說。」

【宗旨和目的】簡單指示「請說事實」，輕輕施壓。

【預期反應】可以讓對方明白：說出事實是理所當然。同時，也可以給對方一點緊張感，知道「這不是閒聊，自己必須要想出『事實』才能說；今天果然是來採訪的」。這時，對方心中應該還會出現一種聲音：「要說事實，就表示不是什麼事情都可以說。而且我還必須顧忌我們公司的外在形象……」這種不安，可以用下面的說詞來消除。

5　告知可事前先核對

【說詞】「還有，就是文稿在公開之前，一定會讓您先核對。」

【宗旨和目的】對方最忐忑不安的就是「文稿被任意公開」，所

以一定要明確抹去這種不安。在說明宗旨當中，這也是最重要的一句話。

【預期反應】「我最擔心的就是突然被公開；他這麼說，我就放心了。」可以預期對方會這麼想。

【說詞】「諸如『這種事不能說』、『不小心說溜嘴，希望你不要寫』、『這裡的表達方式可能有點……』之類的。」

【宗旨和目的】在說明宗旨當中，最重要的一件事，就是要告知可事前先核對。為了慎重起見，可以舉幾個具體的例子。

【預期反應】預期對方應該會認同地發出「嗯嗯」聲。

【說詞】「寫的時候我會盡量小心，但是……」

【宗旨和目的】說一句「文稿可以事前先核對」，其實就是在解釋「要怎麼寫是我的自由，但是寫完之後一定會讓你先核對」。而且為了讓核對之後的誤差縮小到最小的範圍，採訪者還要放低姿態，表示「自己絕對會小心地寫」。

【預期反應】對方應該會心想：「謝謝，謝謝你這麼替我著想！」

【說詞】「總而言之，因為在公開前可以先核對，所以今天就請安心地暢所欲言吧！」

【宗旨和目的】用輕輕簡單一句「請放輕鬆，暢所欲言吧」做收尾。

【預期反應】對方應該會想：「好吧！我就放心說吧。反正，之

後還可以核對。」

　　說明宗旨的談話腳本就到此為止。之後，就可以開口說：
「那麼，我要開始採訪囉。我的第一個問題是⋯⋯」

　　說明宗旨時，千萬不要像機器人似的硬邦邦照本宣科。照
本宣科會讓人覺得壓力好大。在每段發言間，要邊看對方的反
應邊說話。

　　接下來，我把說明宗旨的談話腳本完整歸納整理於下：

「謝謝你百忙中抽出時間。」

「我今天是來為導入範例進行採訪的。我想做的就是這個
（在此要拿出範例樣本讓對方看），我想用這種方式製作範
例。」

「關於完成後的範例所刊載的地方和用途，首先，我們會刊
載在敝公司的網頁上。另外，我們還會印在宣傳手冊當中，
當作接洽客戶時的業務資料使用。」

「因為這就是我們的使用形態，所以製作範例的最終目的，
可說是為敝公司擴大行銷，也可說是在做廣告宣傳（要說得
謙虛一點）。」

「但是，你不需要刻意誇讚敝公司。」

「請根據事實、根據真實的狀況說。」

「還有，就是文稿在公開之前，一定會讓您先核對。」

「諸如『這種事不能說』、『不小心說溜嘴，希望你不要寫』、『這裡的表達方式可能有點……』之類的。」

「寫的時候我會盡量小心，但是……」

「總而言之，因為在公開前可以先核對，所以今天就請安心地暢所欲言吧！」

「那麼，我要開始採訪囉。我的第一個問題是……」

這種腳本所使用的措詞和細膩的表達方式，可以視每個人所要扮演的角色進行微調。不過，我建議，所要傳達的資訊和傳達的順序，原則上還是根據這個腳本來進行。

「採訪」的技巧集

技巧 94　迷惘時要低調

　　採訪時，應該用什麼口氣、語調、音量說話呢？以我個人來說，在開場的階段，我會盡量小心「輕聲細語」。當然，輕聲細語可不能聲音小到聽不見。如果能慢慢地、穩重地、光明磊落地說話最理想。但是，以我的能力和角色來說，我實在很難擺出像「能幹企業家」那種態度。還是乖乖說話，比較不會跌得人仰馬翻。因此，首先，我會打安全牌。我認為為範例進行採訪，最好能夠先確保「不會被嫌棄」，然後再設法進階到「獲得好感」。

　　說話的模式要配合自己的角色設定判斷的基準。因為我自己是個很容易得意忘形的人，所以我自己判斷最佳的控制之策就是「輕聲細語地說」。請記住「迷惘時要低調」。

技巧 95　不要提要拍照，只要默默擺好相機

　　走進受訪企業的會議室坐上椅子之後，就把電腦、錄音筆等採訪所需的工具拿出來做準備。這時，要連同相機也一起放在桌子上。目的是用透過無言的方式，告訴受訪者今天採訪之後要拍照。

　　千萬別直接開口對受訪者說：「今天要拍照。」因為受訪者聽到這句話，極有可能會反射性地拒絕表示：「不，我不拍照。」因此，什麼都別說，就把相機直接拿出來放在桌上最安全。

請記住「不要提要拍照，只要默默擺好相機」。

技巧96　用錄音筆錄音沒問題

　　以前，我在範例研討會中當講師時，曾有學員問我：「要用錄音筆錄音時，要先徵得對方的同意嗎？」以我來說，我不會開口問：「我可以用錄音筆錄音嗎？」我會把錄音筆拿在手上，透過動作或眼神告訴受訪者我要錄音。到目前為止，這種做法我還沒踢到過鐵板。請記住「用錄音筆錄音沒問題」。

技巧97　記錄的方式因人而異

　　我在進行採訪的時候，會把電腦放在眼前，邊訪問邊敲鍵盤。這是個人好惡的問題，所以做筆記、做紀錄的方法可以根據個人的喜好來決定。

技巧98　搶先取得主導權

　　美國的企業家在初見面時，都會笑嘻嘻地走上前去，緊握著對方的手，看著對方的眼睛寒暄致意。據說，這麼做是為了要透過打招呼的方式取得主導權。姑且不論這個做法是否很極端，但這種想法確實有值得我們學習的地方。

　　事實上，在採訪的場子裡，凡事都自己先主動出擊，確實比較容易取得該場子的主導權。取得主導權並不是要炫耀，而是要讓受訪者可以自由暢所欲言。也就是說，為了要讓受訪者擁有自由和選擇權，採訪者一定要把主導權握在自己的手上。

首先，由我們自己先主動打招呼，就是一種非常有效的方法。在工作手冊上，能夠具體實現這個動作的就是「說明宗旨」。請記住「搶先取得主導權」。

技巧99　自家公司的幹勁沒有說的必要

採訪一開始先說明宗旨，是為了要消除受訪者內心的不安。但有人在說明宗旨時，會長篇大論地說：「現在，敝公司為了要做好行銷，非常重視顧客的聲音。我們希望能夠透過這次的範例，提升顧客對產品的認知程度………」其實真的沒有必要這麼說。因為貴公司的行銷計畫和受訪者沒有關係，所以就算你講了這麼多的話，也無助於消除受訪者內心的不安。

技巧100　章節等於問題項目

照事前的設計問是大原則。因為在進行顧客分析時，已經確立了「理想章節」。只要把章節的語尾變成問句，就是要提問的問題項目。譬如，章節是「產品的選擇基準」，要提問的問題就是「產品的選擇基準是什麼？」請記住「章節等於問題項目」。

技巧101　事前送過去的問題只是一般問題，所以沒問題

在採訪之前，有的顧客會表示「希望能先告訴他們當天要問的問題」。老實說，這時只要把前面說的「章節語尾變成問句」送過去就可以了。不過，建議最好不要這麼做。因為章節當中，

像「前輩用戶的建議」之類的內容，第一次看的人未必會看得懂。

因此，如果碰到這種狀況，只要送上一般性的問題就可以了。譬如，「貴公司的簡介」、「導入產品前的課題」、「選擇產品的來龍去脈和理由」、「導入效果」等就是一般性的問題。實際採訪時，再照著顧客分析的內容提問，並不會產生什麼嚴重問題。請記住「事前送過去的問題只是一般問題，所以沒問題」。

技巧102　標準解答乏善可陳

顧客之所以會在事前要求看問卷，是因為擔心受訪時他們不知道該如何回答。先知道問卷內容，就可以先練習如何回答。但是，「事前想好的回答」都是模範生等級的標準答案，沒有一點趣味可言。為了避免這種狀況，最好不要在事前就告知詳細的問卷內容，只要送上一般性的問題帶過去才是上上之策。請記住「標準解答乏善可陳」。

技巧103　一旦把回答寫在書面上就無法視而不見

有一次我為範例進行採訪時，客戶事前先把所有要問的問題都告訴了受訪者，受訪者就用文字處理機把要回答的內容全都打在好幾頁的紙張上。老實說，這些內容全都中規中矩，無趣到了極點。但是，一旦受訪者製作成書面交給你，你就不能視若無睹了。因為不把書面當回事自由發問，會對受訪者很失

禮，所以我只好死心斷念，讓整場採訪照著書面的回答來進行。
這是一種主導權完全握在對方手裡的狀態，這種狀態真的非常
糟糕。為了避免這種窘境，事前不透露詳細的問題內容最安全。
請記住「一旦把回答寫在書面上，就無法視而不見」。

技巧 104　雖有可能會踢到鐵板，但不妨拜託受訪者把相關的書面文件帶來

如果受訪企業的窗口是個務實型的人，或許會問：「採訪
當天我們要先準備什麼資料嗎？」這時我想你可以回答：「什
麼都不需要準備。」因為不好意思給受訪者增加麻煩。

不過，也有例外。雖然有可能會踢到鐵板，但這時你不妨
試著拜託受訪者把申請產品的書面文件帶來。因為，這類的文
件上面應該會有一些非常實用的數字，譬如向上級說明導入產
品效果時的一些預估數字等。這些為選擇產品而跑完流程的文
件，可是資訊價值非常高的一級資料。

技巧 105　採訪要善用時間序列

為範例進行採訪時最強的提問法，就是根據事情發生時間
來提問的時間序列型提問法。因為用時間序列發問，被問的人
易於回想，也易於回答。採訪時，難免會問到一些導入前的課
題、當時選擇產品的基準等「往事」。一般人對往事，通常不
是不記得，就是記憶模糊。但是，只要根據時間序列來問，已
經淡薄的記憶就會慢慢復甦。

技巧 106　顧客並非隱瞞只是不記得

有人曾經問我：「為範例進行採訪時，客戶的回答都很制式。要怎麼做才能套出客戶的真心話？」不過，要問這個問題，必須先假設「顧客有心隱瞞」，但這個前提是不正確的。如果雙方是在談判或交涉嚴酷的條件，顧客一定會努力不讓對方的業務負責人察覺到自己真正的心聲。但是，為範例進行採訪，沒有人會這麼認真。就算受訪者不是個乾脆爽快的人，只要採訪者開口問，受訪者多半都會敞開心門回答。他們之所以只給制式的答案，純粹只因他們忘了從前的事情。有人問，他們必須回答。雖然他們會在現場思考，但是回答的大半都是一些像樣板般，既安全又無趣的內容。要避免這種狀況發生，一定要用心用「5W1H」，從對方口中問出真實的訊息。而且，要讓對方順利想起這些真實的訊息，最好的方式就是用時間順序提問。請記住「要讓對方想起來就用時間序列」。

技巧 107　以「被遺忘是理所當然」為前提

對促銷方而言，至少在平日上班的白天，自家公司的商品都是大家最關心，而且存在感十足的品項。但是，對顧客來說，你公司的商品只是「他們許多採購商品當中的一個」，所以在日常生活中，會幾乎忘了這個商品，在顧客的心中，你公司商品的存在感幾乎等於零。因此，和顧客對話時，應以「被遺忘是理所當然」為前提。

技巧108　一說謊馬上就會被時間序列抓包

用時間序列提問，對方很難敷衍了事。因為，只要一隨便回答，馬上就會前言不對後語。矛盾一浮上檯面，回答的人就會很沒面子。只要是人，都會希望自己的發言能夠始終如一。因此，只要善用時間序列，對方自然就會說出真正的狀況、有事實依據的資訊。請記住「一說謊馬上就會被時間序列抓包」。

技巧109　首先要讓時間回溯到課題發生時

如果要用時間序列提問，就從「往事」開始說起。但是，該回到多久之前的往事呢？如果是B2B範例，就回溯到「顧客開始感覺有問題的時間點」開始談最恰當，因為B2B的商品就是為解決課題而導入的。

技巧110　可用「什麼時候」這個問句來提問

要問「往事」有個訣竅。一開口就問：「一開始您覺得出了什麼樣的問題？」這是不佳的做法。因為，這種問法會讓對方從現在的角度去回顧以往。如此一來，對方給的回答，極有可能只有總結而沒有內容。我個人通常會這麼問：「某某先生（女士），請問您大概是在什麼時候察覺到這個問題的？這件事情的來龍去脈、契機……，您覺得怎麼樣？」

這個問句的重點在「什麼時候」，也就是詢問時間。對方被這麼一問，一般的反應都是，瞬間先露出心虛的表情，接著眼睛斜著往上看，然後開始思考，過了一會兒才回答：「我想

應該是 2008 年的時候……」

「過了一會兒」是重點，因為這一會兒的時間，對方在思考。對方讓自己腦袋中的時鐘指針，以逆時間的方向朝過去迴轉，然後迴轉到開始感覺有問題的那一瞬間，指針就停止不動了。於是，「我想應該是 2008 年的時候」的答案就出現了。請記住：可用「是什麼時候」這個問句來提問。

技巧 111　慢慢調成順時鐘方向，再使用時間序列

先用「什麼時候」這個問句提問，讓對方的記憶時鐘逆向轉回到過去的時間點之後，再順時間運用時間序列，問「後來如何」、「接下來如何」；也就是，讓已逆轉回到過去的時鐘指針，慢慢再朝著順時鐘的方向返回現在。請記住「慢慢調成順時鐘方向，再使用時間序列」。

技巧 112　時間序列最重要的是一開始

運用時間序列提問時，以順時間的方向詢問非常容易。因為只要問「之後如何」、「接下來如何」就可以了。重要的是，「可以讓記憶回到過去的逆時鐘方向問句」。如果這一點做得不夠確實，就無法讓對方的記憶精準地回到過去那個時間點。如果一開始就模糊不清，之後根據時間序列提問，所得到的回答也一樣曖昧不明。也就是說，如果問：「一開始您覺得出了什麼樣的問題？」這個問句乍聽之下的確很有商業氣勢，但讓記憶時鐘指針逆轉的力量卻很微弱。就算有可能會踢到鐵板，

「是什麼時候」這句問句還是最強的。請記住「時間序列最重要的是一開始」。

技巧113　「什麼時候」這個問句因普通所以好用

我之所以認為「什麼時候」這個問句好用，是因為乍聽之下是一個很普通的問句。譬如，「當初是出了什麼問題？」、「你們是基於何種想法，才會想到要努力解決這個問題？」這一類單刀直入的問句會讓人有壓力。聽到這種問句，對方當然會認真思考並帶著壓力回答。但是，在有壓力之下聽到的回答，大多不自然而且很無趣。不過，不著痕跡地問一句：「這是什麼時候的事？」因為很普通，對方就不會覺得有壓力。讓對方覺得「沒關係，用平常心回答就可以」很重要。

技巧114　用提問「什麼時候」把負責的窗口拉進來

假設受訪者有三個人，一個是直屬上司，兩個是負責的窗口。在這種狀況下，基於禮貌，要向直屬上司提問比較妥當。但是，就一般常識而言，真正能夠提供優質訊息的人，應該是兩位負責的窗口。直屬上司所說的話，通常從始至終都只是個大方向，聽起來很冠冕堂皇卻很無趣。雖然採訪者真正想聽的是窗口所說的話，但礙於禮貌，就是先詢問上司。事實上，這時，「什麼時候？」這句問句就可以派上用場了。只要巧妙運用這問句，就可以不著痕跡地讓窗口參與採訪。最理想的進展過程如下所述。

採訪者：「王主任，請問您大概是在什麼時候察覺到有這個問題的？這件事情的來龍去脈、契機⋯⋯您覺得怎麼樣？」

直屬上司王主任：「這個嘛⋯⋯（想了一下之後，面向負責的窗口）小陳，這是幾年前的事情啊？」

窗口小陳：「這是公司搬遷之前的事，我想應該是 2008 年。」

採訪者：「原來是 2008 年。那麼⋯⋯（對著窗口小陳說話）」

只要這麼做，自然就能讓負責的窗口融入採訪當中。之後，再用時間序列來提問就可以了。換句話說，雖然同時問直屬上司和窗口，但主要的答話者會是對工作現場最為了解的窗口。如果是「歸納整理」型的問題，就丟給直屬上司發言。請記住：用提問「什麼時候」把負責的窗口拉進來。

技巧 115　問句要平凡，語氣要呆萌

我要問有關時間的事情時，會刻意避開尖銳的語氣，而用嘮叨的呆萌語氣問：「王主任，請問您大概是在什麼時候察覺到有這個問題的？這件事情的來龍去脈、契機⋯⋯您覺得怎麼樣？」除了「什麼時候」之外，我還會在問句當中混入「來龍去脈」、「契機」，並讓問句的語尾聲音聽起來模糊不清。如果單刀直入直接問：「您意識到有○○問題是在何時？」這樣的語氣太過尖銳，會讓對方不知所措，懷疑：「為什麼會突然問到時間？」因此，請記住「問句要平凡，語氣要呆萌」。

技巧116　就算是陳年往事也可以談得很起勁

　　用時間序列提問，除了能讓對方在回答問題中，想起已經遺忘的往事，還能夠愈談愈起勁，愈談愈快樂，就如同「說到這個，那個時候我們……」、「沒想到咻一下四年就過去了……」的感覺。只要把採訪帶入這種模式中，自然就會愈談愈起勁。請記住：就算是陳年往事，也可以談得很起勁。

技巧117　加入讓時間明確的問句會讓話題更緊湊

　　「接下來怎麼樣了？」、「然後呢？」類似這種用時間序列的提問中，偶爾加入讓時間明確的問句，會讓話題更緊湊。只要有明確的年月日，事情的前後關係就會跟著明朗。想讓受訪者正確地想起從前的事情，用這一招非常有效。

技巧118　提問就是在製作年表

　　用時間序列提問，就是在製作「從發生課題到選擇產品、導入產品的年表」。這時，年表上的每個項目都必須是在「互不遺漏、互不重複、互不矛盾」狀態之下。請記住「提問就是在製作年表」。

技巧119　有時拐彎抹角提問，有時清楚明確提問

　　為範例進行採訪有兩種問法。一種是「滯鈍型」的問法，另一種是「尖銳型」的問法。滯鈍型的問法就是嘮嘮叨叨問一連串的事情；譬如，「……察覺到有問題是什麼時候？事情的

來龍去脈如何？契機又如何？」而尖銳型的問法顧名思義就是只針對一件事情單刀直入；譬如，「為什麼你們要這麼做？」滯鈍型的問句除了問「如何如何」之外，有不少人也會說：「關於……，您的感覺是……」讓問句的語尾漸漸地無聲淡去；換言之，就是沒有完整結束這個問句，藉此催促受訪者要接著繼續往下說。簡單來說，就是逐漸淡出，然後把棒子交接給受訪者。相對於滯鈍型的問法，尖銳型的問法就是直接說：「這是為什麼？」這種問法帶點強迫的味道，會給人「我問的那麼乾脆，也請你明確回答」的感覺。採訪時不妨視情況，分別使用這兩種問法。請記住「有時拐彎抹角提問，有時清楚明確提問」。

技巧120 談論的主題是可以控制的

採訪時，雙方最好能夠熱烈交談。但是，交談有許多的不確定因素，譬如，對方是否喜歡談話、你和對方是否投緣等，所以有時交談會陷入冷場。當交談的狀況很熱絡時，雙方的焦點就放在所談論的主題上；也就是「會因某個話題而愈談愈起勁」。如果是為無關之事而談得很起勁的話，就是一種令人遺憾的興奮。不過，採訪者能夠控制「談論的主題（即是為何事談得那麼起勁）」，因為採訪者可以透過問句來設定談論的主題。請記住「談論的主題是可以控制的」。

技巧121 提問伴隨著特權和壓力

提問是一種「決定對話主題」的行為，所以它是一種很了

不得的特權。但是這種特權卻伴隨著責任和壓力。因此，若不先透過精確的問句，設定讓採訪現場所有人員都能認同的「主題」，那麼就會讓自己陷入被質疑「為什麼要問這件事」的窘境。請記住：提問是一種伴隨著義務的特權。

技巧 122　能說明理由就能夠獲得回答

為範例進行採訪，就是「詳細問清楚過去的事實」。所謂過去的事實就是指，「那時所發生的事情、那時所做過的事情、那時所想的事情」這三點。但是，一般人談話時，很不習慣被人問到這個事實、那個事實，有時甚至還會起疑，認為：「莫非這個人話中有話？」當採訪者察覺到這種氣氛時，一定要馬上說明「問這個問題的理由」、「問這個問題的必要性」。只要這麼做，就可以取得對方的諒解，並讓對方按照你的意思回答。簡單來說，就是採訪者隨時都要有向對方說明為何有此一問的心理準備。因此，提問應該要根據顧客分析來進行，因為只要照著事前的設計提問，就能夠輕鬆說明提問的必要性和提問的根據。請記住「能夠說明理由，就能夠獲得回答」。

技巧 123　人不喜歡沒有理由的勞動（即使是小事一樁也要有理由）

有兩個工匠在砌磚。一個人是一臉無趣，一個人是一臉高興。問他們兩位：「為什麼在砌磚？」一臉不悅的工匠吞吞吐吐地說：「這個嘛，實在是……」一臉喜悅的工匠雀躍地回答：

「我在為孩子們蓋教室。」這兩個人做的工作雖然都一樣，但是滿足感卻大相逕庭。一個覺得迫於無奈、沒有意義；一個認為有意義、做起來神采奕奕。

不過，行動的理由並不需要誇張地和「意義」扯上邊。某運輸公司因員工違規超速的問題非常嚴重，所以就提出一個口號：「降低吧，速度！」但是效果不如預期。於是，公司就把這個口號改成「降低吧，速度！提高吧，薪水！」結果違規事件馬上銳減。老實說，我認為「提高吧，薪水！」只是諧音的一句俏皮話。但是聽到這個口號，的確就會「想降低速度，開慢一點」。行動必須要有理由，而且是什麼理由都可以。

為範例進行採訪也一樣。必須要向對方提示一個對方要「回答的理由」。回答問題是一件勞心勞力的麻煩差事，如果沒有一個理由，對方一定無精打采。當然，如果你的理由是「因為我想知道」，你的任性也只會讓對方退避三舍。我認為最好的理由就是「為了讓讀者容易理解」。因為只要提到要幫助別人，就會有行動的幹勁。

技巧124　不時歸納，好處多多

在採訪中，我會說「我先整理一下到目前為止的重點……」，然後把之前採訪的內容先做個歸納總結。換言之，我這個採訪者除了提問之外，還會發聲做個歸納總結。這非常重要。首先，透過歸納整理，可以很有邏輯地掌控對話的方向，避免話題越線踩到地雷；其次，透過歸納整理，還可以繼續保

持採訪的主導權；總之，開口做歸納總結，可以讓採訪的內容
更深入到採訪者和受採訪者的記憶裡。撰寫文案時，這些記憶
都是重要的材料。換言之，稿件的製作其實從採訪那一刻就已
經開始了。請記住「不時歸納，好處多多」。

技巧 125　就算會丟臉也要做歸納

採訪時一定要做好歸納。如果所做的歸納離題了，有可能
讓受訪者瞧不起，認為「這個人什麼都不懂」。換言之，做歸
納整理，其實是冒著風險，不過，我還是建議大家還是得總結
問題。如果你做了錯誤的總結，就算會因此而被瞧扁，對方頂
多也只會說一句「不是這樣」，再要求你修正錯誤。與其讓採
訪一直錯下去，不如稍微先丟臉一下，再讓採訪回到正軌上。
請記住「就算會丟臉，也要做歸納」。

技巧 126　勿說：「不要有任何顧忌，請說說您的高見！」

採訪時，最常聽到的一句老套的口頭禪，就是「不要有任
何顧忌，請說說您的高見！」我個人絕對不會說這句話。不要
有任何顧忌，就是肆無忌憚的意思。跟對方說這句話，會被解
讀為「不論是批判、罵人的話都可以說」，所以對方在接受採
訪時，極有可能會爆發對商品的不滿。為範例進行採訪，是一
種為了製作廣告文宣而進行的採訪，所以會希望受訪者親口說
出「事實」和「有事實根據的讚美」。批判、不滿，固然可以
當作今後改善的參考資料，但是對製作廣告文宣來說，卻完全

無用。基於這個前提，最好不要說會鼓勵受訪者「肆無忌憚」表達不滿的話。

技巧 127　勿說：「什麼都可以談！」

「今天就放輕鬆，什麼都可以談！」這也是一句很八股的話。雖然有人贊成，也有人反對，但我也不會說出這兩句話。因為這兩句話一出口，受訪者極有可能會散漫，讓之後的對話陷入一發不可收拾的閒聊中。請記住：什麼都可以談，會流於閒談。

技巧 128　明確告知「是為廣告宣傳來採訪的」

採訪一開始說明宗旨時，就告訴對方：「今天製作範例的最終目的是為了廣告宣傳。」關於這部分，有人認為「這麼說會讓人產生反感」或是認為「沒必要說得這麼露骨」。所以這也是一個有人贊成、有人反對的問題。不過，我認為還是說比較好，最大的理由是「因為這是真的」。為範例進行採訪，不是為了報導而專程採訪態度中立的顧客，而單純只是為了製作廣告文宣。我認為採訪時，最好雙方都能有這個共識。

順便一提。一說「是為了廣告宣傳」，不少受訪者會露出「是啊，說的也是」的表情。不只是表情，會直接說出口的人也不在少數。總之，光明正大說出這個重要的前提，就能讓彼此先有共識。不過，雖說是為製作廣告文宣而進行採訪，但也不希望對方說出來的讚美是輕佻的。我們自始至終想知道的，

都只是真實的資訊，所以說明宗旨時，一定要強調「請根據事實來說」。請記住「要光明正大說出事實」。

技巧 129　視自己的角色來調整口氣

「採訪的目的是為了促銷！」這是一句既敏感又容易遭到誤解的話。為了讓對方能夠接受我們這方的企圖，一定要留心自己的口氣和說法。通常我會用能夠傳達我方企圖的語氣告訴對方：「只說漂亮的話反而有礙我們之間的對話，為了我們雙方好，我想我還是先說清楚採訪的宗旨。」不過，這到底是一種什麼樣的口氣，還真的很難拿捏，這必須視個人所扮演的角色來進行調整。請記住「調整口氣，以自己的角色為起點」。

另外，如果受訪者是地方政府，而且對方還明示：「因為我們不方便替企業做宣傳，所以……」這時就不要說「採訪的目的是宣傳」。總之，人和人之間的對話，要邊磨合邊進行。

技巧 130　可用「根據事實」這句話

說明宗旨時，我最愛用的一句話就是「請根據事實來說」。在採訪當中，我們最想知道的就是真實的資訊，所以說這句話十分合理。不過，如果說的是「請實話實說」這種語氣，就太過尖銳。不記得以前的事情，很尋常，強迫對方說出事實，確實會讓對方很困擾。因此，如果改用「請根據事實來說」，就可以讓語氣較為緩和。請記住：如果說的是「根據事實」，氣氛就會比較和緩。

技巧 131　追問自家公司產品是有利的

提問的技巧裡，有一種手法是「故意一直追問自家公司產品的事」。如果這是一個由自家公司產品取代競爭產品的範例，你就可以先說：「貴公司以前所使用的產品也相當不錯。如果功能已經足夠了，其實可以不必換敝公司的產品。」然後接著再繼續問：「不知道這次你們選擇敝公司產品的理由是……」或者就直接問：「是不是你們以前所使用的產品有什麼地方不夠好？」

只要這麼問，對方就非得說出一個明確的理由不可。如果對方回答：「我們對以前所使用的產品沒有什麼不滿意的地方。」就會讓自己陷入沒有不滿卻要換產品的矛盾當中。這個問句，乍聽之下好像是不斷追問自家公司的產品，其實這是一個逼問受訪者顧客的問句。

刻意追著自家公司的產品提問，其實就可以得到對自家公司產品有利的回答。其實不管如何追問，最後被採用的都是自家公司的產品，所以雙方的對話最後都會對自家公司的產品有利。簡單來說，最後都會是完美結局。因為從一開始就是一個既定的事實，所以請安心對自家公司的產品發問探究。請記住「愈是追問自家公司的產品，就愈能獲得誇獎」。

技巧 132　對對方感興趣才是真正有禮貌

採訪時，如果能讓對方產生好感，採訪當然就能順利進行。那麼，要如何做，才能讓對方對自己有好感呢？除了基本的禮

儀、寒暄之外，還有一個很實用的方法；那就是對對方感興趣。沒有人會討厭對自己有興趣的人。為了要搏得實質的好感，就得先對對方感興趣。

技巧 133　假說是興趣之母

如果「假裝」感興趣，對方很容易就會察覺。那麼，到底該怎麼做，才能真的對對方感興趣呢？在這裡，做顧客分析就有用。做顧客分析時，會以各式各樣真實的資訊為基礎，進行預測，累積假說。只要努力提出假說，自然就會想知道「自己的假說真的猜對了嗎？」以這種想法為動力，自然就會對對方說的話產生興趣。請記住「假說是興趣之母」。

技巧 134　只要有關懷的心，總會有法子

要獲得對方的好感真的很難。因此，大家不妨改變想法，不追求「要怎麼做才能讓對方對自己有好感」，而改追求「要怎麼做才能不被對方討厭」，讓自己至少可以拿到及格的六十分。其中一個方法就是「讓對方覺得你這傢伙很用心地以自己的方式表達關懷」。這裡所說的關懷，不是你真的成功做了什麼，而是有想表達關懷的那份心意。經營者想照顧職場中的女員工，「不管照顧的措施是否進行順利，只要女員工能感受到經營者那份照顧的心意和態度，就是最好的照顧」。我想大家應該都聽說過這個故事。就結構而言，這兩件事其實是一樣的。請記住「只要肯努力，至少不會被嫌棄」。

技巧 135　碰到不懂的專業術語就問中文或英文全名

採訪中，碰到自己不懂的專業術語，如果是中文就問「字」，如果是英文縮寫，就問「英文全名」。

某次採訪，我聽到「樹脂轉注成形」這個名詞。因為我不懂這個詞的意思，我就問「轉注」是哪個字，對方就寫給我看。我接著又問：「就是樹脂注入模具中，待樹脂反應硬化而成形的意思嗎？」對方說：「是的。大致的情形是這樣。詳細的過程是……」在對方熱烈的反應下，我們之間的交談進行得非常順利。另外，製作保安範例時，我也曾碰到我不懂的用語「SIEM」。「SIEM」是個英字縮寫，所以我就向對方請教英文全文。對方說：「就是 Security Information Event Management。」接著我說：「就是安全資訊事件管理系統。」對方接著說：「沒錯，就是這麼回事。詳細的情形是……」我們就順著這幾個問句一直談下去。

碰到不懂的專用術語，只要開口問：「字要怎麼寫？英文全寫是什麼？」就可以讓對話順利進行下去。請記住「碰到不懂的專業術語，就問中文寫法，或問英文全名」。

技巧 136　一開始先問對方的事情

人最有興趣的就是自己的事情，因此採訪時，一開始就先說：「首先，我想先從貴公司的事情開始問起。」也就是，從詢問對方的訊息開始著手採訪，是合情合理的。如果要談的是對方自己的事情，就可以順利讓對方打開話匣子。如果想緩解

一下對方緊張的情緒，也可以從對方公司的事情開始談起。請記住「一開始先問對方的事情」。

技巧 137　有預習總是好的

受訪企業的相關資料，譬如，年營業額、員工人數、設立年代等，只要上該公司的企業網站就可以輕鬆知道的資料，與其用提問的方式讓受訪者回答，不如採訪者自己事前先預習，然後在採訪現場複述、確認。採訪時，與其把寶貴的時間浪費在說明基礎資料，不如採訪者自己俐落地說：「我已經先上網查過基本資料了。貴公司成立於○○年，年營業額是○○元，員工有○○人……」如此一來，比較節省時間。對著受訪者複述，有突顯「自己已經做過功課」的效果。因此，與其用聊天、開玩笑的方式搏取對方的好感，不如先預習來得更實際且有效。請記住「有預習總是好的」。

技巧 138　基本資料可以當場上網看

我個人最常用的方法，就是先上網看對方公司的簡介，然後截取畫面存在電腦裡。採訪時，就邊看畫面，邊念出營業額是○○元，員工有○○人……；也就是邊念邊確認，或是把公司簡介的頁面列印出來放在桌子上也可以。請記住「企業的相關資料可以上網看並複述」。

技巧 139　詢問「最近的話題」

問完了年營業額等基本資料之後，就問「受訪企業最近的訊息（特別的專題、主題）」。這時我會說：「如果您有什麼可以讓閱讀者稍微認同的事情，請告訴我。」這句話就是在向對方請求：「我並不需要什麼有衝擊力、有劃時代意義的話。不過，因為我是負責傳達訊息的人，所以請告訴我一些具有新價值的事情。」如果對方針對這個請求有提供資訊的話，就把這些寫入範例的文稿當中。請記得「要套出一些可以讓潛在顧客認同的訊息」。

技巧 140　不要從企業理念開始談起

問「特別的話題」時，不要讓對方從「企業理念」、「創業思維」開始談起。因為，對潛在顧客而言，這些都沒什麼資訊價值。請記住「讀者對企業理念沒興趣」。

技巧 141　耐心聽，不要打斷

人都會想多談談自己的事情，因此有些受訪者在簡介自己公司時，一旦打開了話匣子就會沒完沒了。說實話，這些受訪者所說的話，對潛在顧客而言，大半都是一些資訊價值低到「無法使用」的內容。不過，受訪者能從一開始就擁有好心情也是不錯的事情。所以，受訪者的話告一個段落之前，採訪者應該要邊點頭附和，邊耐心傾聽。只要不過分冗長，在告一個段落之前，不宜打斷對方的談話。請記住「耐心聽，不要打斷」。

技巧 142　利用「為什麼？」「譬如呢？」向下追問

　　為範例進行採訪，一定要適時透過提問向下挖掘。「導入之前的課題是什麼？」、「導入之前的課題是○○。」、「原來導入之前的課題是○○，我知道了。那麼，進行下一題……」如果採訪者和受訪者之間的對話是這個樣子，話題會無法深入。這時就可以運用三個問句，繼續進一步深入話題進行挖掘。這三個問句就是：「為什麼？」、「具體而言呢？」、「譬如呢？」視情況，或許還可以再加入兩個方法，一個是「解決矛盾」，一個是「詢問假說是或否」。請記住：運用「為什麼？」、「譬如呢？」、「具體而言呢？」三個問句向下挖掘。

技巧 143　挖掘的提問是一種危險的行為

　　對方回答什麼時，用「為什麼？」問理由，就可以向下挖掘。不過，使用這個問句時一定要小心處理。因為，會繼續問「為什麼？」，就表示「你之前的說明並不十分周全」。如果從這個觀點去思考的話，這個問句對對方而言，就是一個具有攻擊性的問句。同樣地，「具體而言呢？」這個問句，也是在暗示「你的回答太過草草了事」。說得極端一點，要向下挖掘的問句，原本就具有「現在，就因為你的回答沒有深度、過於膚淺，所以我才要繼續深入追問」的性質。這麼想的話，就知道用問句向下挖掘，其實是一種很微妙的行為，所以使用時一定要格外小心。請記住「事實上，向下挖掘的提問是一種危險的行為」。

技巧144　不需向下挖掘就不要向下挖掘

　　真的有必要透過問句向下挖掘嗎？我個人的想法是：「最好能不必深入追問就可以得到所需要的資訊」、「最好不要糊裡糊塗就深入追問」。提問的目的是為了要替讀者（潛在顧客）爭取有用的資訊，而深入挖掘只不過是一種手段。透過提問深入挖掘固然可行，但如果走錯一步，就會演變成「責問」、「追根究柢」、「糾纏不清、嘮叨不休」。所以，透過問句向下挖掘，就像在滑雪場滑雪，一不小心就有滑出場外的危險。

技巧145　「具體而言呢？」是一個看似厲害卻很危險的問句

　　假設受訪者說：「這次，敝公司為了要提升產品的品質、刺激員工的工作熱情，以及應對瞬息萬變的市場環境，才積極提升業務的效率，並改善公司內部的溝通環境。」老實說，這些抽象的話實在很無趣，所以會令人想再進一步追問：「那麼，你們具體做了些什麼？」這時就要當心了。因為受訪者並不認為自己這番話無趣、抽象。

　　這時，如果只用一句「具體而言呢？」來發問，會引起對方的反感，認為：「什麼具體而言！神氣什麼！你到底有沒有在聽我說話？」換言之，如果連續追問「具體作為」，只會讓對方覺得「你想不勞而獲」。請記住：「具體而言呢？」是一個看似厲害卻很危險的問句」。

技巧 146　用意見解決發言量的失衡

「具體而言呢？」這個問句之所以會令人沒有好感，最主要原因是，問的人很輕鬆，答的人卻很辛苦；也就是說，問的人和答的人在立場、狀態上是不平衡的。因此，提問之前，提問方必須自己先動動腦。具體的做法就是把焦點放在對方所說的話中的「某個特定部分」；也就是，只針對這個特定部分進行提問。

在技巧 145 的例子中，受訪者說：「這次，敝公司為了要提升產品的品質、刺激員工的工作熱情，以及應對瞬息萬變的市場環境，才積極提升業務的效率，並改善公司內部的溝通環境。」如果要把這段話中抽象的點列出來，有「提升產品品質」、「刺激員工工作熱情」、「應對市場環境的變化」、「提升業務效率」、「改業公司內部溝通環境」等。老實說，這一長串的話全都很抽象。

因此，提問者必須將提問範圍縮小，只針對最需要做具體說明的要素提問。假設這個要素是「提升業務效率」，那麼就問：「您說提升業務效率，我想應該和您之前說的○○有關。請問具體的做法是指哪些事情？」這段話的重點就是「我想應該和您之前說的○○有關」這部分。也就是說，在問句當中插入這個意見，就表示提問者自己已經動過大腦了。有了這個意見，就可以躲過提問者「想要不勞而獲」的壞印象。請記住「用意見消除不平衡」。

技巧 147　只問理由會被當成「二百五」

「為什麼？」這句話，和「具體而言呢？」一樣，也是一個看似單純，使用時卻要很小心的問句。假設顧客說：「這次敝公司為了要提升產品的品質、刺激員工的工作熱情，以及應對瞬息萬變的市場環境，才積極提升業務的效率，並改善公司內部的溝通環境。」如果針對這串話問「為什麼」、「理由是什麼」，對方或許會回答：「我不太清楚你這麼問的意思是……」也或許對方會在心裡一邊嘀咕「這個人到底有沒有在聽我說話啊！我明明已經說明得那麼清楚了」，一邊又把剛才抽象的話再說一遍。

上述這段話的重點，就是「對方認為自己已經把理由說得十分清楚」。因此，只簡單問對方「為什麼」，而對方的反應是「我不是已經說過了嗎」、「這是很理所當然的事，你怎麼會不懂呢」時，採訪就會無法順利進行。

要解決這個問題，和問「具體而言呢」一樣，要先說出自己的意見，再問：「為什麼？」這麼做，至少可以讓話題繼續向前邁進。請記住：只問理由，會被當成「二百五」。

技巧 148　「譬如呢？」是一個很好用的問句

如果把「具體而言呢？」、「為什麼？」當作是提問的工具，老實說，這兩個工具都不太好使用。但是，另外一個「譬如呢？」卻是一個既安全又有效的好工具。

假設受訪者說：「這次，敝公司為了要提升產品的品質、

刺激員工的工作熱情，以及應對瞬息萬變的市場環境，才積極提升業務的效率，並改善公司內部的溝通環境。」你就繼續問：「謝謝您的說明。我想再繼續進一步請教您剛才那段話的宗旨。您剛才提到提升業務效率，請問譬如哪些工作？」

在這個問句裡，如果把「譬如哪些工作」，置換成「具體做了些什麼」，也可以成立。換言之，在這問句裡，問「譬如呢」和問「具體而言呢」，所得到的回答會是一樣的。這兩個問句之間的微妙差異，就在「提問的範圍」和「姿態的高低」。就這兩點而言，「譬如呢」就比「具體而言呢」優秀許多。關於這一點，我會繼續做補充說明。

技巧149　用「譬如呢？」提問必能得到具體的回答

比起「具體而言呢」，用「譬如呢」提問，其提問範圍不僅狹小且還有限定。用「具體而言呢？」問喜歡抽象事物的人，得到的回答是「具體而言，是根據敝公司的創業理念〇〇」。也就是，只會得到完全不具體的回答。這是因為「具體而言呢？」這個問句的本身就有點抽象。但是，如果用「譬如呢？」來提問，對方勢必就得舉出實際的例子。換言之，用「譬如呢？」來提問的提問形式，具有強大限制回答內容的力量。請記住：用「譬如呢？」提問，一定能夠得到具體的回答。

技巧150　要的是具體的實例

現在我們用料理來思考「譬如呢？」和「具體而言呢？」。

假設有人說：「我們要用『蔬菜』來做某道料理。」如果針對這句話問：「具體而言呢？」對方極有可能會回答：「黃綠色的蔬菜。」因為，要具體描寫抽象的概念，就必須使用更到位的抽象概念來回答。

但是，如果問「譬如呢？」，得到的回答應該是「高麗菜、菠菜」。因為「譬如呢？」這個問句，具有強大的提示實物誘導力。請記住「要的是具體的實例」。

技巧 151　實物資訊最重要

如果針對「要用蔬菜做某道料理」這個回答，提問「譬如呢？」會得到「高麗菜、菠菜」、「胡蘿蔔、洋蔥」、「白菜、小松菜」、「芝麻菜、香芹」等各式各樣的回答。只要對方的回答有具體的實例，聽的人就能夠從中解讀到一些資訊，譬如，回答者的心意、回答者的想法等。

但是，如果問「具體而言呢？」，會得到「黃綠色的蔬菜」的回答。這個回答就沒什麼資訊價值。因為，就邏輯而言，只要回答「高麗菜、菠菜」，之後就能夠推斷是黃綠色的蔬菜。人可以從實例資訊推斷抽象概念，但是卻無法從抽象概念推斷實例資訊。

為範例進行採訪，「應該只問當時的事情」。抽象的看法可以事後再做推斷。因此，重要的是以實物示例的資訊，也就是「高麗菜、菠菜」之類的實物。請記住「實物資訊最重要」。

技巧 152　要求對方舉列就可知道對方發言的認真程度

用「譬如呢」來提問，還有個神奇的效果。就是「只要聽回答，就可以測試對方思考的認真程度」。聽到「譬如呢」，能夠當場列舉實例或暢談實際體驗的人就是「認真且會具體思考的人」。只要再進一步提問，一定可以問出更多的資訊。如果對方是這類型的人，就繼續不斷提問吧！

反之，聽到「譬如呢」，只會把話題岔開，舉不出例子的人，就表示他的發言水準只僅於說說而已（事實上，並沒有認真思考）。因此，就算再繼續談下去，也問不出什麼具體的東西。此時，中止目前這個話題，轉移到下個話題才是上上之策。請記住「舉例是認真的證明」。

技巧 153　問「譬如呢？」可以知道對方的真意

現在，我們再用別的例子來思考「舉例是認真的證明」。假設有人說：「我認為應該要積極進入東南亞的市場。」如果你問這個人：「東南亞的市場？譬如哪一個國家？」這時，如果這個人回答：「就是越南、泰國啊。」你就可以在心裡判定「這個答案雖普通，但還合情合理」。但如果這個人回答的是「緬甸」的話，就有兩種可能性：一，這個人是除了越南、泰國之外，還認真思考過其他國家的人；二，這個人只是為了趕搭這波的緬甸風潮而隨口說說的人。為了要確定這個人到底是一還是二的人，只要再繼續問：「緬甸最近很火紅喔。具體而言，你覺得它哪一點最有魅力？」這樣就可以了。

　　如果問「要前進東南亞的什麼地方」，對方回答「越南、泰國、寮國」的話，就會令人想針對寮國的部分繼續向下追問。因為寮國這個答案比較特殊。如果對方的回答是「越南、泰國、孟加拉國」，我們就知道孟加拉國在這個人的腦袋中是屬於東南亞國家。

　　到目前為止，所有的回答都有具體的國名。有國名出來，就表示對方真的在認真思考進入東南亞市場這件事。

　　但是，如果問「要前進東南亞的什麼地方」，對方的回答是「現在，東南亞各國的經濟都在蓬勃發展當中，本公司認為我們應該積極去採摘那些成長的果實。而且從中國一帶一路的觀點來看，更是非進入東南亞的市場不可」，那麼我個人聽到這些話，表面上雖然會點頭附和，但心裡會認定「這個人說要進入東南亞的市場只是隨口說說而已，事實上並未深入思考」，因而會馬上中止這個話題，進入下一個問題。

　　為資訊科技產業製作範例，也常會碰到說大話的人。譬如，「靈活運用企業社交媒體工具」、「改革勞動方式」、「徹底重新檢視從前的業務」等。很多人真的都任意把這些話掛在嘴上。要確定對方是不是一個會認真思考的人，就問：「譬如呢？」因為這個問句就是一種強力的石蕊試紙。請記住：用「譬如呢？」來蒐集回答，打造一座資訊寶庫。

技巧154　「譬如呢？」是以「低姿態」提問

　　「譬如呢？」之所以是一種優秀的提問形式，還有一個理

由，那就是對對方而言，提問的人是用「由下往上看的視線」在提問。簡單來說，用「譬如呢？」來提問，就像是一個愚蠢的人在向聰明的人討教。但是「具體而言呢？」，則是用水平的視線，甚至是用由上往下的視線在問問題。換言之，用「具體而言呢？」來提問，有可能會激怒對方。

用「譬如呢？」提問，是在暗示對方：「您剛才說明得非常仔細，但是我的大腦不及您說明的水準，所以有些地方還是不太了解。如果您可以用實例說明的話，相信連我這種水準的人都可以聽得懂。請您告訴我幾個例子好嗎？」簡單來說，「譬如呢？」就是用低姿態在提問。但是，問「具體而言呢？」說得極端一點，就是在暗示對方：「你的說明不但抽象還很膚淺，所以我聽不懂。我不想花腦筋去了解那種聽不懂的說明。所以請你為我再更熱心、更具體地說明」。

我們再用別的例子比較這兩個問句。假設你在上司面前做簡報，上司好像都會說：「喂，你再說得具體一點！」而不會說：「喂，譬如呢？」這是因為後面那種說法，會顯得自己不夠聰明、沒面子。也就是說，「譬如呢？」這個問句有一種讓提問者看起來比較愚笨的特性。因此，在為範例採訪的現場，這是一種非常優質的提問形式。對立場處在最下風的採訪者而言，「譬如呢？」真的是一個最方便使用的工具。請記住，就傻傻地問對方：「譬如呢？」

技巧 155　用「譬如呢？」問，話題就不會被岔開

回答不出問題時，人會出現三種態度：一，承認自己答不出來；二，以別的答案為煙霧彈，岔開話題；三，惱羞成怒。最令採訪者困擾的是「岔開話題」和「惱羞成怒」。但是，用「譬如呢？」提問，就可以防止對方出現這兩種反應。

問對方「具體而言呢？」時，對方有可能會惱羞成怒，反將你一軍：「難道我剛才的說明不夠具體嗎？」但是，聽到的是「譬如呢？」對方就不能用這一招了。另外，如果對方用抽象的概念打煙霧彈，也會暴露「自己沒有實例可說」的真實面，而讓自己顏面盡失。

想把話題岔開，有一句萬用的說詞，那就是「什麼○○？沒人告訴我！」請看以下幾個例子。

「已經來到～，請問終極目的是什麼？」

↓

「什麼終極？沒人告訴我！」

「請告訴我這個事業的概念。」

↓

「什麼概念？沒人告訴我！」

「具體的狀況是怎樣？」

↓

「什麼具體的狀況？沒人告訴我！」

「什麼○○？沒人告訴我！」這意思就是說，「什麼○○？不要突然問我這麼有壓力的問題，我無法馬上就回答

你。」回答不出來時，就用這句話把話題岔開。○○就是讓受訪者覺得受到威脅的問話。

但是，問「譬如呢？」時，如果回答：「什麼譬如？沒人告訴我！」那就站不住腳了。想用這句話把話題岔開，會讓自己看起來很愚蠢。

因為「譬如呢？」這個問句，一點威脅感都沒有。反而是提問者本人會看起來有點傻呼呼的。就因為這個問句輕得像羽毛，所以即使遭到反擊，還是能夠在半空中飄動。請記住：用「譬如呢？」問，話題就不會被岔開。

技巧156　「為什麼沒那麼做？」是一句力道很強的問句

對方回答：「這次敝公司為了要提升產品的品質、刺激員工的工作熱情，以及應對瞬息萬變的市場環境，才積極提升業務的效率，並改善公司內部的溝通環境。」這時，如果問「為什麼？」而對方接著說：「就如我剛才說明的，就是提升產品品質，刺激員工的工作熱情，和應對瞬息萬變的市場變化。」就可以閃過這個問題。這時，就要再進一步追問：「為什麼沒那麼做？」只要用「為什麼這麼做，而沒有那麼做」的形式來問，對方就無法逃避了。以前面的例子來說，就可以問：「應對瞬息萬變的市場變化有各種對策。譬如，強化市場行銷、加強業務能力等。其中，你們特別關心提升業務效率。這是為什麼？」如果對方真的認真思考過「提升業務效率」，就會很有邏輯地把理由告訴你。對方的回答為什麼不是強化市場行銷，也不是

增強業務能力，而是提升業務效率。但如果對方只是把「提升業務效率」當成口頭禪隨便搪塞，就會任意胡謅一通。和「譬如呢？」一樣，「為什麼沒那麼做？」這個問句，也是一張測試對方是否認真回答的「石蕊試紙」。

技巧 157　若要問排除的理由就要認真問

「為什麼沒有用其他的對策？」這種詢問「排除理由」的問句，事實上對提問者來說，也是一種壓力極大的提問形式。如果提問者問：「應對瞬息萬變的市場變化有各種對策。譬如，強化市場行銷、加強業務能力等。其中，特別選提升業務效率的理由是什麼？」前段的「強化市場行銷、加強業務能力等各種對策」這部分，提問者必須當場瞬間作文。而且，這一部分的內容還必須具有說服力，可以讓被問的人認同。如果提了一個很糟糕的前提，問句的結構就會變成「提出了一個沒有意義的項目→為什麼沒有做這個項目？」就會讓整個問句離題了。要問排除的理由，提出有說服力的前提，是提問者這方的責任。請記住「如果要問排除的理由，就要認真問。」

技巧 158　要問排除的理由，前提很重要

現在，我們就用前面的東南亞例子，來思考詢問排除的理由的問句。假設被問者說：「我們很積極想要進入東南亞的市場。」提問者問：「原來如此，東南亞啊。譬如，哪一個國家？」被問者說：「緬甸。」這時如果要繼續問排除的理由，就要問：「不

是越南，也不是泰國；為什麼你們會把焦點放在緬甸呢？」這是因為「提到東南亞的市場，大家首先都會以越南、泰國為標準」，所以才會以這一般的趨勢為前提，問：「為什麼是緬甸？」如果要問排除的理由，提問者必須具備廣泛的常識。請記住「要問排除的理由，前提很重要」。

技巧 159　其實最重要的是「消除矛盾的問句」

從對方口中問出來的事實，如果互相矛盾時，就要透過問句消除矛盾。

前些時候，我為了製作範例去採訪某家建設公司時，首先，受訪者說：「大樓的工程費和工期，都控制在當初的預算之內。」後來又說：「自從決定要辦奧運之後，因為供需失衡的關係，工程費每週都在漲，我也莫可奈何。」很明顯，這兩句有點兜不起來。

於是，我就問：「稍早之前，你說『在預算之內蓋大樓』，後來又說『因為奧運，預算調高，你也莫可奈何。』但是……」於是，對方就回答：「我的意思是說，我們已經決定好預算上限了。但之後，國家決定要辦奧運，工程費的行情就上漲了。因為這是不可抗拒的力量，所以我們只好配合現狀再重新設定預算的上限。最後的費用完全控制在我們重新設定的預算上限之內。」如果是這樣，前言就符合後語了。

像這種「表面上的矛盾」，採訪時擱著不處理不會有什麼問題。但是，開始寫文章時，矛盾浮上檯面，就會讓文章前後

不一致。為了避免之後進退兩難，矛盾一定要在採訪時就解決。請記住「矛盾放著不管，撰稿時會不知所措」。

技巧 160　用時間序列提問很容易發現矛盾

　　要解決矛盾，必須先發現矛盾。因此，用時間序列進行採訪時，一定要把重心放在傾聽真實的資訊。只要用時間序列提問，就很容易發現互相矛盾之處。如果只說抽象的概念，會看不到矛盾的地方。但如果說的是真實的資訊，譬如，實際的行動、所發生的事情等，矛盾就很容易現形。請記住「時間序列就是矛盾的感應器」。

技巧 161　採訪的場地最好是有窗的會議室

　　為製作範例進行採訪，一般都會在對方企業的會議室進行。這間會議室最好是有窗戶的房間。有窗戶，就有自然的光線，就可以拍出美麗的照片。請記住「有光線的房間是能拍出美照的好房間」。

技巧 162　避免在大廳進行採訪

　　大公司的門廳通常都會規劃共同協商事情的空間。所以對方會建議就在這裡進行採訪。但如果可以的話，最好避開這種地方，理由是「周圍太吵，很難專心對話」、「周圍有其他的員工，很難談複雜的事情」、「不容易拍照（因為有人會亂入）」。請記住「盡量避免在公共空間進行採訪」。

技巧 163　使用有緩衝效果的話

「有緩衝效果的話」，就是提問時、和對方握手時，一開始要說的、類似老套口頭禪的話。先準備好幾個這種口頭禪，要用的時候就會很方便。譬如以下這幾個句子，就都具有緩衝的效果。

「如果從不同的角度提問的話……」

「我不擅言詞，但是……」

「還有兩個問題。」

「我是為了要讓讀者能夠輕鬆了解，所以才這麼問的。」

「提到為什麼要問這個……」

「因為不告訴讀者不行，所以……」

「不好意思，因為是採訪嘛，所以什麼都得細細地問……」

技巧 164　只要是為讀者，對方就會照單全收

要問比較危險的問題時，如果先表示：「為了要讓讀者了解我必須這麼做，所以要問得稍微詳細一點……」也就是，先端出一個正當的理由就容易開口了。這是一種「我也知道打破沙鍋墨到底很不好意思，但為了讓讀者了解我必須這麼做……」的語氣。坦白說，用不在現場的「讀者」當擋箭牌，真的可以讓自己的提問正當化。這麼做是有點狡猾，但這個方法真的很管用。請記住「只要是為讀者，對方就會照單全收」。

技巧 165 「對不起，我這個問題問的不好。如果從不同的角度⋯⋯」

自己問的問題和對方給的回答有時會雞同鴨講。原因只有兩個：不是「對方不了解我的問題（是對方不對）」，就是「我問問題的方法不對（是我不對）」。兩種情形都有可能。但是，採訪者這方能夠處理的方法只有一個，就是自己先主動道歉說：「對不起，我這個問題問的不好。」不對的通常都是自己這方。然後，再繼續說：「如果從不同的角度提問的話⋯⋯」也就是換一種形式再重新問。

技巧 166 「因此，就如同我剛才所說的⋯⋯」是很恐怖的話

如果針對自己的提問，對方的回答是從「因此，就如同我剛才所說的⋯⋯」這句話開始，就是危險的跡象。這表示對方的內心已經開始焦躁，質疑「同樣的問題，你到底要問幾次」。這時，請立即修正採訪的軌道。「因此，就如同我剛才所說的⋯⋯」這句話，就像是登山時碰到小石頭從上面掉下來的狀況；如果還呆呆地站在原地，或許就會碰到落石坍方，這時一定要做好危機處理。

技巧 167 思考的作業要在設計階段完成

採訪是一種思考必須具備瞬間爆發力的場面。說完「如果從不同的角度提問的話⋯⋯」之後，尤其需要這種力量。因為拋出這句話之後，完全沒有進一步思考的時間，就必須繼續提

出問題。如果重複之前沒有吸引力的問題，會讓對方焦躁不安。這時，就會知道「設計的重要性」了。總之，在採訪當中，必須要懂得如何將腦資源轉換成判斷狀況、改變問題的瞬間爆發力。因此，在設計階段就要完成整體的設計並確認事實。這樣在採訪中就可以不要用腦力。只要有準備，瞬間爆發力就會大增。

技巧 168　說「我不擅言詞」

要直接表達之前，先說一句「我不擅言詞」，就有「緩衝效果」。這句話所呈現的其實是一種態度，意思就是我想告訴你：「從現在開始我要直接說囉。我自己也覺得或許自己太過直接了，我應該更講究遣詞用字，但是我的語言能力不好，無法在瞬間找到更好的說法。如果一直說一些拐彎抹角的話，不但浪費時間，還會給您添麻煩。所以我只好大膽選一些我會的言詞。」一般人聽了這句話之後，大都會接著說：「不要這麼說，你就照你的意思做。謝謝你的關心。」就算這招不成功，但只要讓對方知道「你有想表達關心」的態度，就可以確保暫時的好感。「我不擅言詞」不是萬能的免死金牌，只是單純「有緩衝效果的一句話」。互贈禮物時，我們會說：「這是不值錢的一點小東西……」而「我不擅長言詞」就很類似這句話。既然是要送人的禮物，當然會有一定的行情，絕對不可能是什麼不值錢的東西。同樣地，雖然以「我不擅長言詞」為引言，之後的發言還是要選擇有一定水準的說詞。

<u>技巧</u> 169 　要說「還有兩個問題」

這是採訪接近尾聲時，一定要說的一句話。先告知「還有XX 問題」，可以讓對方鬆口氣。

<u>技巧</u> 170 　馬上想做歸納的人很高傲

有些受訪者會「想馬上把自己所說的話做歸納整理」。譬如，提問者問：「請問，產品的選擇基準是什麼？」有人會回答：「選擇基準？就是品質、價格、交付；不是嗎？」因為這種很一般的答案沒什麼資訊價值，所以提問者勢必得耐著性子更努力挖出事實。不過，我認為會這麼回答的人，應該都認為「自己很聰明」。因此，之後如果要繼續提問，千萬不要忽略了這個人的自尊心和自我形象。

<u>技巧</u> 171 　先進行預測，再忘了預測

為範例進行採訪，事前準備（顧客分析）很重要。對於這個看法，有人持不同的意見，認為「不要做任何的事前準備，用像白紙一般的純真態度進行採訪，比較新鮮、比較會有驚喜。這樣才是完美的採訪。」但是，我不贊成這種想法。

作家北見良嗣先生回顧自己寫《我以自由作家者的身分，上過報稅和節稅的課程》這本書的情形之後，在推特上發了如下一段牢騷。

有許多談稅務的書籍，其實作者對稅務完全不懂。這些作者是先向專家討教之後，再以讀者的角度來寫書。出版社認為由這樣的作者來寫，比較能夠寫出淺顯易懂的書。但如果只是歸納在完全不懂的狀態下所問的問題，絕對寫不出淺顯易懂的書。我在心中虛構了一個故事，講師也要我交出一個故事。這時，我就必須透過提問，制訂一個可以將故事誘導至「我自己易懂的方向」的流程。換言之，我必須要有一個「可以靠自己的力量克服不懂之事，而且只要循序做說明就可以了解」的機制。

　　從這篇牢騷中，我們知道，「雖是外行人但問了專家之後所寫的書」，就是最初還是外行人的作者有了知識之後，先走外行人的行列，然後再回到昔日還是外行人的自己來寫的書。簡單來說，就是「如果一直都是外行人，就寫不出適合外行人閱讀的淺顯作品」。製作範例也一樣，如果撰稿者一直都是外行人，就無法寫出給潛在顧客閱讀的淺顯範例。為範例進行採訪也一樣。事先要先做周詳的事前預測，假設如果這樣問的話，對方應該會這樣回答；也就是採訪之前，必須要先做好萬全的準備。這時，最重要的就是「採訪前雖然要做周詳的事前預測，但是採訪當天不要帶著推測、預估，而是用一種中立的態度提問」。請記住「先進行預測，再忘了預測」。

技巧 172　「發球拋球和攻擊」的說話術

　　要讓對方愉快地談，最基本的對話形式就是「發球拋球和攻擊」。弄清楚對方的自我形象之後，拋出會讓對方有好心情

的問題或評論（即發球拋球），然後再讓對方用好心情回答問題（攻擊）。一般來說，女性比男性擅用這種說話術。其中最高明就是銀座紅牌公關等，以讓上門的客人聊得高興賺取金錢為職業的人。只是如果用這種說話術，對話內容對當事者（尤其是攻擊這一方）而言，雖然是快樂的，但對第三者來說，卻幾乎都是沒什麼價值、不值得一問的問題。為範例進行採訪時，是可以使用這種說話術，但如果「只是」使用這種說話術的話，會蒐集不到可以寫出好範例的資訊。

技巧173 最難問的問題就是「請以前輩用戶的立場給大家一點意見」

在範例的黃金結構當中，最難問的問題就是「請以前輩用戶的立場，給大家一點意見」。突然對對方說「請您以前輩用戶的立場，給大家一些意見」，對方會一臉茫然，不知道這話是什麼意思。另外，對方聽到這句話，還會產生一種心理障礙，認為：「自己怎麼會是前輩用戶，根本是自不量力！」

如果這個問題無法克服「讓對方了解問題的內容」和「排除對方心理障礙」這兩個課題就無法成立。以我而言，我會用如下這種形式提問：

「會看這個範例的人，都是想解決某某課題的人。因為貴公司已經用這個產品解決了某某課題，所以就這層意義而言，貴公司可說是某種用戶前輩。因此，是否可以請您以前輩用戶的立場，告訴後輩用戶一些意見，譬如，解決某某課題時，選

用商品的一些訣竅或注意事項等。」

這只是就事論事,事實上,在這段話中還可插入各種具有緩衝效果的話。只要用低姿態表現自己的誠意,也可以用別的適合的話來提問。

技巧 174　對方沉默時就詢問「假說是或否」

譬如,問對方「請告訴我們選擇商品的基準」,對方卻結巴回答不出來;這是很常見的狀況。這時如果一直沉默下去,會把氣氛搞得很僵,所以提問者要適時出手幫忙。這時最有效的方法,就是詢問「假說是或否」。所謂假說是或否,就是問「我的想法是○○,您認為如何?」也就是把對方還沒有說的事情設為假說提出來,然後問是或否(是○,還是 X)。最後問是或否這一點,一定要很貼近「對方言論的摘要」。這兩者之間不同的是,言論的摘要,是「歸納對方所說過的話」,而詢問假說是或否是針對「對方沒有說的事情」問是或否。

詢問假說是或否,如果對方的反應是「這個假說很正確(歸納得很好)」,那就沒問題。如果對方說:「不,有點不一樣。」只要問:「不好意思,請問哪裡不一樣?」對話就可以繼續下去。請記住「對方沉默時,就提出假說」。

技巧 175　提出設計時所設定的假說

詢問假說的對錯時,如果問:「那就是貴公司經營理念的具體呈現嗎?」這種曖昧的話是沒有意義的。因為如果對方回

答「是的」，就無法獲得任何新的資訊。詢問假說的對錯時的假設，應該是做顧客分析時所設定的假說；也就是應該是「你認為顧客也應該會這麼想」的內容。因此，這也可說是驗證設計階段所設定的假說的大好機會。我認為詢問假說是對還是錯時，如果所提出的假說離題了，是一件丟臉的事。因此，設計階段必須要設定精準度很高的假說。

技巧176　詢問對錯，要問對方容易否定的問題

詢問假說是或否，是一種誘導式的提問，有擦槍走火的可能。因此，詢問時，盡可能問「對方容易否定的問題」。提問者用「是○？還是Ｘ？」的形式來問，會讓對方有點壓力。因此，提問者必須要尊重對方，並給對方最大的選擇權和回答的自由。如果不這麼做，就會變成「強迫回答」。請記住「詢問對錯，要問對方容易否定的問題」。

────────── **防止客訴的方法** ──────────

技巧177　注意上級長官和現場負責人發言量的平衡

假設受訪者有兩位，一位是部門主管，一位是工作現場的負責人。這時，有極高的機率是現場負責人比較了解現場的狀況。但採訪時，如果只有現場負責人滔滔不絕，部門主管一定會覺得無趣。因此，採訪時，一定要弄清楚對方職務的上下關係，並適度地拋問題給上級長官。請記住「要顧及長官的面子」。

技巧 178　老闆只出席一開始的十五分鐘是最糟糕的安排

為範例進行採訪時，我曾經碰過在二小時的採訪當中，老闆只出席一開始的十五分鐘的狀況。老實說，這是最糟糕的安排。為範例進行採訪，原則上是用時間序列提問。也就是說，一開始的十五分鐘，是聽對方介紹公司的暖場時間，而由對方的老闆來進行「鋪陳」，實在不適合。

如果跳過「鋪陳」的步驟，突然直接問老闆導入效果，老實說，老闆通常不會記得這些事情，所以就只會打安全牌，給一些樣版式的回答。

但是，這個人既然是老闆，發言就有一定的分量。十五分鐘後，老闆離席了之後，負責人所有的發言，都會被老闆已經回答過的無缺失內容所束縛。結果，整體採訪的內容就會落得平淡無奇。請記住「老闆只出席十五分鐘是最糟糕的安排」。

技巧 179　若只是為了面子，老闆最好不要出席

嚴格來說，採訪時老闆最好不要在場。理由是，「老闆不知道現場的狀況」、「老闆不知道選擇產品的詳細過程，因此說不出其他產品的相對評價」、「老闆都重視對外形象，發言易打安全牌」、「老闆在，員工會緊張，發言也會打安全牌」。如果老闆是選擇產品、導入產品的核心人物，當然就另當別論。如果不是的話，「邀請老闆出席」絕非上上之策。請記住「不要老闆為了面子而出席」。

技巧180　如果只邀請老闆拍照也可以

一般人都認為「有老闆等高級長官出席，可以增加範例的權威性和說服力」。但是，要把忙碌的老闆綁在採訪現場二小時，還要被人追根究柢地詢問，實在過意不去。

因此，我建議「只邀請老闆拍照」。如果老闆只有一開始的十五分鐘，就用這十五分鐘拍照。請記住「如果只邀請老闆拍照也是可行的」。

技巧181　可以用框框來呈現不在現場的老闆發言

或許有人認為，「只放老闆的照片而沒有老闆的發言」是虎頭蛇尾，對老闆非常沒禮貌。如果是這樣的話，有個方法可以解決，就是在範例中把老闆的發言以「附上的文章」呈現。所謂附上的文章，就是用四方形的框線把老闆的發言框起來的文章。只要這麼做，就可以將老闆的發言獨立出來，並和一般員工的發言做區隔。這個方法有個優點，就是「可以不占用老闆的時間，又能有老闆的照片和發言」。至於框框內的發言，採訪者可以和窗口負責人協商如何撰寫。寫出來的作品再請老闆檢視就可以了。請記住「框框文章是三贏的做法」。

技巧182　受訪者突然缺席，可用設計時的假說處理

過去，我曾經碰過身為關鍵人物的窗口負責人，在採訪當中突然接到緊急電話，進而離開現場的窘境。雖然這個人臨走時說：「其他的問題，你可以繼續問那個人！」但被留下的那

個人，因為才剛進這家公司，所以對於導入商品的理由及這家公司以前的事情全然不知。

這時，我就先向這位窗口說明導入理由的假說，然後再告訴他：「首先，我會根據這條線撰寫稿子，如果有錯的地方請修正。」這裡我所說明的假說，就是透過顧客分析所提出的「理想導入理由」。為範例進行採訪，難免會碰到對方負責人缺席或臨時有急事而離席的狀況。為了以備不時之需，在設計階段就必須先用心做好準備。

| 第 5 章 | **拍 照** |

　　照片就是內容的「臉」。製作範例，照片非常重要。不過，靠製作範例謀生的我，卻不曾為了磨練拍照的技術而日夜苦練。當然，為了拍出好的照片，我有參加相關的活動。不過，我覺得自己不是在練習，而是在練「工夫」。

　　我把這個工夫，歸納整理出以下三個原則：

　　原則 1「不要磨練技術，要依靠工具」

　　原則 2「先拍保險的一張，再拍冒險的一張」

　　原則 3「攝影師信心吆喝，大功告成」

　　接下來將依序說明這三個理由。

┃ 原則 1 「不要磨練技術,要依靠工具」

外行人很難透過「研究相機的設定和練習」拍出好的效果

　　有段時間,我曾經很努力練習拍照和研究相機的設定。我不但詳讀相機的說明書,還參加講習會,學習光圈、曝光等攝影理論。但是,經過反覆驗證,我終於覺悟這麼做是沒用的。當然,我不否認這麼做可以提升拍照技術。不過,我還是認為我這個沒有拍照天分的外行人,就算學了一點皮毛的攝影理論,應該還是無法拍出好的範例照片。

　　在範例的採訪現場,首先會先進行採訪,然後再拍照。拍照所使用的時間大約是五至十分鐘。最初,我還想運用區區一點點的光圈、曝光知識,以手動的方式對焦、調整鏡頭。但是,大都進行得不順利。最後,我為自己下了一個結論,就是「與其自己動手調整,不如默認相機本來的設定比較優秀」。

　　現在,我都用相機本身的原始設定拍照。我不任意改變設定值,這樣拍出來的照片效果反而比以前更好。我認為一個外行人要拍出好的照片,以下動作很重要:

---

3 大重要行動

1. 整理環境
不是要漂亮地拍,而是要拍得漂亮。

2. 使用高級相機
對拍照外行人而言,高級相機的原始設定遠比自己動手設定優秀。

---

3. 專心連拍

與其拍一張好的照片，不如拍很多張，再從中選出好的照片。

「整理環境」非常有效

據說專業攝影師拍華廈的樣品屋之前都會先「打掃」，也就是會先吸地板、擦玻璃。換言之，就是在「漂亮地拍攝」之前，先「把拍攝對象弄漂亮」。簡單來說，就是重視環境的整理。

基於「有猶豫就淨空」守則，為範例進行拍照也要整理環境。只要移開拍攝對象周圍的妨礙物件，讓背景變簡單，就能突顯主角的「人物」。

如果牆上掛著月曆，就把月曆取下來。因為月曆只是掛在掛勾上，要拿下來非常簡單。如果拍攝對象坐在沙發上，而沙發旁的側桌上有奇妙的擺飾品時，就徵得主人的同意再移開。

要留意的是觀葉植物。大型綠色植物的顏色都非常鮮艷。如果讓它們入鏡，就會搶走主角人物的鏡頭。所以拍照時最好不要讓這類植物入鏡。這時也一樣先徵得受訪者的同意，再用力把觀葉植物連同花盆抱起來一起挪到鏡頭之外。雖然有點重，就是得勉為其難。對外行人而言，這和為相機進行設定不一樣，設定的失誤率很高，但只要好好整理拍照的環境，就百分百能夠提升照片的品質。所以這是最短時間內，最有效的投資行動。

我不否認曾努力提升自己的攝影技術。能夠使用高段的攝影技術，拍出色澤鮮明、美麗動人的作品，當然再好不過。但是，因為我判斷我自己的技術很難再提升，所以就決定在別的地方

努力（下功夫）。

在日本的製造業界有句話說：「不是去調整，而是去碰撞。」這是指，要調整某個物體的位置時，不是要用超高的技術慢慢精準地調整到那個位置，而是要在目的地的位置上設一個突起物，當物體碰到這個突起物時，就知道這是正確位置。沒有攝影才華的我，就把這句話應用到拍照上，以確保沒有一流的拍照技術也可以拍出合格的照片。

如果是高級的相機只需按快門

最初，我對高級相機有點恐懼。因我認為「像自己這種外行人，使用高級相機很可惜」、「我應該不會使用高級相機」。但某天，我的想法改變了。我認為「不，正好相反。正因為我是外行人，才更應該使用高級相機」。

現在，我還是在使用陪了我十幾年的高級單鏡頭反光相機。我是在這個型號褪流行之後才買的，所以價錢很便宜。

因為這是一台具有高性能的高級相機，所以我就用它原始的設定，完全不用大腦，只要按一下快門就可以拍出美麗的照片。這種高級相機真的是幫助外行人的一大工具。和「不是去調整，而是去碰撞」有異曲同工之妙的一句話，就是「不要磨練技術，要依靠工具」。

不要想太多，直接去店裡走一趟

專業攝影師拍人像，可以拍出「人物突顯但景物虛幻」的

感覺。我也想拍這種照片，可是試過無數次就是拍不出來。於是，我帶著相機去家電量販店，直接問店員：「我想用這台相機拍背景矇矓的那種照片。」店員說：「只要用這種鏡頭，背景就會矇矓了。」於是，在店員的介紹下，我換了一個鏡頭。鏡頭裝上之後，我當場就拿店員來試拍。只簡單按一下快門，背景真的就變得好虛幻。我好感動，當場就買下那個鏡頭帶回家。價錢是二萬三千日圓。與其不斷實驗，不如直接去問店員。這讓我更相信「不要磨練技術，要依靠工具」是對的。

痛快連拍，不要只死守著按快門的機會

除了「整理環境」、「高級工具」之外，還有一個工夫就是「連拍」。拍攝時，只要按著快門不放，就可以啪嚓啪嚓連拍。採訪一次要拍百餘張照片稀疏平常。就我個人的經驗來說，與其想抓住一次按快門的機會拍出好的照片，不如「拍很多照片，再從中選出偶然拍到的好照片」。簡單來說，就是連拍比較能夠拍出好的照片。

就算拍一百張，也只要按快門而已。其他的相機自己會拍攝，所以一點都不累。拍了一百張，絕對可以從中選出「最好的一張」派上用場。那麼，該以什麼做為選擇的基準呢？

不是選精彩的照片，而是選「符合談話的照片」

一般來說，範例大都會使用微笑的照片。但是，如果範例的內容是很嚴肅的，搭配微笑的照片就會有些格格不入。如果

是範例的話，最好是選用能夠符合談話內容、話題種類、嚴肅程度的照片。簡單來說，「能夠符合談話的照片」就是好照片。

如果多拍一些照片，就可以從中選出一張會令人想起採訪內容、最符合談話內容或氣氛的照片。要選擇符合談話的照片，就必須知道談話的內容，所以能夠選出好照片的人，不是專業攝影師，而是採訪者本人。

┃ 原則 2 「先拍保險的一張，再拍冒險的一張」

關於範例照片，我建議最好是可靠、穩健「保險的一張」和刻意精心設計「冒險的一張」。

以會議室的白色牆壁為背景，拍攝「保險的一張」

「保險的一張」就是一種主打安全牌，任何人拍都不會失敗的照片。譬如，如果以會議室的白色牆壁為背景，就能夠拍出有一定水準的照片。

或許有人會認為以會議室的白色牆壁為背景，平庸無奇毫無創意。但是，只要拍過的人都知道，以白色的牆壁為背景最能襯托主體人物。範例照片基本上是以人物為主角，所以讓背景來襯托人物合情合理。此外，任何公司的會議室應該都會有白色的牆壁。不同於嘈雜的櫃檯，會議室是可以讓人沉著拍照的地方。總之，在會議室裡照拍，就可以確保照片有一定程度的品質，並讓失敗率降到最低。因此，所拍出來的照片就是名副其實「保險的一張」。

「冒險的一張」有失敗的危險性

冒險的一張別名「創意的一張」。這種照片雖然也不是多有創意，但是在範例照片中，還真的可以常看到這種「站在櫃檯前，以企業商標為背景所拍的照片」。對拍照外行人而言，要在櫃檯前進行拍攝工作還真的十分困難。

343

首先，櫃檯是個人來人往的地方。如果要讓顧客站在櫃檯前拍照，拍攝的動作勢必要乾淨俐落。如果動作磨磨蹭蹭，就會妨礙櫃檯工作，增添對方企業的麻煩。另外，被拍照的顧客也會在眾目睽睽之下覺得難為情。

還有，就是櫃檯前的照明條件通常都不會太好。為了營造平靜、穩重的氣氛，大多數的公司會在櫃檯周邊設置間接照明，而且只照亮企業商標那一部分。如果要在這種光線明暗有各種落差的地方拍照，除非用手動的方式把相機的各種數值調得非常精準，否則拍出來的照片，極有可能只有照片正中間的企業商標是有亮光的，而最關鍵的主角人物卻埋沒在一片灰暗當中。

當然，對專業攝影師而言，這點技術不算什麼，但是對攝影外行人而言，卻有失敗的危險性。所以我把在櫃檯前拍的照片定位為「冒險的一張」。

給人光明正大印象的「太陽旗構圖」

接下來說明拍攝「保險的一張」的技巧。首先，是照片的構圖。保險的一張，無需做額外的事情，就讓人站在中間的位置。讓人站在中央位置的構圖叫「太陽旗構圖」。教攝影的書都說這是平庸、不佳的構圖。拍女模特兒的寫真照片或拍河邊的翠鳥時，用太陽旗構圖的確會很無趣，應該避免。但是，對導入範例的廣告文宣照片而言，這種構圖卻最有效。拍攝對象抬頭挺胸站在照片中間的位置，帶著笑臉平視著相機，就能夠帶給讀者（潛在顧客）充滿自信、絕不逃避的印象。

　　如果在照片上面，再打上「某某公司三千名員工，全都靈活運用△△系統」的吸睛宣傳標語，還可再進一步塑造「這的確是可以信賴的系統」的印象。如果把這句標語放在畫面的下方，讓人物和宣傳標語成三角形，就能產生一種安定的感覺。

太陽旗構圖的例子。以拍攝對象的頭為頂點，宣傳標語為底邊，就可以形成一個三角形。

圖 5-1

讓看的人覺得是在對著自己說話

　　圖 5-2 有三張照片。假設要在照片上打上一句台詞「我有重要的事情要告訴你」。請問，這三張照片當，哪一張會被認為是「喔，有話要告訴我嗎」？

圖 5-2

當然是 A 照片。B 照片是臉看向旁邊，用手指指著什麼，給人的感覺不是對著自己而是對著別人說話。C 照片則是雙手握拳，一副鬧著玩的姿勢，臉又朝著另一個方向，所以就算真的在說什麼重要的事情，也難以取信於人。因此，還是臉朝正面的 A 照片效果最好。

要設法讓構圖看起來不可怕

但面向正面的構圖有個缺點，就是令人覺得「照片上的人在盯著自己看，好可怕」。如圖 5-1 的確會讓人有「可怕」的印象，其原因有三點：一，雙手自然下垂在兩腋旁邊；二，只有獨自一個人站在中央；三，拍攝對象的體格過於壯碩。要怎麼做才能排除這三個原因呢？首先，讓拍攝對象的雙手在身體前交疊，擺出待命的姿勢，這樣就可大幅減少高高在上的感覺。因為待命的姿勢是客服業最基本的姿勢，所以即使拍攝對象是公司的老闆，用這個姿勢拍照應該也不會有問題。

圖 5-3

如果覺得「只有一個人站在中間很可怕」，就多找幾個人

一起拍。通常為範例進行採訪的受訪者不會只有一人。讓幾個人一起拍，就算其中有一個人的體格特別出色也不會太顯眼。可能的話，最好二、三人當中有一位是女性。照片中有女性，氣氛自然就會比較柔和。另外，如果只有一位女性單獨受訪，她所站的位置最好偏右一點或偏左一點，不要在正中央。

圖 5-4

　　最後，最重要的就是表情。被拍的人必須全都是一張笑臉。太陽旗構圖給人的感覺雖然是氣派十足，但是如果弄錯一步，就會給人高高在上、不可一世的感覺。要避免出現這種狀況，拍攝對象除了要擺出待命的姿勢，還要露出一張笑臉。太陽旗構圖畢竟只是一個原則。除了遵守這個原則之外，還是要視當時的狀況和拍攝對象的心情進行微調。

║ 原則 3 「攝影師信心吆喝，大功告成」

　　為範例拍照應該要拍兩種照片：一，受訪者在受訪中說話的模樣；二，受訪者的站姿。

　　首先是受訪者在受訪中談話的模樣。如果有攝影師隨同採訪，在採訪中就請攝影師掌鏡。如果是採訪者兼攝影師，採訪完畢之後，就讓自家公司隨同前往的業務員和顧客對話，自己再拿出相機拍照。交談的內容不限，要談工作或純閒聊都可以。

要自自然然掌握一切

　　為範例的採訪進行拍照，一定要「處理得乾淨俐落」。如果處理得不夠俐落，就是在浪費受訪者（你的顧客）寶貴的時間。換言之，就是要精準掌握拍照的場所、拍攝對象站立的位置，以及若有兩位以上的拍攝對象，每個人站立的位置等瑣碎但具體的項目。處理這些事項時態度要謙卑。不過，雖說態度要謙卑，也不能只呆在一旁等著別人開口做決定。總之，快速歸納相關人等的意見，提出精準的建議，再立即做決定。簡單來說，採訪者要化身「現場指揮官」掌控一切。

利用採訪前花數分鐘勘景

　　或許有人覺得「結束二、三個鐘頭的採訪之後，實在沒有信心可以再用一顆疲憊的腦袋靈活處理這些事情」。如果真是如此，就拍「保險的一張」；也就是以白色的牆壁為背景，連

拍太陽旗構圖的照片。

如果再累也想花工夫拍「冒險的一張」，那麼「採訪前的勘景」就非常重要。走進受訪企業的玄關，在櫃檯辦完申請手續之後，就若無其事地打量四周，觀察一下是否有適合拍照的場所。之後，在會議室結束採訪，一進入拍照階段，就提議「在大廳的某個地方拍照可以嗎？」如果受訪者沒問題，就移師到那個地方拍照。

假設整個採訪的時間是兩個鐘頭，通常會以最後的十五分鐘為拍照所需的時間。不過事實上，大多數的採訪都會拖得比較長，拍照時間只剩五分鐘是常有的狀況。因此，為了能夠順利結束拍攝工作，動作一定要乾淨俐落。

讓拍攝對象極度放輕鬆

拍攝站姿時，不能靜悄悄地拍，一定要邊說話邊拍攝。

「給全國顧客一個業務員的微笑」

「給全國顧客一個甜美的笑臉」

「請把這台相機當成是顧客盯著它看」

「請在心裡向顧客說：『謝謝您！』就是那個表情」

我在朝日啤酒公司拍照時，就曾大聲說：「請在心裡說：『一切都是為了給客人最美好的味道！』」結果，大家都欣然接受。

拍照時一定要啪嚓啪嚓連拍。連拍數十張，「笑得最輕鬆、

最自然的好照片」一定會混在其中。之後，就可以選出「奇蹟的一張」。

幫三十個人拍照的方法

我個人經手過的最大規模拍攝工作，是在戶外公園拍攝三十個人。現在就說明，當時我是如何掌握現場的。

前提

客戶 X 公司委託我們公司製作範例。受訪者是使用 X 公司產品的用戶 Y 公司。Y 公司是一家產品代銷公司。我和 X 公司的負責窗口協議之後，達成一個結論：「這次的照片要呈現 Y 公司『整個公司』都朝氣蓬勃的氣氛。」

方針（瞬間決定）

採訪當天，我一抵達 Y 公司，就發現馬路的對面是有著綠色草坪的大公園，而且因為是平日，公園裡幾乎空無一人。那一瞬間，我決定「讓 Y 公司所有員工（包括老闆在內）都到這個公園集合，然後讓所有人擺出勝利的手勢進行拍照」。

致意、交涉

採訪結束之後，進入拍攝階段。我拜託 Y 公司的負責窗口說：「今天拍攝的概念是『X 公司和 Y 公司是最佳拍檔，而且齊心協力希望能為當地顧客貢獻些什麼。我希望能夠營造這種

視覺。因此，能不能麻煩您，盡可能多召集一些員工。為了讓照片看起來更華麗，最好有女性的員工可以參與。另外，為了讓照片比較正式，希望貴公司的老闆也能夠參加。」這個窗口不說二話，馬上答應。

要用這一招，最重要的就是明示理由。如果只是說：「我想拍全體大合照，請老闆也參加。」對方一定會想：「真麻煩，你到底想做什麼？」為了避免這種狀況，一定要誠心且精準地說明「自己想透過照片實現什麼」。只要這麼做，對方一定會全力配合。總之，最重要的就是要精準地說明理由。

安排拍攝細節

我告訴對方的負責窗口說：「麻煩您請大家到對面的公園集合。」之後，就先一步衝去公園，討論拍攝的場所和大家要站的位置。因為有一塊草坪又綠又美，我們就決定以那裡做為照片的背景。類似這種拍攝的計畫，必須在大家集合之前就討論完畢。因為等人集合之後再慢慢討論，會讓人覺得「煩死了！快一點！」總之，動作要像先鋒一樣乾淨俐落。

然後，人都到公園集合了，總共是三十個人。而且幾乎人人都是一副「拍照？拍什麼照」的訝異表情。

指定站立的位置

三十個人所站的位置必須妥善安排。首先，我說：「麻煩老闆站中間。」然後，請老闆就中間位置。接著，讓專務、常

務等高階長官分別站在老闆的左邊和右邊。最後，讓一般職員分散開來，均衡地站在周圍。

這時，我會親自走過去說：「請這一位站在這裡！」、「請所有的女士都站在這邊！」也就是說，我會親自走動，明確指定這三十個人的位置。攝影師站著不動只出一張嘴、神氣活現地指示他人站立的位置，是會被認為：「這傢伙是哪根蔥！」所以最好不要這麼做。總之，要用低姿態做明確的指示。「您覺得這個場所怎麼樣？」千萬不要說這種曖昧不清的話。在現場，一定要給予明確的指示：「請站在這裡！」簡單來說，就是做一個「低姿態的指揮官」。

安排站立位置的原則

如果人數多達三十個人，那麼安排站立位置的原則（規則）如下：

1. **不要留空隙**：所有的人要一個接一個，人和人之間不要有空隙。因為如果有大的空隙，看起來就會像個空洞，讓人覺得孤獨寂寞。

2. **女性要站在最前排**：讓女性站在最前排。理由有二點：一、女性大都比男性矮小；二、女性站在前面，畫面會比較有魅力。所以要明確指定位置。如果任由大家排排站，女性通常都會退到最後面或最旁邊。

3. **所有人的臉都要拍到**：人一多，有些人的臉可能會因為位置重疊而被擋到。既然要營造「團結一致」的視覺感，就不能

有這種狀況。因此，為了讓所有人的臉都能拍得到，站立的位置一定不能相互重疊。

4. **不需要對齊**：如果希望能夠拍到所有人的臉，也可以像拍畢業照一樣，分成前、中、後三排，並讓前排的人蹲下來。不過，這種構圖會因為太過有秩序而不自然。所以大家站立的時候，不需要一一對齊，可以分散開來就位。

攝影（出聲說話）

大家都站好之後，就把相機安裝在三腳架上開始拍攝。這時最重要的就是出聲說話。我會像如下這樣和大家打招呼。

「好了，請大家看鏡頭，不要移開視線。『只有一個人看別的地方』，反而會特別顯眼。」

「現在請大家一邊說『我會為客戶努力』，一邊用『耶』的感覺高舉右手。」（這時，要邊看著老闆的眼睛邊說話。透過視線取得老闆同意「我可以拍這樣的照片」。）

「這時，可能會有人害羞低著頭，或者不好意思把手高舉起來。但這樣拍出來的照片中，這個人反而會陰沉沉地特別突兀。要像大家一樣精神抖擻地把手高高地舉起來，才不會特別顯眼喔。」

「好了，各位，要開始拍囉！」

於是，包括老闆在內的三十個人，就一邊說「我會為客戶努力」，一邊大叫一聲「耶！」並高舉右手。然後，我就按下

快門啪嚓啪嚓連拍數十張，再從中挑出最棒的一張。

出聲說話提醒大家「積極參與，反而不會顯眼」非常重要。因為對大多數的人而言，要大叫一聲「耶」，實在會覷靦地叫不出來。但是，害羞地笑、難為情地低著頭、手舉得低低的，在拍出來的照片裡反而會特別顯眼。因為大多數的人都「不希望顯眼」，所以一定要請他們勉為其難，很有精神地把手舉起來。

收尾結束

「好了，辛苦大家了。謝謝大家的幫忙。」以這句話收尾。整個拍攝所需要的時間大約是十分鐘。

因為人數很多，所以這算是一個特殊的例子。一般來說，通常都只拍幾個人；所以進行的速度會比較緩慢。不過，就算只拍幾個人，還是一樣要掌握現場。總之，不管如何拍攝，都請當個「稱職的指揮官」。

「拍照」的技巧集

技巧 183　無需強辯，外行人就是要連拍

基本原則就是啪嚓啪嚓連拍。攝影外行人不要考慮「要透過掌握按快門的機會拍出好照片」。只要連拍很多張，就會碰巧拍出奇蹟的一張。這就是外行人該有的正確心態。

技巧 184　嫌麻煩也要使用三腳架

拍好的照片事後可以用影像處理軟體修正，但只有手震無法補救。要防止手震，最好的方法就是使用三腳架。而且，使用三腳架會讓人有專業攝影師的架勢。這也是優點之一。

技巧 185　禁止使用內建閃光燈

縱使拍攝的場所比較暗，也不能使用相機本身內建的閃光燈。實際拍攝過的人就知道，用內建閃光燈拍人物，會非常生硬、不自然，十分不討喜。如果房間的光線稍微暗一點，就提高相機的曝光度。在相機上設定提高曝光度非常簡單。就算拍出來的照片還是太暗，還是可以使用影像處理軟體修正明亮度。

技巧 186　可用外接閃光燈

我們稱外接的高性能閃光燈為「外接閃燈」（speedlite）。雖不能使用相機內建的閃光燈，但若用「外接閃燈」的話，因為光的強度高，就可以拍出明亮、清晰的照片。「外接閃燈」

的光不能直接打在拍攝對象上，一定要經過白色天花板等物體的反射。「外接閃燈」也可以應付連拍（速度會比一般連拍慢一點）。三萬日圓左右就可以買到不錯的「外接閃燈」。

技巧 187　正面是主觀、斜側是客觀

範例照片的構圖，基本上都是用「正面、中央位置的太陽旗構圖」。如果要再更進一步細分的話，還可掌握一個原則，那就是「正面表主觀，斜側表客觀」。要用正面還是斜側，以宣傳標語為基準。

像「某某公司所有員工都使用△△產品或系統」這種主觀型，毫不避諱向大家做宣告的宣傳標語，就適合用相機視線落在正面、正中央位置的構圖。因為這種構圖會給人充滿自信的感覺；但如果宣傳標語論調的角度有點偏的話，就比較適合斜著拍被拍人物說話的姿態。也就是比較適合拍成客觀型的照片。

因為是光明正大宣告的宣傳標語，所以用正面、中央位置的太陽旗構圖。

為了強調宣傳標語的客觀性，所以用人物斜側的照片。

圖 5-5

我曾為「關於系統開發的估價金額，這次我們真的深思熟慮過了」這句宣傳標語拍攝過範例照片。因為這個宣傳標語有點老套，所以我就拍了人物斜側，把視線投在對角的照片。

技巧188　用「色調曲線」和「非銳利化濾鏡」修正照片

外行人拍攝的照片因為大都偏暗，所以會用圖像處理軟體做修正。若想補強明亮度，可用「色調曲線」。用法很簡單。只要按著滑鼠，將直線由左下往上拉就可以了。「色調曲線」會透過本身校正明亮度的功能，讓照片看起來既自然又清晰。如果大家覺得我在騙人，就請自己試一次。

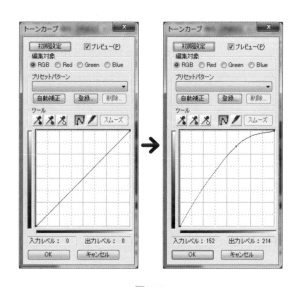

圖 5-6

如果覺得照片很模糊，就用「非銳化濾鏡」校正。我通常都會將數值定在 0.5 左右。校正圖像過於吹毛求疵會沒完沒了，

所以初學者只要會用「色調曲線」和「非銳化濾鏡」就足夠了。

另外，影像處理軟體也不需要買特別貴的。我個人就很喜歡用才數千日圓的照片編輯軟體「Paint Graphic」。請記住：校正照片可用「色調曲線」和「非銳化濾鏡」。

技巧189　小型商品不適合當背景

拍範例照片的原則，就是要採用可讓對方行業類別一目瞭然的背景。譬如，如果對方經營花店，就以花為背景，這樣讀者一看就知道對方開的是花店。如果把這種想法告訴受訪者，受訪者可能會建議去「商品陳列室」。不過，陳列室通常都不適合用來當背景。除非陳列室所展示的商品是「大型商品」，譬如：汽車、摩托車等。如果以大型的商品為背景，就會是搶眼的「圖像」。但是，像牙刷、肥皂這類「小型商品」，就算擺滿了陳列室，拍起來也絕不會是閃亮、美麗的圖像。

看到這種照片的潛在顧客，只會對這種照片留下「雜亂和髒汙」的印象。與其如此，還不如就以會議室的白色牆壁為背景。認為「客戶的商品最適合當背景」，其實只不過是一種唯心論。既然是照片，當然要以「如何看起來像圖像」為基準來判斷。請記住「小型商品不適合當背景」。

技巧190　商品放在胸前的高度才顯得有精神

如果商品的大小正好可以拿在手上，就請顧客把商品拿在手上拍照。這時，一定要請顧客把商品托高至胸前的高度。

根據我的經驗，如果我不吭聲只請顧客拿著商品，幾乎所有的顧客都把商品拿在自己肚臍的高度。大家一起拿著東西站著拍時，看起來應該都一樣，而且這種高度對拿著商品的人而言最自然也最輕鬆。但是，對看照片的這方（讀者）來說，卻會產生「拐彎抹角」、「沒有自信」的負面印象。

以範例照片而言，如果從讀者的視角來看，最舒服的感覺是把商品拿在胸前的高度。請顧客把商品托高至胸口，顧客可能會覺得孩子氣而不好意思。但是，從看的人的角度來說，卻可以留下「把商品舉得這麼高，一定非常熱愛自家公司產品，對自家公司產品非常有信心」的好印象。拍照時，請向顧客說明這個道理。請記住「商品放在胸前的高度才顯得有精神」。

技巧 191　不像圖像就不適合

某次採訪，我對受訪者說：「我希望背景能讓人一眼就知道是什麼行業。」受訪者馬上建議：「我們公司的大廳有一台50吋的液晶電視在播放公司簡介的影片，就以那裡為背景拍照，如何？」這個建議乍聽之下好像不錯，事實上並不適合，所以我委婉地拒絕了。

這建議不適合是因為對受訪者來說，那台電視是播放公司簡介的電視，但對其他人來說，則是台普通電視。「以播放公司簡介的錄影帶為背景最適合」的想法也是唯心論。照片是一種視覺作品，請以「如何看起來像圖像」為基準來判斷。

技巧 192　包青天居中的構圖

　　如果拍攝對象有三位：一位是董事，一位是課長，一位是股長；應該讓誰站在最中間？當然應該是董事。請記住「包青天在中間，王朝、馬漢站兩旁（即主人在中間，兩位侍衛站兩旁）」。假設，要讓一個部門的七個人一起入鏡。這時，部門主管的位置應該在哪裡？這的確是個令人頭痛的問題。我認為最好讓部門主管站在最左邊或最右邊。請記住：要拍七人全家福照時，爸爸要站或坐在最旁邊。

技巧 193　兩邊高、中間低的構圖

　　假設要拍五個人。這五個人的身高分別是 180、175、170、167、160 公分。他們的位置應該如何安排？我認為最好從左至右或從右至左，分別是 180、170、160、167、175 排排站。因為兩端高個子，中間矮個子的構圖最四平八穩。請記住「就像日本的彩虹大橋一樣，兩端高中間低」。

技巧 194　公主居中的構圖

　　假設要拍三個人。一位是男部門主管，一位是男課長，一位是女職員。他們的位置應該如何安排？以「包青天居中」的原則來說，部門主管在中間。不，這時，這三個人的位置是「部門主管、女職員、課長」，也就是讓女性在中間所呈現的圖像才會穩重，畫面才會好看。請記住「公主永遠在中間」。

技巧195　三人比兩人好掌鏡

只有一男一女最難拍攝，因為兩人站在一起露齒一笑，讓人覺得：「喲，這兩個人一定很要好！」為了不讓人產生這種印象，只好多加一人，湊成三個人。採訪時如有業務人員同行，就讓他加入也是一種方法。這時，當然還是請女士在中間。

另外，假設受訪者是兩位男性。一位是年輕的職員，穿淡灰色的西裝；一位是年紀稍長的資深幹部，穿黑色系的西裝。面對相機時，年輕的一臉微笑，資深的表情僵硬；這也是令人為難的狀況。如果就這樣拍，西裝顏色、年齡、表情皆呈對比，給人的印象就是「凹凸二人組」。為了避免這種狀況，就多加一人，湊成三人。請記住「三個人比兩個人好掌鏡」。

技巧196　對方的服裝也歸我們管

如果被拍人物的領帶歪了，一定要委婉告知。如果是穿西裝站著拍，第一顆鈕子鈕著，第二顆鈕子解開；如果是穿西裝坐著拍，鈕子可以全解開；如果胸前插著原子筆，請對方把原子筆拿下來。總之，請記住「對方的服裝也歸我們管」。

技巧197　若猶豫不決，就取下證件卡吊牌

大企業的員工，身上大都會掛著有員工識別證的證件卡吊牌。拍攝時，到底要不要把吊牌取下來，有時還真令人煩惱。有人認為既然是員工識別證，還是帶著比較好；有人認為員工識別證並不美觀，還是取下來比較好。我個人無法判斷時，都

會請對方把吊牌取下來。

技巧198　拍攝人物之間不要留空隙

拍二人或三人以上的站姿時，如果只是請他們站好，他們之間通常都會留 10 公分左右的空隙。對被拍的人來說，空出一點距離會覺得比較安心。但是，如果就這樣拍的話，人與人之間的空隙會變得格外顯眼，讓人覺得他們一定互相交惡。為了避免讓人產生這種印象，我會對他們說：「請大家肩並肩、臂碰臂，再靠近一點！」請記住「人與人之間不要留空隙」。

技巧199　自然光比閃光燈的光好

用自然光拍人物照片的效果最好。因為場地太暗而考慮用閃光燈之前，請先試試拉開窗簾或換個房間；也就是盡可能使用自然的採光。因為「一白遮三醜，自然光藏七醜」。

技巧200　冬天拍照時，下午四點半前收工

如果是冬天採訪，最遲下午二點一定要開始作業。因為下午二點開始採訪，拍照的時間差不多會落在下午四點，這時還勉強有太陽的光線。到了五點，天色就整個暗下來了。因此，拍攝工作一定要安排在天還亮的時候結束。

技巧201　明亮的陰天是最好拍照的天氣

夏天是陽光最燦爛的時候，所以拍攝時一定要設法減弱光

線，譬如，可以稍微把窗簾拉起來，或是讓拍攝對象站得離窗邊遠一點。在夏天的強光下拍攝，由於陰影會清晰地落在拍攝對象的臉上，所以拍攝的人會難掌鏡。我認為明亮的陰天最適合拍照，在這樣的光線之下，只要按快門就可以拍出不錯的照片。請記住「明亮的陰天是最好拍照的天氣」。

技巧202　用模仿的表情來選自然的照片

假設拍了三十張照片，想從中選出笑得最自然的照片，請做和照片中的人相同的表情，也就是稍微模仿拍攝對象臉部的表情。如果連模仿的自己都覺得「喔，現在這個笑臉很自然」、「嗯，這種感覺很放鬆」，那麼這張照片就是笑得最自然的照片。請記住「用模仿的表情來選自然的照片」。

技巧203　用吆喝和連拍來應付不看鏡頭

拍兩人以上的照片時，常會有人不看鏡頭。如果這個人被逼著看鏡頭，最後還是會把視線移開。就某個角度來看，這是一種心不甘情不願的反應。這種眼睛不看讀者（潛在顧客）的照片，會讓人產生「沒有自信」或「態度惡劣」的印象。為了避免這種現象，可以用吆喝法。也就是對著拍攝對象呼喚：「各位，請看鏡頭！」、「請把鏡頭當成客戶，然後看著鏡頭！」、「不看鏡頭就等於不理睬客戶！」以客戶第一為正當理由，就可以讓拍攝對象克服看鏡頭的痛苦。

還有另外一個方法，就是大量連拍。只要拍很多照片，總

可以找到一張是所有的人都正視前方的照片。請記住「用吆喝
和連拍來應付不看鏡頭」。

技巧204　盡量縮短拍攝時間

很多人都不喜歡拍照，我就是其中的一個。任何人面對鏡
頭都會緊張，尤其是攝影師還特別強調要「笑得自然」的時候。
如果以人人都討厭拍照為前提，該採取的作為只有一個，那就
是盡可能快點結束拍攝，縮短拍攝對象的痛苦時間。

技巧205　用吆喝減輕痛苦

我們還可以為對拍照感到痛苦的人做一件事，那就是不斷
出聲吆喝。靜悄悄而只有快門發出連拍聲時最痛苦。要吆喝什
麼都可以，就是努力消除拍攝對象的緊張感，以減輕其痛苦。
總之，要消除對方的緊張感，並露出輕鬆的表情，最基本的做
法就是在拍攝過程中不斷說話。請記住「用吆喝減輕痛苦」。

技巧206　「表情太僵硬囉！」是最糟糕的吆喝

據說，專業攝影師拍模特兒時，啪嚓啪嚓拍了之後，會說：
「今天的攝影工作結束囉！我已經拍到非常不錯的照片了。」
然後，等模特兒突然像洩了氣的皮球整個人放輕鬆時，繼續按
下快門，就可以拍到模特兒最自然的表情。不過，製作企業的
範例時，不能用這種出其不意的攝影手法，所以只是提出來供
大家參考。我在拍攝時之所以會搞笑地吆喝說：「要照囉，來

一個業務員的笑容！」這就是想拍大家的無奈表情。

　　「表情太僵硬囉！」、「表情請再柔和一點！」這些是最糟糕的吆喝。對討厭拍照的人這麼說，只會讓他們的表情更僵硬。另外，這麼吆喝，感覺上有點盛氣凌人、高高在上，所以並不適合。如果對著有點年紀的資深幹部說：「表情太僵硬囉！」這只會讓狀況更糟糕。請記住「攝影師不要自以為了不起」。

技巧207　「要照囉，給全國的顧客一個笑臉！」

　　「要照囉，給全國的顧客一個笑臉！」這是我個人認為還不錯的吆喝方式。「給顧客一個笑臉」理由正當，所以就算對方是老闆也可以這麼說。不過，語氣要謙虛。呆萌一點反而更能讓對方露出無奈的笑容。請記住「如果是給顧客的笑臉，就可以正大光明要求」。

技巧208　對「串燒」現象雖要注意，但無需太在意

　　常聽人家說，拍人物照片「應該要避免變串燒」。所謂變串燒，就是拍攝對象的正後面有窗框等垂直桿狀型的大型結構物，讓拍攝對象的頭部看起來像被刺穿了一樣。我個人對這種串燒現象所抱持態度是「要注意但不在意」。譬如，以會議室的白色牆壁為背景進行拍攝。會議室的牆壁大概每一公尺，就會出現一條直的合板接縫細線。如果讓四、五個人以這裡背景拍團體照，有一個人就一定會因為這條線而變成串燒。

　　但是，這種細線並不像窗框等粗大的結構物那麼顯眼。與

其為了避免有人變成串燒，而對著拍攝對象吆喝：「請往右邊靠一點！」、「啊，再往左邊移三公分。」如此一來，反而搞得大家神經兮兮，不如就讓那條細線陪著大家的笑臉一起入鏡。拍出來的作品如果真的覺得那條線很礙眼，再後製去除。如果只是會議室牆壁的細線，就算是攝影外行人，也可以去除地乾乾淨淨。請記住：對於「串燒」現象，雖要注意，但無需太在意。

技巧209　白色的牆壁易於做後製處理

如前所述，「保險的一張」就是以會議室的白色牆壁為背景進行拍攝。如果是白色的牆壁，就算把月曆、電燈開關等會破壞畫面的物件都拍進去，之後還是可以運用影像軟體簡單去除。請記住「如果是白色的牆壁，要做影像後製處理也很簡單」。

技巧210　要先想好放入宣傳標語之後的構圖

還有一種構圖，比變成串燒更恐怖，而且事後還無法補救。這種構圖就是拍範例照片時，絕對要避免的「複刻銅像」。拍範例照片一定要先思考下面放入宣傳標語之後的構圖。如果沒這麼做，就以上半身的構圖進行拍攝，最後再放上宣傳標語的話，拍攝對象看起來就會像是放在宣傳標語檯子上的銅像，或是宣傳標語的字正好就落在拍攝對象的脖子上。這種作品真的會讓人很傷腦筋。請記住「複刻銅像，絕對要避免」。

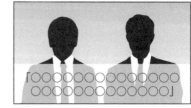

圖 5-7

技巧 211 　多拍一些空白，之後再裁掉

不想拍出複刻銅像，最簡單的方法就是，拍的時候擴大留白的地方。多留一些空白，之後再裁掉就可以了。請記住「多拍一些空白，之後再裁掉」。

技巧 212 　在雙手交疊處進行裁剪

如果是待命的姿勢、拍攝對象雙手交疊在前面的構圖，只要在下方雙手交疊處進行裁剪，圖像自然就會呈現安定的感覺。如果會稍微切到一點手也沒有關係。但是，最上面，也就是頭的上方，必須要留一點空白。請記住「在雙方交疊處進行裁剪」。

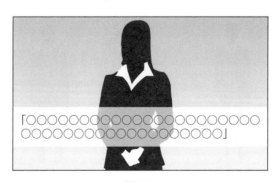

圖 5-8

技巧 <u>213</u>　用黃金比例拍攝準沒錯

　　照片基本上都是橫長的長方形。這時用製作名片的概念來拿捏照片的長寬比例，就不會出狀況。因為一般的名片就是長寬呈黃金比例的「黃金長方形」，所以猶豫時就用黃金比例。

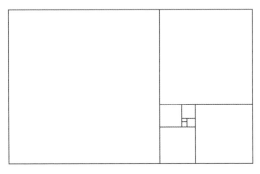

圖 5-9

技巧 <u>214</u>　不要切掉腳

　　一般的範例照片都只照拍攝對象的上半身；不過，有時視情況，也會拍全身站姿。這時請注意，拍攝時千萬不要切掉腳。拍攝時，或許會認為「這樣還可以」，但經過後製的完成作品，沒有腳的照片，看來不穩定。請記住「腳遭切掉的照片不吉利」。

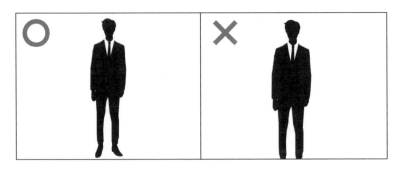

圖 5-10

技巧215 會議室的座位安排上，照片效果比一般習慣更重要

為範例進行拍攝，一般都會在受訪企業的會議室進行。被帶到會議室之後，你該坐哪一張椅子呢？雖然你是來採訪的，但來者就是客，所以按照公司的習慣，對方通常會請你坐在離會議室入口最遠，也就是會議室最裡面的那張椅子。

但是，如果你發現「最裡面的座位的後面是一片清爽的牆壁」，進而判斷「那就是最適合當背景的地方」時，就要捨公司的習慣而以拍照的效果為優先考量。具體的做法就是跟對方說：「因為照片的背景整潔一點比較好，所以如果方便的話，能不能請各位坐到最裡面的位子？」然後，就請所有受訪者移坐最裡面。請記住「照片效果比一般習慣更重要」。

技巧216 之後再換座位也可以

話是這麼說，但以公司習慣為優先考量，而讓受訪者坐到背景並不乾淨俐落的位子上，也是常有的事情。如果是這種狀況，就按原計畫先採訪，等採訪結束之後，再委婉告訴對方：「接下來，我要拍坐著說話的姿勢，請移到背景比較整潔的位子。」接著，再請他們換個座位就可以了。

技巧217 不是移動物件，而是請人移開

會議室裡總會放些像罈、壺、罐之類的物件。為了不讓這些物件入鏡，就會想移開它們。但是，私自移動顧客的物件，很失禮，而且移動時，如果物件有破損就茲事體大了。所以，

這個時候，請拍攝對象移到不會拍到這些物件的地方。請記住「不是移動物件，而是請人移開」。

技巧218　碰到觀葉植物一定要移開

會議室裡也常會放一些觀葉植物。觀葉植物非常搶眼，一旦入鏡，身為主角的拍攝對象就會黯然失色。所以，一定要設法讓觀葉植物無法入鏡，如有必要，就將觀葉植物暫時移開。有一次，我嫌移開麻煩，就這樣拍攝，結果拍出來的照片中，觀葉植物果然礙眼。之後，即使麻煩，我都一定會將觀葉植物移開。請記住「碰到觀葉植物一定要移開」。

技巧219　月曆要拿下，畫要避免入鏡

背景牆壁有時會掛月曆。因為容易拿下來，所以拍照時可暫時取下。但如果掛的是畫，要拿下來就不太可能，只能掌鏡時設法避開。請記住「月曆要拿下，畫要避免入鏡」。

技巧220　入鏡的空調、電燈開關可在後製時再去除

會議室的電燈、空調開關位置，大都在距離地板150公分高的地方。這些物件出現在拍攝對象的後方確實礙眼。拍照時如果能避開就避開；如果不行，就先讓它們入鏡，之後再用影像處理軟體將它們去除。這個動作很簡單，連攝影外行人都可以去除地乾乾淨淨。

技巧 221　電話也要移開

在櫃檯處，以企業商標為背景拍照時，櫃檯上常會放著電話。如果就這樣拍，電話會非常醒目，所以要暫時把電話移開。

技巧 222　暗號就是「有猶豫就淨空」

以上一連串的技巧，其實可以用「有猶豫就淨空」這一句話來表達。也就是說，照片中除了人物之外的異物，都盡可能讓它們消失。拍攝時，你可以暫時把這些物件移開，或讓鏡頭避開這些物件。請記住「有猶豫就淨空」。

技巧 223　照片人物看起來「討人厭」就刪掉

範例照片最重要的就是讓人有好感。如果照片上的人物被讀者認為是「討人厭的傢伙」就沒戲唱了。「討人厭的傢伙」所說的話，沒有人會聽得進去，所以檢視為範例拍的照片時，要用一般人的角度看看照片上的人物是否像「討人厭的傢伙」。看照片時，如果會出現「這傢伙是誰啊！」的感覺，這張照片就不可用。請記住：如果看起來像個「討人厭的傢伙」就刪掉。

—————— **防止客訴的方法** ——————

技巧 224　當場就讓受訪者看所拍的照片

對著拍攝對象連拍之後，就當場先選出一些適合的照片。這時，可以把拍好的照片放到相機內建的螢幕上請受訪者過目，並對受訪者說：「您覺得這種感覺如何？」、「我們也可以重

拍，有任何缺點都請指正。」藉此請受訪者確認。如果拍攝對象有三位，一個人確認一次，就會確認三次。世上有形形色色的人，有人會為自己的視覺設定基準，認為「我的照片應該這個樣子」。如果事後才讓這種人表示「我不允許你用這張照片」，事情就會變得很複雜，甚至陷入僵局。為了避免這種狀況，可以當場請受訪者先行確認，並取得受訪者暫時的同意承諾。請記住「當場就讓受訪者看所拍的照片」。

技巧225　拍女性要特別細心

　　為大企業拍攝範例照片時，我們公司曾經因為拍攝的照片而被客訴。那時，我公司的人到對方的公司去採訪二位女性的負責窗口。後來，其中一位用很強烈的口吻客訴說：「這是什麼照片！怎麼會拍成這個樣子！我真懷疑你們的製作態度。」我看了那張照片，認為：「那張照片的效果雖然不是頂好，但也沒那位女士說的那麼糟糕。」可能是因為室內照明的關係，那位女士的臉上有個模糊的黑色陰影。雖然客訴的原因不明，但我想八成是這位女士看到照片，心裡就認定「這張照片不符合我個人的形象」、「我絕不允許這張照片流到市面」。

　　必然有一定比例的人會對照片的效果設定極為嚴格的基準。以我的經驗來說，這種人以女性居多。這種人的基準是否嚴格，完全無法從個人的外貌或心情去判斷，所以沒什麼方法可以防止這種狀況發生。不過，拍攝之後當場就請求確認，可說是最起碼的危機管理。請記住「拍女性要特別細心」。

技巧226　夾克和領帶要全體一致

　　拍攝對象不論是否要穿夾克，原則上都要全體一致。假設受訪者是三位男性，兩位穿夾克，一位穿襯衫。這時一定要統一；不是三位都穿夾克，就是三位都穿襯衫。如果全都穿夾克，只有一人穿襯衫，會讓人覺得莫名其妙：「為什麼只有這個人和大家穿的不一樣？」領帶也是。不是全體都打領帶，就是全體都不打領帶，一定要統一。請記住「夾克和領帶要全體一致」。

技巧227　不只是現場，還要向公關部確認

　　關於拍好的照片，如果現場沒問題，但公關部門沒搞定的話，也會讓事情變得很複雜。這是為範例去採訪某家老字號百貨店的情況。受訪者是資訊部門的兩位先生。因為是夏天的關係，這兩位先生都穿襯衫、沒打領帶。我們讓這兩位先生就這樣入鏡。但當我們提出範例的初稿時，對方表示「照片要重拍，希望換上新拍的照片」。問清楚理由之後，才知道原來是公關部門對這兩位先生沒穿夾克、沒打領帶有意見。公關部門認為：「身為老字號、有優良傳統百貨店的員工，這麼邋遢地出現在公開的範例上，一定會受到斥責。」雖然這件事情未必是製作範例這方的錯，但還是得讓協助我們採訪的受訪者增加額外的工作，所以，這並不是一個不愉快的經驗。

　　對於夾克、領帶的穿戴，是否要有嚴格的要求，必須視企業和公關部門的認知而定。所以，給人拘謹形象的金融機構、地方政府「不穿夾克、不打領帶拍照也沒問題」，並不稀奇。

相反地，有一些看似活潑的行業，拍照時還必須穿夾克、打領帶。因此，就算行業相同，對於這一點的方針卻未必相同。換言之，關於這點，我們無法用一般的說法來預測。所以，我決定多問一句：「請問貴公司的公關部門看過，不會有問題吧？」請記住「要確認公關部門的的意圖」。

技巧 228　在工廠絕不可出奇不意地拍照

某大電機製造商對於進辦公大樓的人，都會要求要密封手機、相機，這是為了要防止公司的機密外洩。為範例採訪某大汽車製造公司時，我就被要求事前先申請要攜帶的相機台數和機種。由此可知，製造業對於攜帶相機進入這件事非常敏感。在工廠內要拍照，一定要先徵得受訪者的許可。原則上，在工廠內是禁止拍照的。請記住「製造業對照片很敏感」。

撰 稿

‖ 不要讓看的人覺得既麻煩又費事

終於要開始動筆了。提到寫文章，我想很多人「不知如何下筆，也沒有頭緒」。如果以簡單易懂的文章書寫方法為主題，就可以寫一本書；換言之，闡述一般文章寫作技巧的書非常多。所以，本章只針對「撰寫範例文章的重點」做說明。

範例到底是什麼樣的文章？

在說明範例的寫作技巧前，先為大家整理範例的性質。

- 對製作方而言，範例是為促銷自家公司商品、服務所寫的文章。
- 對閱讀方而言，範例是選擇產品時被當作參考資料來閱讀的文章。
- 範例是具有一定長度、一定資料量的文章（如果是 A4 大小的宣傳手冊，大約就是 1 ～ 4 頁的篇幅）。
- 對閱讀方而言，範例是為工作而閱讀的文章（不像小說是為娛樂而閱讀，而是為尋求對自己有用的資訊而閱讀）。
- 因為閱讀者都很忙碌，所以不會把時間拿來和喋喋不休、意思不清不楚的冗長文章打交道。

因為範例具有以上這些性質，所以撰寫時的大原則就是「不要讓看的人覺得既麻煩又費事」。

調整閱讀成本

提到「不要讓看的人覺得既麻煩又費事」，一般人的第一個反應就是應該寫得簡短一些。當然，既然是文章，就不能寫得冗長乏味。但如果是範例的話，簡短未必就一定好。範例是一種業務文書，潛在顧客是為了尋求「有用的資訊」才讀它。這時，如果文章太簡短、資訊量太少的話，文章的有用程度可能就會大打折扣。為了把有用的資訊都寫出來，文章長一點也絕不是壞事。

不過，「不想閱讀長篇大論的文章」終究還是一般人的感覺。因此，在這裡我想提倡「閱讀成本」的概念。所謂閱讀成本，就是「閱讀文章獲得資訊時的頭腦負荷」。

假設文章內的資訊量是 10，相對的文章量也是 10 的話，就恰到好處不會過猶不及；也就是說，閱讀成本是恰當的、合理的。但如果資訊量是 10，而文章量是 15 的話，就表示文章太多廢話。這時，閱讀者因為是花 15 的腦力去獲得 10 的資訊，就會顯得煩躁，而出現「喋喋不休、完全看不懂」、「這篇文章到底想說啥」的狀態。

不過，也不能說寫得簡短就是好。假設資訊量是 10，文章量是 5，這是一種「說明不足」的狀態，也就是說，該寫出來的資訊遭到省略。如果是這種情形，閱讀者勢必要自行推測被省略的部分然後再補上去。這時，文章雖然簡短，卻會增加閱讀者的腦力負荷，以至於總閱讀成本跟著提高。只有資訊量和文章量保持平衡時，閱讀成本才會最適當，閱讀者的腦力負荷也

才會最小。此外，閱讀者也才不會因為無法獲得所需要的資訊，
而心生不滿。

▌ 渴求資訊分二階段

　　閱讀範例的潛在顧客大都「只想閱讀自己想知道的事情」。那麼，讀者到底想探求什麼樣的資訊呢？通常讀者渴求資訊分二個階段：第一個階段是「這個和我有關嗎？」；第二個階段是「更詳細一點！」

▌ 第一階段「和自己的關係」 ▌

　　會渴求資訊的第一個階段是「這個和我有關嗎？」就如前述，人只會對和自己有關的話有興趣。不論文章的內容多麼有深度，只要看的人認為「這些話和我無關」，就完全不會閱讀。反過來說，只要能夠讓閱讀者相信「這些話和我有關係，對我是有用的」、「把這些話看下去一定有收穫」，縱使文章再長，閱讀者會因有興趣而繼續看下去。

　　人看到某篇文章時，首先會先判斷「文章所寫的事情和自己是否有關」，然後根據判斷的結果決定是否要花時間和腦力看下去。如果一開始就不去閱讀不值得一讀的資訊，就能將閱讀成本降到最低；也就是，資訊量是零的時候，最好閱讀量也是零。

重要資訊（1）照片和公司名稱

　　以範例來說，究竟透露什麼樣的訊息，就可以讓潛在顧客很容易判斷「和自己的關係」呢？

如果是 B2B 的話，潛在顧客基本上會對和自己同規模、同行業別、同公司風氣的企業範例感興趣。譬如，負責窗口所屬的公司，如果是製造業中的大企業、而且有五十年的悠久歷史，就會對同樣是大企業、製造業、歷史悠久的企業範例有興趣。如果是剛成立不久的網路公司，則會關心新興企業的範例。因為他們會期待屬性和自己公司相同的企業，不論是思考方式、遣詞用字、所要面對的問題會有很多的共同點。也就是說，他們相信如果讀這些企業的範例，有極高的機率會對自己有幫助。

而企業的規模、業種、風氣，只要檢視「公司名稱和照片」，就可以簡單、立即做判斷。只要看公司名稱就可以知道規模的大小；只要看照片上人物的氛圍，自然而然可以判斷這是一家拘謹的傳統企業，還是粗獷的新創公司。因此，在範例中，一定要把受訪者公司的名稱和受訪者的照片，大大地放在顯眼的位置。對潛在顧客而言，這些訊息比自家公司的名稱和產品更重要。

重要資訊（2）「故事的地圖」

其次，潛在顧客需要的資訊，就是「故事的地圖（範例的整體輪廓）」。所謂故事的地圖，就是歸納了「這個範例到底在說什麼」、「到底是哪家公司的誰、如何使用了什麼產品、如何解決了什麼課題」等這些摘要的資訊。如果能早期知曉範例的整體輪廓，就可以進一步判斷是否應該要付出閱讀成本，繼續閱讀文章內的所有內容。

　　因此，撰寫範例時，必須盡可能在文章一開始就迅速、精準地把「故事的地圖」告訴大家。擔負這個重責大任的就是「宣傳標語」。範例的宣傳標語，最重要的任務就是告訴大家「這篇文章要談什麼」，其次才是感性和具有衝擊力。連緊接在宣傳標語之後上場的正文，也應該要先用十至十五行的字，來說明範例的整體輪廓。

協助閱讀者「瀏覽」

　　撰寫範例時，要讓讀者能夠輕鬆瀏覽也非常重要。如果閱讀者能夠找到重點處並挑著閱讀，就可以用最快的速度判斷文章的整體輪廓。另外，如果在瀏覽當中，看到了自己有興趣的地方，而集中火力看這一部分的話，也可以節省閱讀成本。

　　要協助閱讀者瀏覽，最根本的做法就是「分章節」。原則是一章談一個論點。如果一章裡有二、三個論點，就將這一章分成二、三個小節。每一節都要設一個小標題。小標題的任務就是在預告這一節會寫些什麼。只要小標題夠豐富，就算只是瀏覽，也都能夠掌握整篇範例的全貌。

　　以採訪式的文章來說，採訪時提出的問題就具有小標題的功能。譬如，如果問：「導入某某系統（產品）的效果如何？」以這個問句為小標題，閱讀的人一看就可以判斷，「從這裡開始會接著談導入效果」。另外，撰寫範例的正文時，也要盡可能讓閱讀的潛在顧客能夠瀏覽。具體的做法就是五、六行就換行，空一行之後再繼續寫。

多數的文字編輯器、文書處理器都有自動換行的功能。但是電子郵件、網路文章因不會自動換行，所以總是密密麻麻的一片。這種文章真的會讓人看到有氣無力。很多範例都會放在網頁上供人閱讀，所以一定要仿照一般的文字編輯器，寫個五、六行就換行空一行。

第二階段「更詳細一點！」

已經掌握故事整體輪廓的潛在顧客，如果判斷「這個文案和自己有關，對自己有幫助，就算花成本，也值得看下去」時，就會進入第二階段的資訊需求，也就是進入第二段階段「更詳細一點！」

在範例中，閱讀者會想知道的詳細內容，譬如以下的細項或更具體的狀況。

「具體而言，碰到什麼樣的課題？」
「具體而言，如何使用產品解決課題？」
「為什麼會選用這個產品？」
「為什麼不選擇其他的產品？」

閱讀的潛在顧客會進入第二階段，就表示已經有心要閱讀這篇文章。這時如果不提示詳細的資訊，會讓閱讀的人心生不滿。我之所以認為，文章不是簡短就好的原因就在此。因為簡短的文章，往往都漏掉了「更詳細一點！」這個階段的資訊。

好的範例的寫作方法

好的範例寫作方法，就是能夠符合上述兩階段資訊需求的撰寫方法。簡單來說，一篇文章同時滿足第一階段「和自己有關嗎？」和第二階段「更詳細一點！」這兩個完全不同的資訊需求。

在本書談到設計之處，提到的「故事的地圖」、「解謎」、「總結」這個範例的黃金結構，其實就是實現這種寫作方法的一種機制。首先，讓閱讀的潛在顧客透過「故事的地圖」掌握範例的整體輪廓。然後，當閱讀者自己判斷這篇文章對自己有幫助而想閱讀時，就會繼續看「解謎」和「總結」部分，藉此獲得更詳細的資訊。這些過程就是以範例的黃金結構為基礎設計的，所以只要照著這個設計撰寫，就意味著一定可以寫出對潛在顧客而言，既易讀又有用的文章。

換言之，好的範例寫作方針歸納成一句話，就是「照著設計寫」。

「撰稿」的技巧集

技巧229　該寫的內容不要過猶不及

為範例所撰寫的文章，到底應該要寫多長、要寫多少字？其實，該寫的內容不要過猶不及，也就是長度恰到好處。所以不是五千字、一萬字，而是用內容去思考。文章只寫「該寫的」，不需要的就不要寫。要與不要的基準，在做顧客分析時就可決定。所謂不要過猶不及，就是不要寫太多也不要寫太少；換言之，不要喋喋不休沒完沒了，也不要因為省略而變成說明不足。只寫該寫的，不要過猶不及。潤稿之後，文章的長度就會配合資訊量恰到好處。話是這麼說，但現實中的文章長度自然就會有個限度。以我個人來說，如果是 B2B 的範例，通常都是宣傳手冊四頁的程度（A3 大小）。

技巧230　各節的長度剛好「一口氣」

各章的長度比文章整體的長度更重要。不論是細讀，還是瀏覽，一章分十五節，每一節二百字，總共是三千字，比起不分小節、一章「一口氣」寫二千字，來得容易閱讀。各節的長度一定要讓閱讀者「讀起來完全不辛苦」。也就是說說，撰稿者可以用一口氣的感覺來寫作。如果文章太長，就分「二、三口氣」完成，這時就要檢討章節的分法。請記住「各節剛好一口氣長度」。

技巧231　意思若相同，以字少為佳

　　寫文章時，只要掌握「讓資訊量相同並減少字數」這個方針，就可以大幅縮短文章的長度。譬如，把「不做不行（四個字）」改成「必須做（三個字）」，兩句話意思相同，但可以少掉一個字。另外，也可如下把字減少。

「常常容易會陷入這樣的思考」（12 個字）

↓

「常易於陷入這樣的思考」(10 個字)

「不管理不行」（5 個字）

↓

「必須管理」（4 個字）

↓

「要管理」（3 個字）

　　請記住「文章要以一個字為單位來降低閱讀成本」。

技巧232　字刪減後，再加入新資訊

　　減成「要管理」（三個字）之後，再變成「要適當地管理」（六個字），就可以加入和適當相呼應的新資訊。簡單來說，增加字數就是增加資訊量。如下述為例。

「縱使寫得又精彩又有深度」（11 個字）

↓（削減字數）

「縱使內容有深度」（7 個字）

↓（追加新資訊）

「縱使有深度的內容都是用名言佳句所寫出來的」（20 個字）

↓（再削減字數）

「縱使用名言佳句寫出這麼有深度的內容」（17 個字）

寫文章時要留意「資訊密度」。資訊密度的算式是「資訊量／字數」。一般而言，日本漢字的資訊量會比日文假名來得高。譬如，同義的「つかまえろ」（五個日文假名）和「確保」（二個日本漢字），後者的資訊密度就比前者高；「ひきあげろ」（五個日文假名）和「撤退」（二個日本漢字）也一樣。

技巧233　資訊密度的合理值因時間、地點、場合而異

資訊密度也未必愈高就愈好，好比如下的例子。

「今天一大早天氣就非常好。我帶著幸福的感覺醒過來。」
（24 個字）

「今早天氣晴朗，我愉快地醒過來。」（15 個字）

兩個句子的內容都一樣，但是後者的字數比較少，所以資訊密度比較高；但是，不能因此就說後者比較好。要選哪一個

句子，必須視文章發布的時間、地點、場合和閱讀的對象而定。另外，如果胡亂提高資訊的密度，有時反而會影響文章簡明易懂的程度。

「寫文章時，必須小心資訊密度。」（14個字）

「寫作時，要留意資訊密度。」（12個字）

比較這兩個句子，後者的資訊密度比較高。但以簡明易懂來說，前者優於後者。因此，關於文章的資訊密度，必須視讀者對象和時間、地點、場合來選擇最佳值。請記住「資訊密度要視情況而定」。

技巧234　注意動詞化和名詞化的文章

我認為，所謂的「慣用日語」是指以動詞為核心所寫的文章。譬如，翻譯「Done is better than perfect.」這句英語時，如果譯成「完成優於完美」，就屬於名詞化文章，若譯成「與其求完美，不如先完成」，則屬於動詞化文章；又好比說「Mary looks prettier with her hair cut short.」這句話，如果譯成「瑪麗把頭髮剪短後變得更可愛了」，就比譯成「瑪麗剪短髮比較可愛」，更活潑傳神（真野泰《英語的結構和翻譯方法》）。

現在，我們再比較稍微長一點的文章。

名詞化的文章

「以往房地產公司在土地活用業務上，都是**由業務負責人對**
地主的洽談方式為主流。但因應時代潮流和顧客傾向的改變，現
在除了以往的方式之外，也會挹注網路集客。」（73 個字）

動詞化文章

「房地產公司**要建議地主活用土地時**，以前都是**業務負責人**
直接找地主洽談。但因時代潮流和客戶的喜好改變了，所以現在
除了有面對面洽談的方式之外，也會在網頁的運用上下功夫。」
（80 個字）

一般來說，動詞化文章給人的印象是流暢度佳且語氣比較
溫和婉轉，但由於字數較多，所以資訊密度比名詞化文章低。
究竟要選哪一種，取決於文章的使用方式和閱讀方式。另外，
動詞化和名詞化也可混合使用。總之，就是取決於「平衡感」。

技巧235　不能用時間序列撰寫範例

用時間序列撰寫範例並不好。因為用時間序列寫文章，不
到最後看不到結論，這會讓閱讀的潛在顧客焦躁不安。請記住
「用時間序列撰寫並不恰當」。

技巧236　不要寫遠足式作文

用時間序列寫文章，最典型的例子就是孩童寫的遠足作文。

「今天要去遠足。早上起來，天氣晴朗，我很高興。大家一起搭上公車，前往山上的公園。我和朋友一起吃便當。在回程的巴士上，我們都累得睡著了。真是快樂的遠足。」

遠足式作文的特徵是，「循序把發生的事情寫出來」、「因為是根據時間序列來寫，所以結論最後才出現（不讀到最後就不知道結論）」。這樣的文章很難挑著看，也難以掌握重點。如果只用時間序列寫文章，極有可能寫出一篇遠足式作文，這是很糟糕的狀況。請記住「時間序列會寫出遠足式的文章」。

技巧237　「背景、過程、效果」是遠足式作文的一種

常看見有人用「導入產品的背景、選擇產品的過程、導入產品的效果」這樣的時間序列模式來撰寫範例，而我認為這也算是遠足式作文。或許有人會認為：怎麼可以把導入資訊科技產品的範例模式和遠足的回憶文，看成一樣呢？那是因為，就「循序把發生的事情寫出來」，和「結論最後才出現」這兩點來說，用時間序列寫出來的範例模式和遠足式作文是一樣的。請記住「時間序列式的樣板文章就是遠足式作文」。

技巧238　先寫大事情，再寫小事情

撰寫範例時，我認為最好的形式是，先寫大事情再寫小事情，也就是用「大→中→小」的形式來書寫。一開始就寫大事

情，也就是先寫結論、回答等。針對潛在顧客心中最大的疑問「這是怎麼回事？」，先大聲回答：「就是這麼回事！」然後才寫「中」事情。所謂「中」事情是指補強結論、回答等的理由、根據、實例等。最後寫「小」事情，也就是感想、補充等參考的資料。事實上，範例的黃金結構「故事的地圖」、「解謎」、「總結」也是一種「大→中→小」的結構。請記住「按大中小的順序撰寫」。

技巧239　不論整體或局部都要用「大→中→小」的形式來寫

不只是整篇文章，連各章節也都應該用「大→中→小」的形式來寫。以範例來說，各章節的結構如下。

> Q：提問（※ 最重要的主題）
>
> A：回答（※ 大事情）
>
> ↓
>
> 理由、根據、實例（※ 中事情）
>
> ↓
>
> 補充、參考資料（※ 小事情）
>
> ↓
>
> 再說一次回答，做總結（※ 再一次重複大事情）

（例子）

Q：為什麼要做○○？（※ 提問）

A：會做○○主要是基於○○理由。（※ 大事情）

三年前的 2014 年，發生了……這個經驗讓我們深深覺得有○○○○的必要性。如果沒有○○，就會發生像○○、○○、○○等狀況。（※ 中事情）

進而現場的員工也發出……聲音。（※ 小事情）

因此，我們決定應該要導入□□，來解決○○。（※ 再一次重複大事情）

技巧240 「大→中→小」的形式可節省閱讀成本

先寫大事情可以降低閱讀者的閱讀成本，這是因為先寫大的結論，閱讀者只要讀這裡，就可以掌握事件的整體輪廓。看了結論之後，如果還想知道更詳細的狀況，就繼續往下看。如果覺得知道整體的輪廓就行了，就不需要再往下看或是直接跳到下一章；也就是說，潛在顧客可以透過「大→中→小」的形式自由選擇。而時間序列型的文章不讀到最後就不知道結論，最糟糕的是，耐著性子讀到最後，才發現「結論無聊透頂，自己根本是在浪費時間」而大失所望。請記住：「大→中→小」的形式，對閱讀者是體貼的。

技巧 241　用一行話回答提問

　　採訪可以用提出的問題劃分段落，如此一來，對方就可以接著馬上回答問題。採訪者可以把對方的回答寫在問題的下一行。例如，在「Q：為什麼要做○○？」的提問下，就寫「A：會做○○主要是基於○○理由。」然後，再加以說明。我常看到有人前提寫得沒完沒了，最後才寫針對提問的回答。這讓人愈看愈焦躁，因此最好不要這麼寫。順便一提，如果用時間序列寫作，寫的人都會希望把結論放在末尾。這是因為在時間序列的世界裡，本來結論就是到最後才出現的。而用「大→中→小」的形式，則是一開始就先寫重要的事情，這種感覺就像對吐槽地說「是啥玩意兒」的讀者，即時回應：「就是這個！」。請記住「馬上針對提問回答」。

技巧 242　因為範例是業務文件，所以有話就快說

　　我寫 B2C（對一般消費者）的範例時，會將讀者設定為「平常不看書的人」、「不喜歡看文字的人」。進而要求自己要寫出連討厭文字的人都可以讀得下去的簡明文章。但如果是 B2B 的範例的話，我就會把讀者設定為「為工作而閱讀的人」；也就是，個人不喜歡看字，回家也不看書，但平日為了工作才閱讀文章的人。

　　針對這樣的人所撰寫的文章，要「有話就快說」；也就是，文章的內容一定要讓他們一看就明白。所以不論是整篇文章的輪廓，還是各章節的內容，都要「有話就快說」。

技巧243　「大→中→小」的形式讓事情輕重一目瞭然

　　如果文章有點長度，內容一定要有高低起伏。所謂高低起伏就是資訊有輕重之分。用時間序列寫文章，從開始到結束都是照著時間序寫，所以不會思考訊息的輕重程度，但用「大→中→小」的形式寫，大、中、小本身就有輕重的概念。請記住「用『大→中→小』的形式，文章自然就會有高低起伏」。

技巧244　「大→中→小」的形式可朝解謎邁進

　　要讓別人閱讀的文章，最終目的就是為了要「解謎」；也就是提示什麼資訊。在這過程中，會有不足、不明、矛盾的狀況。因為在意、關心這些狀況，就會繼續閱讀下去。「大→中→小」的形式是一種會把疑問、謎題帶入文章中的結構。一開始只說「大事情（概要）」，詳細的資訊當然會不足。因此，文章可以透過「中事情」、「小事情」，針對在這個階段所產生的疑問、謎題進行解謎。請記住：「大→中→小」的形式可以解謎。

技巧245　時間序列型文章不會朝解謎邁進

　　時間序列型文章原本就是一種很難會產生謎題的文章結構。譬如「沿著街道走，踩到地上的香蕉皮，跌得人仰馬翻。」因為是照著所發生的動作順序來描寫，所以不會有令人費解的地方，不會有讓人覺得是個謎的地方。但如果寫的是「沿著街道走，突然，跌得人仰馬翻」，就會讓人覺得「到底發生了什麼事？」而後就可以向大家解謎是「一回頭，踩到了地上的香

蕉皮」。用逆時間序列的方式描寫，可以讓解謎的過程成立。請記住「時間序列式的文章，不能布謎也無法解謎」。

技巧246　「大→中→小」的形式難寫易讀

以遠足式作文為首的時間序列型文章，多如過江之鯽。為什麼會這麼多？因為用這種方式寫文章最輕鬆。在第四章提到「採訪時最好用時間序列提問；也就是照著時間從以前的事情開始問起。只要這麼問，被問的人就可以因為順利想起以前的事情而輕鬆回答。」用時間序列寫文章也一樣，只要循序回想以前的事情就可以輕鬆寫作。想起一件寫一件，再想起一件再寫一件。換句話說，用時間序列寫文章可以寫出沒有破綻的文章，所以就可大幅降低思考的負荷。

但是，「大→中→小」的形式，因為一開始要想出全部的要素，所以在這之前必須先將各要素分成大、中、小三大類，這是非常費腦力的作業，寫的人會很容易疲倦。因此，時間序列型文章是易寫難讀，而「大→中→小」的形式則正好相反，是難寫易讀。範例文章應該屬於後者。

技巧247　「寫出缺點會比較真實」是錯的

有人曾經問我：「在範例當中全寫優點，感覺上好虛假。我覺得應該也要寫一些缺點。你認為呢？」這個問題當中，「寫一些缺點就可以減少虛假」的想法是錯的。一般的郵購網站強調顧客的反應是「產品好到爆」、「非這個產品不可」，這的

確讓人有虛假的感覺。

那些讓人覺得虛假的讚美台詞都有一個共同點，那就是全都沒談細節，沒談相關的事件，也就是全都沒寫有事實根據的訊息。「很好」、「好到爆」都只是個人的感想。只寫感想很容易造假。但是，要創造（捏造）相關的事件，是要耗費能量的大工程，不是一般人可以做得到的。

總之，只寫感想就是在說謊。如果是「感想＋相關的事件」，那就是真的。想在範例中真實表達商品的優點，最好的方法不是「寫商品的缺點」，而是「以顧客的經驗為根本，透過細節和相關的事件，告訴潛在顧客商品的優點」。只要多寫一些事實，自然就能降低虛假的感覺。要做到這一點，在採訪的階段，就要用心多蒐集一些和細節、相關的事件等有關且有事實根據的資訊。請記住「虛假的相反就是真實，就是詳細」。

技巧248　光明正大地宣傳反而能搏得好感

範例終究是一種廣告文宣，潛在顧客也是把範例當成廣告文宣來閱讀。既然是廣告文宣，就不要畏畏縮縮地表示「或許寫一些缺點會比較好」，而是光明正大宣傳自家產品的優點，更能讓閱讀者產生好感。在此最重要的是必須根據事實宣傳。範例就因為以事實為基礎，才具有說服力。

技巧249　廣告宣傳就是「讓商品和顧客相親」

促銷就是讓商品和顧客「相親」。媒人為了讓相親的雙方

締結良緣，都會親手把雙方的個人簡介交給對方。這份簡介就是廣告文宣。請記住「促銷就猶如安排相親」。

技巧 250　相親用的個人簡介不需要寫「缺點」

相親時，媒人會老實說「那個人的缺點」嗎？好比說，會在簡介上寫「這個人工作非常認真，但少了兩顆臼齒」嗎？就常理判斷，應該沒有必要這麼寫。雖然說謊不對，但我們還是不希望現場的氣氛會因為這個事實而被破壞。

把做任何工作都無法持續三天的人，形容成「勤勞的工作者」。這是謊言，所以不能這麼做。但即便是這種情形，我想媒人還是只要告訴對方「他是個會坦然面對自己情緒的人」就可以了。這兩個人是不是合得來、是否有緣，等兩個人見了面談過話之後再決定就好了。同樣地，讓尋求解決良策的顧客和想提供解決方法的企業碰面，就是廣告文宣所要扮演的角色。

技巧 251　商品的「缺點」由業務負責人開口說

如果非要把商品的缺點告訴顧客不可的話，也不要把商品的缺點寫進範例裡，而是由業務負責人以口頭告知效果，會比較好。「範例沒有寫到這個，其實……」就像這樣，只要悄悄傳達就可以了，這麼做還能提升業務負責人的個人誠信度。

技巧 252　只靠客戶的協助演出無法讓讀者感動

常聽人說，廣告文宣的好壞要看「表現方式」和「寫作方

式」。也就是說，就算題材很貧乏，也可以靠演出的功力、寫作的功力讓讀者感動。但這很困難，因為文章最重要的還是內容。範例的「內容」就是和一些細節、相關的事件有關的真實資訊，因此採訪時一定要全力蒐集這些資訊。因為內容很貧乏而想靠演出和寫作來把關，就好比做料理時因食材不行而拚命加調味料。請記住「食材勝過調味料，內容勝過演出」。

技巧253　辛苦談不受歡迎

有人說：「在範例中加入顧客的辛苦談會更有真實感。」但是，這種辛苦談對潛在顧客的宣傳效果，並不如撰寫者的預期。最大的原因就是，人只會對和自己有關的事情感興趣。辛苦談寫得天花亂墜，看在潛在顧客眼裡，極有可能的反應是「寫這個要做什麼？」（此外，與其寫辛苦談，不如寫不幸的插曲。如果是不幸的插曲，絕對能夠讓很多人感興趣。）

技巧254　說法上很難連續都用篤定的語氣

如果連續幾個句子都是用「覺得……」的口氣，會讓閱讀者失去閱讀的興致。用斬釘截鐵的肯定形式，可以讓閱讀者比較有安全感及信賴感。不過，範例是讓一般員工說話的採訪式文章，真的很難統一都用肯定式的語氣。因為公司的員工（身為組織的一分子）都不喜歡一個人被孤立在角落，所以語氣上都偏好用「覺得……」這種含糊的語氣。請記住「雖然希望受訪者用篤定的語氣，但是他們不會那麼做」。

技巧 255　不要用「覺得」而用「認為」

　　針對上述的問題，我想提出一個建議，就是把語尾從「覺得……」改成「認為……」。「覺得」是腦中被一件事情占有的狀態，多為情緒上的想法。而「認為」則是邊比較幾件事，邊分析的狀態，偏理性的思考或分析。和「深感」有別，「深思」則是一種邊多方比較邊努力思考的狀態（大野晉著，《日語練習帳》）。所以，比起「覺得……」，「認為……」給讀者的印象是比較理性的。

技巧 256　語氣可以模糊，論點一定要清楚

　　範例型的句子通常語氣都是模糊曖昧的。譬如，「我覺得是……」、「我想是……」、「或許是……」。正因如此，所以論點的部分（○○的部分）就必須要有穩固的邏輯和根據，只要這個部分是有根據的，讀者就會忽略不夠肯定的語氣。根據必須強而有力，只有語氣上是模糊的。如果語氣上模稜兩可，論點也含糊不清，這篇文章就完全站不住腳了。

技巧 257　用「PDF 檔」製作可減少修改處

　　範例的初稿完成之後，首先要讓受訪者確認。這時，「PDF檔」會比「WORD 檔」好。因為用「WORD 檔」製作的檔案，可以從頭到尾徹底改寫。若受訪者因個人偏好，想修正就修正，可就麻煩了。但如果一開始就用「PDF 檔」製作，自然就可以將修正的量限定在一個合理的範圍。請記住：初稿「PDF 檔」

勝於「WORD 檔」。

技巧258 「不能等」這個詞不可濫用

範例型的文章,最好不要太常使用老套的口頭禪。用這種陳腔濫詞是可以讓文章的氣氛比較活潑,但乏邏輯性。以前我曾看過這樣的句子:「安全措施不能等,最好盡快引進。」「不能等」就是常見的老套口頭禪。這句話原來是相撲的用語,意思是因為有時間限制無法從頭開始,所以「不能等」。可能是這句話給人的感覺很斬釘截鐵,所以各種形形色色的狀況、場合都喜歡套用這句話。譬如,「政治改革不能等」、「企業的社交媒體不能等」等。

但是,「不能等」很多時候都只是單純呼籲,並沒有明確的根據說明為何不能等。或許就是因為邏輯不通、根據薄弱,所以才會用「不能等」這個老套的口頭禪,讓文章還擁有一點威風。然而,範例是一種業務文件,必須要合乎邏輯。為了要堅持文章的邏輯性,慎用老套的口頭禪才是上上之策。

技巧259 「實現」二字也不能亂用

「實現」本來就是語氣非常重的字詞。本來,只要長年無望、不可能的事情,終於在眼前成為事實時,才可以用「實現」這兩個字。

> 「因藍光 LED 的發明，終於實現白光 LED 的存在。」
>
> 「新研發的彩色透明螢幕，終於實現 80％的透光率。」
>
> 「終於實現了日美俄三國首腦會議。」
>
> 「青函隧道貫通之後，從本州直達北海道的鐵路之旅終於得以實現。」

但是，為資訊科技產業製作的範例，卻常可以看到如下的例子。

> 「透過導入○○，實現業務效率化。」
>
> 「透過導入○○，實現無紙化和集中管理。」

相對於藍光 LED 和青函隧道的「實現（存在於眼前的事實）」，非實現（非事實）和實現（事實）的分界線非常明確。但是，在資訊科技範例中的「實現業務效率化」，非實現和實現的分界線就非常曖昧。這就是在資訊科技範例中亂用「實現」這兩個字的結果。亂用這類的字詞，會降低文章內容的可信度。使用時切記要謹慎。

技巧 260　「決定性關鍵」是不恰當的詞

所謂「關鍵」一招是指定勝負的一步棋；從語義上就知道這是圍棋、日本將棋的用語，好比說「如今回頭來看，那個5七桂（將棋的棋招）就是關鍵一招。」後來就把決定勝負的一招，用來比喻「決定什麼的重大因素」，好比說關鍵證據。

　　「關鍵」一招本來就是語氣很重的一個詞，用於像「物證成了關鍵證據」這種表達不容反逆之重大因素上。但在資訊科技的範例裡，卻常可看到「關鍵在支援」之類的句子。而要使用「關鍵」二字，就表示只有決定性的一招，不過卻看到有人寫：「決定性關鍵在多樣化的機能、充實的支援系統，以及精準的安全對策。」有這麼多的要因，就不能稱為「決定性關鍵」。「決定性關鍵」這個詞的語氣雖然強而有力，但使用時還是要符合邏輯。請記住：不要隨意使用「決定性關鍵」。

技巧 261　問句要簡潔

　　一般採訪文章都是用「問與答」的形式來寫。這時，為了讓問句不要這麼顯眼，句子就要盡可能簡短、簡潔、平淡。

好的例子：

「請告訴我們，導入○○之前的課題。」

不好的例子：

「到今年為止，我們和貴公司在生意上的往來已經七年了。這次，雖然因導入這個系統而成功提升了業務的效率，但這條路真的走得很漫長。首先，請告訴我們，貴公司在導入○○之前，碰到了什麼樣的課題？」

　　在採訪的現場常會出現後者這段話。如果把這段話原封不動地寫進文章裡，閱讀者一定會很想：「這個提問者太自以為是了！」、「真是夠了，快繼續下去吧！」因此，問句要平實。

技巧262　提問者是潛在顧客的代言人

在範例的文章當中，提問者就像「舞臺上的影子」。在對話進行當中，提問者最好「不要出風頭」、「要極力讓自己的存在感消失」。影子提問者的任務，就是代替閱讀的潛在顧客去問他們想知道的事。假設閱讀文章的潛在顧客心存疑慮時，接著馬上就看到問句：「如果是這樣的話，這點如何？」這時，他就會非常滿意地想：「嗯，這正是我想問的。」

技巧263　文章裡的問句要步步緊逼對方

有時，提問者可視情況用逼問的方式提問，這是一種高等的技倆，其效果不錯。譬如，「對方企業將A產品改換成自家公司產品」這種情況的範例文章裡，可以直接寫：「貴公司之前一直都使用A產品。請問這次決定不再繼續使用的理由是什麼？」或「請問A產品是否有什麼缺點？」因為就邏輯來思考，如果對A產品很滿意，應該會繼續使用A產品，根本沒有必要換新的產品。會換必然就是對A產品不滿意。換句話說，大膽捨棄一般的問句：「請問貴公司選擇敝公司產品的理由是什麼？」而是寫：「請問以前的A產品有什麼缺點？」在文章中這麼寫，就能為文章製造緊張感，而且這種緊張感是透過邏輯來包裝的。提問者是潛在顧客的僕人，為了讀者，除了用平靜的語氣詢問事實之外，有時也要大膽對受訪者嚴詞逼問。這是提問者應有的態度。請記住「逼問受訪者，讀者會高興」。

技巧264　逼問只限文章，採訪還是要謙卑

　　前面提到「用逼問的語氣寫文章裡的問句，可以製造文章的緊張感」。這種「逼問」的態度，只限於在文章裡。採訪時提問，態度還是要謙卑。

技巧265　逼問必須有根據

　　用逼問的語氣提出有邏輯的問句，對寫作來說非常有幫助。但是，有逼問味道的問句必須具有相當的邏輯和必然性。如果根據含糊不清，對方企業（你的顧客）看到這種問句，一定會非常不高興，而且潛在顧客也會覺得你很跩。所以，提問者是影子，絕對不可以讓自己有負面的存在感。

技巧266　問句要在七十字之內

　　提問者是影子，必須讓自己的存在感消失。所以，提問的問句應該要簡短。我在這裡提供一個指標，一句問句不要超過七十個字。以我個人來說，假設一行是三十六個字，我在寫稿子的時候，就會設法只用兩行字問一個問題。除了真的有必要，我才會寫到三行。請記住「問句要在七十個字之內」。

技巧267　寫法可以改變事實給人的印象

　　本書中一直強調「範例要根據事實來寫」。或許有人會認為：「如果是事實，誰來寫都一樣，內容一定枯燥無味。」完全沒這回事。

假設這裡有一張男士面孔的特寫照片。這位男士緊蹙雙眉，一臉汗水，表情痛苦。只看這個畫面，大家一定會覺得事態嚴重。但是，把照片的鏡頭慢慢拉遠，才知道這位抱著頭蹲下來的男士身邊，橫躺著一棵椰子樹，椰子樹旁還有一顆大椰子。於是，看照片的人馬上就會心一笑。

這個例子中，事實雖然只有一個，但只要改變描寫的範圍和角度，給人的印象就會有一百八十度的轉變。

技巧268　範例有防範虛假記述的機制

我製作某資訊科技企業的範例時，由於採訪時受訪者說：「操作性能差強人意。」所以寫稿子時，我完全沒有提到操作性能。但是，我的客戶後來在文章中加了一句：「這是一種很容易上手且很方便使用的系統。」不過，稿子要定稿時，我在受訪者的指示下，刪掉了這一句話。

因範例文章必須經過受訪者的檢視，所以我可以修正虛假的資訊。範例在製作過程中的防患虛假機制，就是讓範例具有說服力的根源。請記住「範例講究事實，所以力量強大」。

技巧269　原則上不加「股份有限公司」

範例宣傳標語處要寫對方公司名稱時，是否要另附但書寫明要不要寫上股份有限公司、有限公司等字樣，這的確是個問題。也就是，「某某導入範例：村中產業」和「某某導入範例：村中產業股份有限公司」，到底要選哪一個。雖然各有各的想

法，但我通常都會在但書處標示「一律不加」。

理由有三點。第一點，潛在顧客對這家公司是不是股份有限公司並不感興趣。第二點，字數會變多。如果寫「某某導入範例：村中產業股份有限公司」，中村產業有可能會被略過而喪失了有可能被閱讀的機會。第三點，有時會造成但書過於冗長。譬如，「國立大學法人東京大學」，就但書而言就太長了。與其如此，不如乾脆只寫「東京大學」，讓閱讀的潛在顧客省下閱讀成本，也算是一種體貼的做法。請記住：原則上，不加「股份有限公司」。

技巧270　對縮寫有猶豫就不要縮寫

前些時候為範例採訪時，出現了一個名詞「針對高齡者附有提供服務的住宅」。這個名詞的縮寫是「高齡服務住宅」。在採訪當中，受訪者也說「高齡服務住宅」。而一般的報導也常使用這個縮寫。但是，我在範例中並沒用縮寫，而是完整寫出「針對高齡者附有提供服務的住宅」這些字。很多時候或場合，保留完整的名稱不縮寫反而能給人規規矩矩的印象。不過，只有「電腦（即個人電腦）」這個縮寫例外，因為這個字已經深入一般人的生活，所以我不會寫「個人電腦」，而是直接用縮寫。請記住「有猶豫就不要縮寫」。

技巧271　公司名稱上可省略全名

顧客的公司名稱是否應該加「公司」字樣？假設去採訪山

田產業（虛構）之後製作範例，宣傳標語是要寫「導入範例：山田產業」，還是寫「導入範例：山田產業公司」？站在尊重顧客的立場，當然應該用全名「股份有限公司」。但是，我個人認為原則上，應該省略。理由很簡單，因為對製作範例的企業而言，既有顧客是應該要尊重的對象，但對範例的潛在顧客來說，這家公司只是一般的企業，並不是他們要尊敬的對象。

技巧272　尊稱要用相對敬語來思考

範例文章中的敬語要用相對敬語來衡量。在公司內，一般職員看到山田課長（虛構），會稱呼他為「山田課長」或「山田先生」，但接到電話時會說：「山田現在不在位置上。」也就是會捨去尊稱。這是因為對打電話來的顧客而言，山田課長不是他們要表達敬意的對象。日文中，配合說話對象改變敬稱使用的敬語，就叫相對敬語。

範例是為潛在顧客而寫的文章，終究是以「讀者（潛在顧客）第一，受訪者（你的顧客）第二」。根據相對敬語的思考原則，如果從讀者（潛在顧客）的角度來看，受訪者（你的顧客）就不是他們要尊敬的對象。所以，在文章中，對受訪者不要過度使用尊稱。請記住「範例要用相對敬語來思考」。

技巧273　連接詞「不過」是在「保留結論」

日本的作文教材都會提醒讀者，不要過度使用連接詞「不過」。因為「不過」可用於順接，也可用於逆接，所以用太多

會讓邏輯的流向變得不明確。

「不過」確實可用於順接、逆接之意。譬如，「我喜歡日本料理，不過，討厭生魚片」是逆接。「總之，我非常喜歡日本料理，不過，其中我特別喜歡的是生魚片」是順接。逆接的「不過」意思非常清楚；而順接的「不過」，譬如「今天公司休息，不過，去看場電影吧」，前後句的關聯性就不明確。因此，有的書籍會告訴讀者「只有逆接時才用『不過』」。可是，一個接續詞「不過」，可以同時擁有順接和逆接兩種機能，就如同「人的雙手可以同時左右開攻」，真的非常奇妙。

我個人的想法是，不論是順接還是逆接，「不過」真正的機能是在「保留結論」。「雖A，不過B」的文章，「A單純只是開場白，真的結論在後面的B」。如果從「保留結論」的角度去思考，上述的短句「今天公司休息，不過，去看場電影吧」中，「今天公司休息」是開場白，真正的結論是「去看場電影」。這樣解釋的話，大家就能理解了。還有「我喜歡日本料理，不過，討厭生魚片」和「總之，我非常喜歡日本料理，不過，其中我特別喜歡的是生魚片」這兩個短句，如果用「開場白和正文」的角度去思考，也可以做相同的解釋。

技巧274　多用「不過」，寫的人輕鬆，讀的人痛苦

大多數的日文作文教材都要讀者不要多用「不過」，這是因為一般人寫文章時都喜歡用「不過」。為什麼一般人會想用「不過」呢？因為連接詞「不過」可以永遠保留結論，所以寫

起文章來會非常輕鬆。下面這篇短文就是非常糟糕的例子。

> 「我叫做山田，現在經營一家製作公司，不過託大家的
> 福，這家公司的業績還過得去，不過最近我又開始做別
> 的事業，這個事業尚未處於觀察階段，不過儘管如此，
> 事業上該做的部分達到八成……」

這種寫法可以寫到天荒地老。一開始就寫結論，不但需要勇氣，還需要腦力。但是，只要用「不過」，就可以把腦子想得到的事情，全都透過「不過」連結起來，並永遠保留最後的結論。因此，對寫的人而言，就可以寫得很輕鬆。

但是對閱讀者而言，看不到最後的結論，只能一直讀沒完沒了的開場白，卻是十分痛苦的。前面的文章就是一個不佳的例子。這種文章乍看很有社交風格，可是仔細看，就知道寫的人一直巧妙地在用「不過」保留最後的結論。這樣的日文文章真的非常多。總之，日語就是有這些具有奇妙機能的詞性。

技巧275　把「也」字攆走

當我寫文章出現「也」字時，會立刻檢視自己的論點是否太天真，並加以修正。

> 導入這個系統的理由，也有……的一面。
> 這個產品也有……效果。

寫出如上的句子時，首先我會先自我批判。「導入這個系統的理由有 A 的一面，也有 B 的一面。」如果這麼寫，就是同時把兩個以上的要素並列在一起，那就沒問題。但很多人只寫一個項目，卻冒出「也」字，寫成「導入這個系統的理由，也有……的一面。」

業務性的文章也不要用「也」

本來，像「有 A，也有 B」這樣將兩個以上的要素並列在一起時，才用「也」字。但是，像日語的「秋意也濃厚起來」這般只說一件事情時，也可以用「也」字。「秋意也濃厚起來」這句話完整的意思，其實是「世上各種事物都變得濃厚起來，其中，秋意也變濃厚起來。」也就是說，這句話的背景還有其他很多因素在，所以後面那句就只用「也」字來表達。如果寫「秋意濃厚了」，給人的印象是平淡的，但「秋意也濃厚起來了」就會有一種詩意的感覺。

暗示背後還有無限可能的「也」字，在日文隨筆或日本俳句上很好用，但像範例這類業務性文章，應該將其排除在外。「導入這個系統的理由，也有……的一面。」這種說法既曖昧又不明確，最好不要用。這時，應該簡潔、肯定地說：「導入這個系統的理由在於……的一面。」或「導入這個系統的理由就是……。」

「也」字是逃避文

譬如，「也有 A 的一面」這個句子。只要先下手為強在句子裡使用「也」字，就可以迴避別人追問：「真的只有 A 嗎？應該還有 B、C 等吧。」因此，會用「也」字其實是打著逃避的如意算盤。但用太多「也」字，不但讓文章的論點變得曖昧不明，還會降低文章的氣勢和說服力。為了避免這種狀況發生，不要寫「也有 A 的一面」，而是先思考所有的可能性，然後明確寫出「導入這個系統的理由有三點：第一點是 A，第二點是 B，第三點是 C」。也就是說，如果想讓文章的邏輯清楚明確的話，建議把著眼點放在原先想用「也」字來逃避的項目。

技巧 276　先簡潔、肯定地說，再加上有「個人看法」的詞彙

拐彎抹角的文章大多會用「也」字，例如下列的句子。

> 「○○也有被視為活動一環的一面。」
>
> 「也有人持一定可以獲得成果的看法。」

其實上面兩個句子，可以寫得簡潔俐落，如下所示。

> 「這是活動的一環。」
>
> 「一定會有成果。」

不過，社會人士、企業人士所說的話通常都不會這麼乾脆肯定。這時，就可以像如下所寫的那樣。

> 「一定會有成果。」
>
> ↓
>
> 「我想一定能夠提升成果。」

　　也就是，加上「我想」之類的詞，可以表達這是個人看法、意見的詞彙。比起用「也」字寫逃避式的文章，這種做法可以大幅降低閱讀者的閱讀成本。請記住：首先，先簡潔、肯定地說，然後再加上有個人看法的詞彙。

──────── 防止客訴的方法 ────────

技巧277　少修正就是不錯的稿子

　　範例稿子在公開之前，一定要先讓受訪者（顧客）過目。如果從業務效率的角度來思考的話，能讓受訪者一次就說沒問題的稿子，就是不錯的稿子。最糟的狀況當然就是被打槍、被認為「這種東西不能公開」而遭到退稿。

技巧278　重要的是對方的自我形象

　　受訪者會抱怨，很多人都以為是受訪者看了文章內容之後，表示「我沒說過這件事」。但事實上，對受訪者而言，文章所寫的內容是否是自己所說過的話，並不是什麼大問題。重要的是，稿子的內容和「自己（或公司）的形象」是否一致。只要和自我形象一致，就算自己的發言被稍微修改，也不會有所抱怨。不但不會抱怨，甚至還會稱讚你「果然是專業級的撰稿人，

把我們所說的話歸納得真好」。

反過來說，如果文章的內容不符合他們期待的形象，就算在採訪的當時，他們真的講過那些話，他們也會抱怨說：「我們應該沒有說過這件事。」範例不是新聞報導，而是廣告文宣，所以並不是對方說的話全都可以寫。可以寫的，只有和對方期待的自我形象、對外形象一致的內容。

技巧279　人透過文字看自己的言論會翻臉不認人

提到自我形象，有人曾對我說：「那家公司的窗口負責人是個親切、好相處的人。他一定不會挑剔你寫的稿子。不要擔心。」事實上，在採訪中，對方也跟我說：「這是為宣傳○○而製作的範例，所以你可以視情形自由發揮。」但如果我真的聽了他們的話，隨自己的意思去寫，不但對方會不高興，稿子還會被一改再改。

談話時很好相處的人，在看文稿時，會秒速變成嚴格的人。因為看到自己所說的話化成文字時，自我形象感應器就會啟動。請記住「人透過文字看自己的言論有可能會翻臉不認人」。

技巧280　留意公關部門的自我形象

如果採訪的是大企業，稿子除了要讓受訪者過目外，通常還要讓受訪者所屬的部門和公關部門一起核對，尤其是公關部門。因為這個部門對「公司的對外形象」特別敏感。請記住「採訪內容也要讓其他部門檢視」。

技巧 281　戰戰兢兢地撰寫

「這件事這樣寫，應該不要緊吧？」、「這樣寫，不知道受訪者會怎麼想？」、「對方的公關部，不知道會覺得怎麼樣？」總之，為範例撰寫稿子時，戰戰兢兢才是上策。請記住「悲觀一點也無妨！」

技巧 282　回歸原則就是「寫事實」

「受訪者的對外形象」這道牆確實是個惱人的問題。這時，就要回歸基本，製作範例時，應該要留意「採訪要問事實，稿子要根據事實寫」。只要是事實，就可以讓「受訪者的對外形象」這道牆如銅牆鐵壁。請記住「就是寫事實」。

技巧 283　寫文章要像畫「似顏繪」

但仔細想想，世上好像沒有一件事比事實更容易讓人生氣。事實就像是一面鏡子。人之所以會生氣、會焦躁，是因為自己的模樣反映在鏡子中。請記住「事實有時會激怒人」。

人物素描的「似顏繪」可供大家做參考。似顏繪是仿照對方的模樣繪製的一種肖像畫，但是並不需要全都畫得很逼真寫實。假設被畫的人很在意某顆痣，畫者在畫的時候就會巧妙避開那顆痣。知道「似顏繪」的人，都會期待畫者能把自己畫得帥一點或可愛一點。因此，要畫得像固然重要，但卻不能過度逼真。範例的文章也一樣，要寫事實，但不能描寫過度寫實。請記住「範例文章就如同似顏繪」。

技巧284　客訴在設計階段就要斬草除根

製作範例要避免被客訴或稿子被大修的最好方法，就是配合對方的自我形象來寫。因此，在採訪的「前置階段」，就必須用心掌握對方的對外形象和自我形象。要避免稿子被大幅修改，事前的設計很重要。

| 第7章 | **宣傳標語** |

▌ 說明力和濃縮力

　　說到宣傳標語，大家第一個想到的應該都是一流廣告大師所想出來的標語，譬如，「沒錯，就是京都！走吧！」、「鑽石恆久遠，一顆永流傳」等。但在範例上，就如同前面章節所說的，宣傳標語的功能是要為潛在顧客提示故事的地圖。因此，最重要的是「精準歸納正文的內容」，其次才是衝擊力和感性。

　　就算要歸納，但既然是宣傳標語，還需要有不同於寫正文的技術和智慧。我稱這種技術和智慧為「說明力和濃縮力」。

▌ 漫畫《浪花金融道》 ▌

　　《浪花金融道》是 1990 年經濟泡沫化之後開始連載的一部金融漫畫，累計單本銷量超過一千五百萬本的暢銷作品。因為作者用極為寫實的筆觸描繪被負債愚弄的一群人，所以在這部作品之後所出版的金融漫畫可以說都是源自於這部作品。

　　不過，據說作者青木雄二原先要把這部作品的書名定為《克服困境的人們》。

「最初的書名是《克服困境的人們》。因為劇中的男主角，先向地下錢莊借高利貸，後來又到地下錢莊工作，所以我就定了這個書名。但是，出版社認為這個書名太長了。因為這個故事談的是高利貸，和地下金融有關，所以大家就想到了《金融道》。又因為這個故事的舞臺是大阪，後來又決定加上「浪花」這個名詞。因此，這部作品最後就以《浪花金融道》這個書名開始連載，讓我挖到了金礦。

（《50 億日圓的本票》青木雄二著）

老實說，以《浪花金融道》為書名，真的是明智之舉。如果以《克服困境的人們》為書名，或許就不會這麼受歡迎了。

歌謠曲〈異邦人〉

會編曲又會寫詞的女歌手久保田早紀在 1979 年所發表的處女作〈異邦人〉，創下了單曲發行量一百四十萬張的佳績。在當時可謂是異軍突起的一匹大黑馬。「孩子們對著天空展開雙臂……」這首把夢幻的歌詞、中東風的異國情調，以及歌手的美貌集結在一起發行的單曲，真是風靡一時。即使到了現在，還是深受許多年輕歌手的喜愛。

據說〈異邦人〉這首曲子，久保田早紀最初預定的曲名是〈白色的早晨〉，後來是唱片製作人更名為〈異邦人〉的。

以〈異邦人〉為曲名真是高明多了。如果曲名是〈白色的

早晨〉，會不會這麼火紅就是個問號。

「浪花金融道」、「異邦人」分別和「克服困境的人們」、「白色的早晨」相比，何者較優？當然是前者。因為前者具有「說明力和濃縮力」。

範例的標語必備條件 1：「說明力」

首先，先來看《克服困境的人們》這個書名。在談衝擊力之前，光是這個書名就讓人看得一頭霧水。我想作者的意思應該是「克服借高利貸這個困境」。但是光看這些文字，實在很難了解作者的意圖。換句話說，這個書名不但資訊量少，說明也不足，對讀者而言是相當不友善的。

但是，《浪花金融道》雖然只有五個字，卻可以提供讀者各式各樣的資訊。譬如，「這是一個講金融的故事吧。」、「『浪花』，應該是講大阪貧民窟的故事吧。」、「所謂道，應該是主角在做什麼極端的事吧。而且還提到『浪花』，應該是在說一些庸俗、不入流的事情吧。」對讀者而言，資訊密度這麼高的書名，當然是友善的書名。

同樣地，〈白色的早晨〉也是個不知所云的曲名，但〈異邦人〉一看就知道是在唱「旅行者到異國的情懷」。另外，這個曲名似乎也在告訴聽者，「只要聽這首歌，就可以體會異鄉遊子的心情」。〈異邦人〉短短三個字，可以詮釋這麼多的內容，就表示這是一個具有說明力的曲名。

「克服困境的人們」、「白色的早晨」這兩個名稱，我想

應該都是作者以「自己的感想」來命名的。相對於此，把原書名改為《浪花金融道》的編輯部、把原曲名改為〈異邦人〉的唱片製作人，則是用讀者、聽眾的角度，先查看漫畫作品、曲子之後，再進一步思考如何用一句話來傳達內容，才有了現在大家看到的、聽到的作品名和曲名。這種把著眼點放在作品內容所取的名稱，當然具有強大的說明力。

範例的標語必備條件2：「濃縮力」

《浪花金融道》、《克服困境的人們》

〈異邦人〉、〈白色的早晨〉

把這四個名作品並在一起看，《浪花金融道》和〈異邦人〉給人的感覺是，資訊密度高，字數也較濃縮。《克服困境的人們》總共有7個字，不論是字或音都讓人覺得好冗長。〈異邦人〉、〈白色的早晨〉雖只有兩個字數之差，但是〈異邦人〉的音，給人的感覺是鏗鏘有力。另外，《浪花金融道》和〈異邦人〉還有一個共同點，就是字意效果極佳，只看一眼就能了解作品的涵義。此外，這兩個作品名稱看字面會覺得好像在看「畫」；也就是說，作品名稱的「外形」是討喜的。但是，《克服困境的人們》和〈白色的早晨〉的字面上就缺少一點美感。

範例宣傳標語的必備條件

範例的宣傳標語，就相當於是連結文章正文的書名，所以說明力和濃縮力都很重要。具體的情形如下：

・能夠立刻就了解故事的整體輪廓。（說明力）

・繼續讀文章的正文時，知道對自己有什麼好處。（說明力）

・關鍵字要放在顯眼的位置。（說明力）

・音色要佳。（濃縮力）

・不要讓贅字讓標語變得冗長。（濃縮力）

・讓文字發揮能見度。（濃縮力）

　　範例的宣傳標語不是獨立的，必須像廣告的宣傳標語一樣，把故事的整體輪廓傳達給閱讀的潛在顧客，並讓潛在顧客有興趣繼續看文章的正文。就這層意義而言，為範例撰寫宣傳標語時，應該重理性和技術勝於感性和常識。

「宣傳標語」的技巧集

技巧285　範例宣傳標語的基本型是「聲明型標語」

宣傳標語是在提示「故事的地圖」，所以一定要歸納文章正文的內容。最適合的歸納形式就是聲明型的宣傳標語。

所謂聲明型標語，就只是聲明或宣告「○○公司已經導入△△」。這種形式的標語，雖簡單但效果扎實、容易應用。我在思考範例的宣傳標語時，首先就是先提出聲明型標語，然後以這個標語為基礎多方應用。

聲明型標語，就好比如下的這些例子。

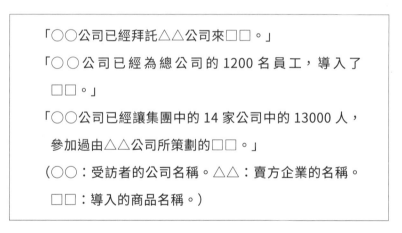

「○○公司已經拜託△△公司來□□。」

「○○公司已經為總公司的 1200 名員工，導入了□□。」

「○○公司已經讓集團中的 14 家公司中的 13000 人，參加過由△△公司所策劃的□□。」

（○○：受訪者的公司名稱。△△：賣方企業的名稱。□□：導入的商品名稱。）

接下來，把虛構的「山田產業」、「KNP」、「高階主管教育訓練╱系統教育訓練」填進去，就會變成下面這些句子。

> 「山田產業已經拜託 KNP 公司來進行高階主管教育訓
> 練。」
> 「山田產業已經為總公司的 1200 名員工，施行了 KNP
> 公司的系統教育訓練。」
> 「山田產業已經讓集團中的 14 家公司中的 13000 人，
> 參加過由 KNP 公司所策劃的系統教育訓練。」

「○公司導入△」是基本形。聲明之後，再加入導入效果、
導入理由、導入經過等附加資訊，就是應用型。

> 「○○公司，已經拜託△△公司來□□。」
> 條件：保證不超過 3 小時。
> 實際使用時間：2 小時 11 分。
>
> 「推動二年計畫讓公司內部所有系統都□□化。和□□
> 有關的設計、建置、運用，全都委託△△公司。」
>
> 「包括企業資源規劃在內的公司所有業務系統全都已經
> 更新。比較檢討了 17 家公司之後，我們選擇了△△
> 公司。」

請記住，應用型就是「基本型＋附加資訊」。

技巧286　聲明型標語優點 1.「簡單、易解、零誤會」

聲明型標語乍看平凡無奇，有人或許會想：「這種標語真

的可行嗎？」其實，聲明型標語有很多優點。

第一個優點就是「簡單、易解、零誤會」。聲明型標語只是把事實原封不動寫出來，所以完全不需要閱讀成本。而且因為標語當中沒有任何的複雜修辭，所以也沒有產生誤會的空間。請記住「聲明型標語零誤會」。

技巧287　聲明型標語優點2.「有事實依據，名正言順」

聲明型標語是一種只陳述事實的形式；不加修飾的語句，反而會給人更有自信的印象。這種型的標語性質樸實，非常適合 B2B 的範例。請記住「聲明型標語展現出名正言順」。

技巧288　聲明型標語優點3.「不會被受訪者要求修正（因為說的是事實）」

範例的宣傳標語不是文章，而是照片中的人物所說的台詞。如果標語一味地讚頌產品，會讓照片中的人物「因為討厭說這句台詞」而要求做修正。但聲明型標語只是陳述事實，所以幾乎沒有人會要求修正。請記住「聲明型標語零修正」。

技巧289　聲明型標語優點4.「可委婉突顯相對優越感」

企業進行採購時，基本上都是比較多種產品之後才購買。因此，「本公司已經導入○○」的聲明型標語，其實是話中有話，是在暗示「比較多種產品之後，因為○○最優秀，所以本公司決定採購，以供全公司員工使用」。如果露骨地寫「經過層層

比較之後，○○就是我們最佳的選擇」，受訪者會覺得「自己不能這麼浮誇」而要求修正。但是，「整個公司都導入○○」只是在陳述事實，就不會有問題。換言之，如果使用聲明型標語，就可以不著痕跡地表現自家公司產品的相對優勢。請記住「聲明等於相對優勢」。

技巧290　聲明型標語優點 5.「可委婉推薦」

範例的的宣傳標語等同是受訪者的台詞，所以會和照片一起刊載。這時，如果把受訪者正面笑臉的照片，和這句「本公司已經導入○○」的標語一起刊載，無形中就會有一種「我們公司向大家推薦○○」的感覺。

「在○○產業上，全公司 500 名員工，正在使用●●！」

圖 7-1

這種情形就如同前面提到的相對優勢。如果很直白地寫「本公司向大家推薦○○」，不但會惹受訪者不高興，還會讓閱讀的潛在顧客認為受訪者是奸細，而讓受訪者的發言失去可信度。

但是，聲明型標語沒有直接用推薦這兩個字，所以沒有這種副作用。請記住「聲明型標語有推薦的感覺」。

技巧291　聲明型標語優點6.「任何公司、行業、商品都可使用」

「○○整個公司已經導入□□」，這種聲明型標語是一種萬用的形式，所以任何企業、行業、商品都可以使用。

技巧292　聲明型標語優點7.「容易和一般照片搭配」

在第五章中，建議大家用太陽旗構圖拍攝萬無一失的保險照片。因為這種構圖的拍攝對象是以站姿正面入鏡，所以在視覺上和聲明型標語最為相稱。請記住「聲明型標語容易協調」。

技巧293　聲明型標語最重要的是新聞價值

聲明型標語的好壞，取決於內容的新聞價值。所謂新聞價值，就是資訊的新穎性。最常見的例子就是，狗咬人不是新聞，人咬狗才是新聞。很罕見、很奇特的事物就有「新聞價值」。請記住「新聞價值決定標語的價值」。

技巧294　「大企業的導入」有新聞價值

「○○整個公司已經導入□□」，這句聲明型標語，如果導入產品的企業○○，比產品（即□□）有名，就具有新聞價值。如果要寫成公式就是「導入企業＞導入商品」。

舉例來說，假設宣傳標語是「豐田汽車整個公司已經導入

□□」。因為豐田是日本規模最大的企業，就算□□微不足道，還是具有新聞價值。但如果□□也一樣赫赫有名就沒這回事了。譬如，如果宣傳標語是「豐田汽車整個公司導入微軟作業系統」，就沒有新聞價值。因為就現狀而言，這是理所當然的事情。

技巧295　待選商品容易增加新聞價值

　　如果自家公司的商品是市占率第二名以下的「待選商品」，而導入企業是家喻戶曉的大企業，那麼就可套用「導入企業＞導入商品」的公式。因此，「○○整個公司已經導入□□」的標語就具有新聞價值。通常大企業都會選擇市占率第一的商品，但結果大企業不僅選擇了市占率不怎麼亮眼的產品，還光明正大地對外聲明。這種出人意外的決定當然具有新聞價值。

技巧296　「落差和出人意表」會產生新聞價值

　　「○○整個公司已經導入□□」這個標語，若要具有新聞價值，原則上導入企業○○必須是大企業。如果導入的企業是只有五位員工的山田商店（虛構的），山田商店整個公司已經導入□□」就不會產生新聞價值。

　　但是，如果□□是重型機械公司、化學工業公司用的產品，那又另當別論。譬如，如果標語是「山田商品已經導入 SAP 系統（為全球企業管理軟體與解決方案的技術領導者）」的話，就有新聞價值了。因為大家會有疑問，員工才五位的公司，為什麼會導入規模等同企業資源規劃系統的 SAP 系統。請記住「落

差會產生新聞價值」。

技巧297 「和市場行情有落差」會產生新聞價值

所謂新聞價值，就是指具有新奇、珍貴、不可能會發生的事情。現在就以錄用應屆畢業生為例來說明。（為了讓例子淺顯易懂，所用的是真實的校名。選擇的基準沒什麼特別的涵意）

> 「2017 年，日本財務省錄用了東大法律系 30 名學生。」

因為這是理所當然的，所以沒有新聞價值。但是，下面這個標語就有新聞價值。

> 「2017 年，日本財務省錄用了法政大學 30 名學生。」
> 「2017 年，日本財務省錄用了山口大學 30 名學生。」

這是因為它會產生諸如下列的疑問：

「為什麼不是東大，而是從六大學（即指早稻田、慶應、明治、法政、立教、東京所組成的六大學棒球聯盟）中的一所大學裡，錄用三十位學生？為什麼不是明治大學，也不是立教大學，而是錄用法政大學的學生？」、「為什麼東京中央官廳要從地方國立大學錄用三十位學生？」

但是，如果是下面這個標語，就沒有新聞價值了。

> 「2017 年，山口縣政府錄用了山口大學 30 名學生。」

但是，如果是下面這個標語，就有出人意表的話題。

「2017 年，山口縣政府錄用了法政大學 30 名學生。」

不過，如果換成下面這個標語，狀況又會如何？

「2017 年，岩國市政府錄用了下關商職 30 名學生。」

我想對一般讀者而言，這個標語在有新聞價值之前，應該是沒有意義的。但如果看這個標語的讀者是山口縣人的話，就有出人意表的感覺了。因為下關位在山口縣的西端（附帶一提，我之所以會用山口縣、下關市的高職、大學為例，是因為我本人就是山口縣的人）。

大家或許發現到，上述例子的文章結構其實完全一樣。

「2017 年，□□（機關）錄用了○○（大學）30 名學生。」

但卻有不同的新聞價值。換言之，新聞價值的根源是下列三方的相關關係。

「錄用的一方（□□）」

「被錄用的一方（○○）」

「閱讀標語的一方」

聲明型標語的基本型「□□錄用了○○」，非常單純。所以如果一馬虎，很容易就會錯過重點，變成沒有新聞價值的宣

傳標語。製作聲明型標語時，最重要的就是要解讀導入企業、導入商品、閱讀的潛在顧客，這三方之間的相關關係和他們的「市場行情」。相關關係和市場行情的落差大，就會產生新聞價值；落差小，就沒有新聞價值。請記住「聲明型標語，市場行情很重要」。

技巧 298　加上「什麼？」就可分辨價值

要辨別有無新聞價值，有個很簡單的方法，就是在標語的起首處，加上「什麼？」。譬如：

> 「2017 年，日本財務省錄用了東大法律系 30 名學生。」

在這個句子的最前面加上「什麼？」這個句子立刻就會變得不自然（因為沒什麼好大驚小怪的）。

> 「什麼？2017 年，日本財務省錄用了東大法律系 30 名學生。」

但是，以下的句子都可以成立。

> 「什麼？2017 年，日本財務省錄用了法政大學 30 名學生。」
> 「什麼？2017 年，日本財務省錄用了山口大學 30 名學生。」
> 「什麼？2017 年，山口縣政府錄用了法政大學 30 名學生。」
> 「什麼？2017 年，岩國市政府錄用了下關商職 30 名學生。」

請記住：要辨別有無新聞價值，就看是否有加上「什麼？」。

技巧 299　先提示故事的地圖，之後再進行宣傳

範例可使用的宣傳標語形式，除了聲明型之外，還有其他很多類型。首先是「導入效果型」，譬如，「詢問度增加三倍」、「□□效率提升了 30％」等，以訴求效果為主的宣傳標語。這類型的句子也可以當作聲明型標語的附加資訊使用。

> 「○○（企業），全國 7 個工廠的生產管理，都充分利用了△△（產品）。□□效率提升了 30％。」

也就是，首先，先提示故事的地圖，之後再宣傳導入效果。請記住「導入效果是附帶資訊」。

技巧 300　「後續請看正文」的形式效果不彰

接下來，是「後續請看正文型」。請看下面的例子。

> 「最初，當地業者提出了一份估價單，但內容令人費解。○○工業（公司）說：『把這份估價單上的金額和業者名稱刪掉後再送過來。』然後，我們才明白……」

也就是像最後用「然後，我們才明白……」這種話講一半而請讀者「後續請看正文」的形式。我有一陣子也常用這種形式寫標語，但結果和「答案在電視廣告之後」是一樣的。如果廣告之後的答案不夠充實，就會讓聽眾大失所望。而且是亂槍打鳥，效果當然不彰。請記住：後續請看正文，難奏效！

技巧 301　提出問題型標語，請留意外強中乾

接下來是「提出問題型」，請看下面的例子。

> 「關於系統的估價單，　這次我們已經仔細考慮過了。」

這是一種提出什麼重大問題型的標語。如果是用這種型的標語，為了呼應前句標語所提出的問題，寫在正文處的回答（即後句）必須夠分量。如果答案的分量不如問題，範例的正文就會變得外強中乾，潛在顧客看了這種範例將會大失所望。請注意「提出問題型標語，請留意正文會外強中乾」。

技巧 302　事件型標語極少使用

所謂「事件型」是一種將某社會事件放入標語的手法。

> 「平成 17 年，第十一號颱風來襲時，
>
> 　我們終於明白了○○公司的真正價值。」
>
> 「因為決定辦東京奧運，所以建築材料價格高漲。
>
> 　後來，用○○處理了這個意外狀況。」

就如上述的形式，只是這種事件極少和商品的導入有關。請記住「事件型標語極少使用」。

技巧 303　費腦力型標語很難成功

接下來是「費腦力型」的標語。很久以前，我曾經寫過如

下的範例宣傳標語。

> 「○○（公司）提案，很容易拒絕。所以，
>
> 太好了。這樣變得容易商談出一個合理的價格。
>
> 如果是很難拒絕的公司就麻煩了。」

這是根據否定反轉邏輯所寫的標語。一般通常都不會使用這種邏輯，寫這費腦力型的標語，最大障礙就是「正文能否寫出和這個標語相稱的內容？」以範例來說，只是標語吸睛並沒有意義，因為主角是正文。因此，很少有人會寫費腦力型標語，而且成功率也不高。請記住「費腦力型標語，很難成功」。

技巧 304　重要的是好感

宣傳標語的好感度非常重要。簡單來說，就是沒有人會想聽一個討厭的傢伙所說的話。所以，不要用裝腔作勢的措詞，只要用一般的說詞來寫就可以了。

技巧 305　用寫台詞的形式寫標語

範例不是客觀的評論文章，而是顧客的體驗談。因此，範例的宣傳標語用台詞的形式來寫最適合。而且，這個宣傳標語正好就放在人物的照片上。換言之，整個畫面給人的感覺，就像是照片上的人物，正對著閱讀的潛在顧客說這些台詞，非常自然。請記住「標語就是台詞」。

技巧306 用人在說話的感覺來寫

範例的宣傳標語就像「台詞」，所以撰寫的時候，要用人在說話的感覺來寫。

技巧307 用濃縮的話來寫

雖說要用人說話的感覺來寫，但也不能呶呶不休沒完沒了。注意字面和發音上的濃縮，擅用連接詞。

技巧308 對日文宣傳標語而言，漢字極為重要

化身為文字的台詞，如果用日文來寫，漢字會讓讀者的印象更為深刻。譬如，女性透過自己的聲音說：「わたし、あなたのこときらいじゃないわ（我不討厭你）。」聽的人不但不會覺得不舒服，還會認為這句話有溫度。但如果用日本漢字把這句話寫出來，則是「私、あなたのこと嫌いじゃないわ」。這時，看到的人第一個反應應該都不會高興。這兩句話所發的音都相同，為什麼會出現不一樣的反應？因為「嫌」這個漢字太強烈了。用日文寫宣傳標語時，一定要留意日本漢字給人的感覺。正文也一樣。請記住「要注意字面」。

技巧309 否定句型不管用

只要一強調「請不要想像粉紅色的大象」，看到或聽到這句話的人都會反其道而行，硬要去想像粉紅色的大象。如果標題是「你不是豬，而是堂堂正正的人」，看到的人只會覺得自

己被當成傻瓜。如果標題是「你不是貧窮的人」和「你不是有錢的人」，你覺得哪句給人印象是有錢人？乍看之下會誤認是後者。因為人在當下的那一瞬間會無法辨識否定句型的意義。因此，雖然寫「不是○○」，閱讀者偏偏印入眼裡的是「○○」。方塊字是一種視覺強烈的文字，如果日文句子中出現漢字，這種現象就會格外明顯。因此，不論是宣傳標語還是正文，使用否定句型時都要特別留意。請記住「否定句型不管用」。

技巧310　日文書寫時，靠漢字改變印象

要提升宣傳標語的好感度，字面很重要。譬如，「我不討厭你」這句話用日文來寫，就有下列八種寫法。

「わたし、あなたのこときらいじゃないわ」

「わたし、あなたのこと嫌いじゃないわ」

「わたし、貴方のこときらいじゃないわ」

「わたし、貴方のこと嫌いじゃないわ」

「私、あなたのこときらいじゃないわ」

「私、あなたのこと嫌いじゃないわ」

「私、貴方のこときらいじゃないわ」

「私、貴方のこと嫌いじゃないわ」

至於要用哪一種寫法，取決於撰寫者的意圖和閱讀者的接受度。請記住「日文書寫時，靠漢字改變印象」。

技巧311　發言和表情要一致

人不會相信表情和發言不一致的人。「睛睛不笑的人不可信！」這是描寫人時很經典的一個句子。以好感度高的人來說，他所說的話和所做的表情，勢必要一致。因此，範例的宣傳標語一定要配合拍攝對象的表情來製作，或是照片一定要配合宣傳標語來選擇。請記住「發言和表情要一致」。

技巧312　宣傳標語和照片不能分開思考

如果是範例，照片和標語本來就是不可分的。所謂好的標語，絕對是和照片相稱的標語。所謂好的照片，絕對是和標語相稱的照片。照片和標語一定要合併思考。請記住「照片和標語要二合一」。

技巧313　反轉否定不管用

「時間倒數之前，果決放棄之前的決定，改選○○是對的！」這是我看過的一個範例標語。

這個標語想說的其實是：「在選擇產品的初期階段，別家產品最有勝算。就在大家幾乎要決定那個產品的時間倒數之前，決定換成○○產品。結果，這是非常好的選擇。」

製作這個標語的人，八成沒有把這個意圖告訴閱讀者。因為這段話的內容太複雜了。如果要了解真正的意思，就必須耗費極大的閱讀成本，也就是閱讀起來會非常麻煩。像「放棄……而改選……」這種反轉否定的說法，對普通讀者而言並不管用。

範例的宣傳標語禁止讓人費腦力，所以就乖乖地寫吧！

技巧314　字型用粗黑體字

日語的字型大致可以分為明體和粗黑體兩種。範例的宣傳標語建議用粗黑體字。大致來說，明體字給人的印象是認真、嚴肅、詩意，粗黑體字給人的印象是明確、健康、公事公辦。範例這種廣告文宣比較適合用後者的粗黑體字。

技巧315　建議用「創英角黑體字UB」字型

我製作範例的宣傳用語時，字型大都使用「創英角黑體字UB」。所以，我也建議大家用這個字體。

技巧316　字型大小是24～32級

照片的寬度通常都是600畫素。放在上面的標語字型大小，以24～32級的大小最適中。

技巧317　字型大小要和換行、長度、照片對應

字型大小由「換行位置」、「標語長度」、「照片的平衡感」決定。即，先決定要在哪個字斷行，再用二、三行來容納標語，最後再決定字型的大小。另外，文字的大小也要和人物照片的大小相對應。標語就是台詞，一定要調整到能夠吸睛的大小。

技巧 318　透過換行改變要強調的單字

　　範例的宣傳標語上，關鍵單字的位置很重要。原則上，關鍵字的位置都是換行靠左排列。因為這樣排列，比較容易留住閱讀者的目光。接下來，就介紹幾個例子。

> 「包括企業資源規劃在內的公司所有業務系統都已更新。
>
> 比較檢討 17 家公司之後，
>
> ○○是我們的選擇。」

　　「包括企業資源規劃」、「比較檢討」、「○○（產品名稱）」換行靠左排列。

> 「包括企業資源規劃在內的公司所有業務系統都已更新。
>
> 比較檢討 17 家公司之後，○○是我們的選擇。」

　　這裡強調的是「包括企業資源規劃」和「比較檢討」。

> 「包括企業資源規劃在內的公司所有業務系統
>
> 都已更新。比較檢討 17 家公司之後，
>
> ○○是我們的選擇。」

　　強調的是「包括企業資源規劃」、「都已更新」、「○○」。

　　總之，就是透過在哪個位置換行，來改變要強調的單字。

技巧 319　有時以換行為優先考量

　　前面我提到，先決定宣傳標語，再思考換行的位置。不過，有時可視狀況，先決定換行的位置，再配合換行的位置，來改變標語的文章。為了讓關鍵字都出現在左端，可以調整文章中的單字的順序。請記住「有時以換行為優先考量」。

技巧 320　可使用電視主播一開始報導的摘要

　　電視新聞節目的主播會用如下的說法播報新聞。

> 「今天早上，在關越道，發生了四輛自小客車追撞的連
>
> 環車禍。」

　　像這樣先說摘要，再說「這是現場傳過來的畫面」，然後再切換到現場的畫面。範例的宣傳標語的功能就很類似電視新聞報導一開始的摘要，先簡潔告訴大家一個話題、一個事件之後，再交棒給正文。主播一開始說的摘要、所使用的措辭、說法都非常簡潔，這有許多值得我們學習的地方。

────────────── 防止客訴的方法 ──────────────

技巧 321　不要利用宣傳標語推薦

　　「我們向大家推薦○○！」

　　我曾經看過有人在宣傳標語上，用這麼露骨的台詞推薦商品。企業負責人帶著一臉笑容，向大家說「我們向大家推薦○○」的樣子，活脫脫就像是某劇團的人在購物節目上大聲叫

賣。這種做作的模樣實在討人厭，極有可能會遭到顧客的客訴。請記住「推薦型的標語不可行」。

技巧 322　使用會做事的人會說的話

宣傳標語上的台詞要寫得讓說台詞的受訪者，看起來像是「會做事的人」。受訪者看上去像是「會做事的人」，範例整體的可信度自然就會提升。會做事的人不會說「我推薦〇〇」、「我看一眼就知道非它莫屬」這類輕率的話。另外，會做事的人也不適合說一些如修辭學般令人費腦力的台詞。總之，會做事的人會說的，應該都是一些心平氣和、不虛張聲勢卻充滿正能量的話。不妨就用這些話做標語。

第 3 部

行業類別篇

<table>
<tr><td>第 8 章</td><td># 各行業、商品的製作重點</td></tr>
</table>

‖ 製造業──有形商品的弱點──

範例適合軟體業，但製造業不需要範例嗎？

　　一般人都認為最適合用「範例」來行銷的，就是「肉眼看不見、不易做說明、單價又很高」的商品，尤其是軟體。

　　軟體不是真實世界中有形的實體，所以我們的肉眼看不見。軟體所提供的機能是虛擬的，所以我們無法憑直覺就知道軟體能為真實的世界帶來什麼好處。軟體的成果就是我們常說的「解決方案」。解決方案這個名詞很華麗，但重現性卻不高。

　　以牛丼為例。吃牛丼，有「美味、吃飽」的效果，而且這些效果一定會再出現。但是，「提升業務效率」、「提高生產力」之類的成果，就沒有像牛丼般的重現性。簡單來說，就是這次很順利，下次未必會順利。就因為成果是含糊的、靠不住的，所以要拿出根據讓顧客認同價格是相當困難的。

　　行銷無形的商品，常會碰到一個阻礙，那就是「傳達商品價值大不易」。而「範例」這種促銷販售手法，正好可以排除這個不利條件。也就是，範例可以讓潛在顧客模擬、體驗透過商品解決問題的所有過程，並粗略了解「這個商品原來是這麼回事」。雖然範例無法像牛丼，吃了就有真實的感覺，但透過故事或說明，還是可以了解實際的使用狀況，並進行模擬體驗。

　　另外，如果在網頁上多貼一些解決課題的範例，瀏覽的人就會覺得「有這麼多成功的案例，解決課題的過程一定很順利」。換言之，這些範例可以傳達解決方案的精確度和成功率。如此一來，業務人員行銷產品時就可以充滿自信，肯定「商品值這個價錢」。

　　在日本的無形售材領域裡，規模最大的就是軟體產業。「範例」這種促銷販售手法，之所以能夠在軟體業界蓬勃發展，也是因為這個原因。

　　那麼，本節所提到的「製造業（硬體行業）」，情況又是如何呢？因為硬體是有形的商品，是實際存在的物體，所以我們可以看得到，也可以用規格來描繪。就因為有形的商品「眼睛看得到，又知道那是什麼」，所以它們的價格自然就由企業在市場的基礎和行情來決定。因此，大多數的人都認為範例不適合用於製造業的行銷上，甚至認為製造業根本不需要範例，因為製造業可以直接展示真正的機器，無需迂迴使用範例。

製造業需要範例進行促銷的理由

　　我舉辦過好幾次要收費的範例研討會。果然如我所料，參加者當中，人數最多的是軟體業的人。不過，第二多的，竟然是製造業的人，這就跌破眾人眼鏡了。

　　我利用休息的時間詢問來自製造業的參加者一個問題：「今天為什麼會來參加這個研討會？製造業的商品看得見又很容易說明。而範例是一種需要迂迴而行的促銷手法，你們應該不需

要這種行銷手法吧。」然後，這個人回答：「因為只賣看得見的東西，業績每況愈下。所以現在公司要跨入解決方案的領域。」

看來有形商品的特徵「看得見、易說明、價格會自動決定」，似乎也並非全然都是好的。簡單來說，就是「看得見、易說明的產品，因為價格由市場來定，所以價格就容易陷入競爭當中」。如果說得再露骨一點，就是任何一家公司都可以做同樣的產品，所以很容易「被砍價」。

反過來說，無形售品雖然有看不見、難說明、價格沒有明確的依據等負面的特徵，卻也因此產生了沒有像有形商品那般容易被砍價的效果。這點確實滿有意思的。看在製造業的眼裡，或許他們還真的很羨慕。

不過，剛才我只寫「滿有意思的」是因為，就算是無形的售材，還是有被砍價的可能。不少軟體動輒就是好幾千萬日圓，但是如果是免費發送或免費服務，價格就等於零。因此，價格的範圍極廣也是無形售品的一個特徵。

再說，在被砍價之前，「完全賣不出去」、「對方不理不睬」也是常有的事。因為對於肉眼看不見、不知道是什麼玩意的東西，一般人會有「我不需要這商品」的反應是很正常的。

在這個前提之下，如果想用高價把解決方案賣出去，就必須擁有靠自己力量說明自家商品「附加價值」的能力。如果沒有這個能力，無形商品就純粹只是「神祕的商品」。牛丼、螺絲釘的價值大家都知道，所以不用擔心它們會變成神祕的商品。

但是，價值明確就表示，要透過傳達附加價值來定高價，會非常困難。相對於此，解決方案這種無形的售品，因為不像牛丼、螺絲釘有基礎價值、基本價格，所以就某種意義而言，可百分之百強調附加價值。

促銷解決方案要告訴顧客的，不是眾所皆知的「價值」，而是非得說明才能了解的「附加價值」。製造業要跨行賣解決方案時，一定要了解這一點。所以絕對不能對顧客說：「您只要試一次就知道了」、「只要認真做就明白了」。

「範例」是軟體業要傳達附加價值最常使用的一種促銷販售手法。對於今後想要大力行銷解決方案的製造業企業來說，這種手法絕對具有參考價值。看在製造業者、硬體業者的眼裡，或許會覺得重現性並不明確的解決方案行銷方法，好像很不認真、很不可思議。但是，不妨就先試著接納無形商品的銷售邏輯和手法，如何？範例是一種從頭到尾都根據事實、誠實陳述的促銷手法，和油嘴滑舌的銷售信函、登錄的首頁所使用的奉承、諂媚方法完全不一樣。就這點來說，範例和風格嚴肅的公司中占絕大部分的製造業，應該是絕配。

別想太多，先做十篇再說

以上，是我個人對製造業運用範例的一些想法。「咦？怎麼全都是抽象的理論？具體的做法、方針都沒寫！」我了解大家的疑慮。接下來就透過具體的例子來說明。

事實上，我的客戶當中，就有靠著不斷製作範例而獲得成

就的製造業公司。我問負責窗口：「有形商品看得見又容易說明，貴公司為什麼還要製作範例？」這個窗口說：「我不知道業務員碰到了什麼困難。但是，他們去客戶那裡，就是覺得有必要製作範例。只靠宣傳手冊不行了。而且現在已經有其他公司在運用範例進行宣傳了。」後來，他們在網站上貼了很多範例，詢問度因此大幅提升。當有人詢問時，業務員就帶著真實的機器去展示，進而簽約成交。

如果有了「具體的行動方針」，就不要想太多。建議只要心動就馬上行動，立刻著手做十篇範例。範例的效果就像拉麵的排隊人潮，只要有人排一長隊，就會引起過路人注意，讓他們進店裡至少一次。一隊至少要十個人。同樣地，範例至少也要有十篇。

我這麼說或許有點浮誇，這是因為根據我過去的經驗，製造業的人可能是因為太嚴肅的關係，看起來都好像非常重視行動。總之，不要想得那麼難，先試試看就對了，我認為這也是一種睿智。

▌顧問業

用範例呈現諮詢的可靠性

「顧問」是一種可參與任何工作又令人難以捉摸的行業。有談一個小時就收費上百萬日圓的諮詢顧問，也有單純只是跑業務而名片上卻印著顧問頭銜的人。這個行業所涉及的範圍非常廣，從超級一流的大師到自稱是諮詢顧問的人都有，因此，「諮詢」給人的感覺就是一個十分曖昧含糊的名稱。

或許就是因為這種不可靠的感覺惹的禍，不少企業人士都認為「顧問業怪怪的」，甚至有人還公開說：「我討厭顧問，我不相信顧問。」對這些人而言，諮詢顧問就是花言巧語，打亂公司內部一池春水就逃之夭夭，之後再來申請高額費用的狠角色。換言之，顧問業就是「初期信賴度很低」的行業。

範例最擅長的就是提升初期的信賴度。只要正正當當從事諮詢活動的人，都可以透過範例把自己的活動內容告訴所有的人。在範例裡，不需要對顧客說「某某先生（或女士），真的是一位值得信賴的諮詢顧問，在此特別推薦」之類、只是一味誇讚、令人覺得肉麻、噁心的話，而是只要把透過諮詢解決問題的來龍去脈原原本本寫出來，就可以了。

只有冒牌的諮詢顧問才會在自己的網頁上，貼一堆抽象的讚美文章。如果是真正的諮詢顧問，只要製作幾篇「以事實為基礎來描繪自己實際解決問題狀況」的文章就可以了。這種範例只有真正有能力和有戰績的諮詢顧問才能夠製作。

要出書還是製作範例？

諮詢顧問為了顯示「自己是貨真價實的專才」，常會「寫書」。一流的諮詢顧問只要寫出自己在這個專門領域的真知卓見，閱讀的潛在顧客就會肯定、認同「這個人果真是個專家，真的很了不起！」

出版書可以提升自己在社會上的可信度。在良莠不齊、難以區別的顧問業，出書真的是證實自己真材實料的最有效方法。

會寫書表示這個諮詢顧問可以靠自己說明自己的附加價值。就如同我在製造業那一節所說的，要促銷解決方案這種無形的商品，除了要說明任何人看了都明白的「價值」之外，還必須要靠自己的能力，努力、用心地說明這種商品的「附加價值」。會寫書的諮詢顧問，首先就符合了這個條件。

如果從這個觀點來思考的話，「有本事出書的諮詢顧問，似乎就不需要依賴範例了」。因為，範例是「無法靠自己說明自己的附加價值的（企業）所依賴的手段」。

但是，我的客戶當中，有好幾位就是出版過書籍的諮詢顧問。我覺得很不可思議，於是問：「你這個諮詢顧問，有信用、有成績。你自己就可以說明自己的價值了，應該不需要範例吧。」

這個提問，讓我聽到了如下的回答。

「寫書獲得信賴並不等於就會有案子上門。實際接受這個人的諮詢之後會如何？會有什麼改變？接受諮詢的這方必須要有什麼心理準備？如果不能把這些情形告訴潛在的顧客，案子

就不會上門。」

「寫書變成了大師是很不錯。但是，這也會讓人覺得我們的身分地位變高貴了。這麼一來，反而會讓人卻步、對我們敬而遠之。如果我們的定位不是好人而是了不起的人，就沒有案子會上門了。」

這兩個觀點完全推翻了我的自以為是。諮詢顧問一旦成了有權威的人，的確會產生距離感而很難接到案子。但如果能夠透過範例，讓潛在顧客知道，和自己一樣的「普通人或普通公司」也在諮詢的話，就可以排除這層心理障礙。換言之，使用範例就能夠降低跨欄的高度。

不過，降低跨欄的高度時也要小心。如果過度突顯「自己是易於親近的人」，也有可能同時降低了自己的權威。不過，範例就沒有這層顧慮。因為範例是藉由顧客的聲音，「間接」降低跨欄的高度，所以既安全又有效。

老師的難處

如果要嚴格給「諮詢」一個定義，「諮詢就是一種藉由提供智慧換取對價的工作」。反過來說，如果是「給具體的什麼東西」或「代為進行什麼作業」，就不能視為諮詢。譬如，提供研論會、面試，就是一種諮詢，但是代為製作網頁、製作傳單，就不是諮詢。

假設，諮詢的成果結晶是「智慧、資訊」的話，顧客的購買動機就是「因為現在的自己還不夠有智慧，所以想向專家學

習」。簡單來說，就是「因為我不知道，所以希望你教我」。
換言之，諮詢顧問和顧客之間的關係，就像是老師和學生。

如果以這個前提來製作範例，範例的故事結構就是「出現
了這樣的課題，但是因為不知如何解決，所以找諮詢顧問諮詢。
然後，照著諮詢顧問給的意見做，結果做出了成果。非常謝謝
諮詢顧問」。但是，這個故事和「照著高僧的指示參拜百次，
然後心願就實現了」沒什麼不一樣。這兩種狀況都是「理由不
清不楚，但是試了之後都一帆風順」。這會讓人覺得是一篇怪
怪的文章。

不過，在範例當中，如果讓顧客井井有條地陳述自己解決
課題的理由，也很不自然。因為閱讀者會想：「既然知道的這
麼清楚，一開始就不用找諮詢顧問，憑自己的能力不就可以解
決了嗎？」

那麼，諮詢這個行業的範例到底該怎麼寫呢？有一個方法
可行，那就是，不是讓顧客，而是讓諮詢顧問自己來分析、來
說明，事情為什麼可以順利解決的原因；也就是範例的黃金結
構中的「故事的地圖」由顧客來說明，「解謎」的部分由諮詢
顧問來說明。說得具體一點，就是不是由顧客而是由諮詢顧問
自己來說明「傳統業務的課題分析」、「有問題的地方」、「解
決問題的方法」。記述時，可以用框框把這些話框起來。

這種形式就很像電視上的購物節目，介紹完商品和客人的
使用心得之後，會有一位身穿白衣的學者出來說明和商品效能
有關的科學根據。在說明商品當中，插入專家的解說，是一種

很常見的「銷售模式」。只要在流程中適時插入，就不會覺得不自然。

打造品牌的第一步

某知名諮詢事務所的業務員，帶著數百萬的估價單到某大企業客戶處，對方說：「請把估價的根據寫出來。」業務員回公司問諮詢顧問金額的根據，諮詢顧問大聲一喝：「笨蛋，就是布施啊！」當業務員像傳聲筒一般回報客戶：「聽說是布施耶。」客戶回答：「我知道了。」結果，這個金額就通過審核了。向僧侶請求法號或誦經時，布施的金額由僧侶的等級決定。這位諮詢顧回答「笨蛋，就是布施啊」的意思，就是「我是一流的諮詢大師，價碼高是理所當然的」。

諮詢行業所販賣的商品是知識，所以絕大多數的價格，都取決於提供知識的諮詢顧問的「等級」。所以想要高價把自己賣出去的諮詢顧問，都會設法提高自己的「等級」。換句話說，這種等級就如同是商品的「品牌」。

那麼，要怎麼做才能提高等級（品牌）呢？要精準回答這個問題有相當的難度。因為決定等級、品牌的人不是自己而是別人。「一百公尺短記錄是9秒」，這是一種客觀的實力。但是，「高僧」、「有品牌的企業」並沒有客觀的根據。高僧之所以為高僧，是因為大家都尊稱他為高僧；有品牌的人、有品牌的企業，也是因為大家肯定「這個人或這家企業很了不起」，所以才有了品牌。因此，不論是等級或品牌都是取決於周遭的人。

　　很多人都說，要用廣告文宣或廣告製作品牌是不可能的。但如果品牌就是他人的評價，製作很多內容以他人評價為主的範例，並把它們放在網頁上的話，就算不能打造品牌，至少也能夠擦亮這塊招牌吧！

　　諮詢顧問要有高的身價，一定要有相稱的等級、品牌。這樣才能讓自己不同於他人的存在感。如果想透過行銷實現這個心願的話，「範例」就可以讓人跨出實際的第一步。

▌針對老闆型產品

B2B 商品不會發生衝動購買情形

範例不只是能用在針對企業的商品（B2B）上，也可運用在針對個人的商品（B2C）上。B2B 和 B2C 根本上的差異之一，就是個人有可能是衝動性購買，但企業基本上不可能有這種狀況。

個人購買的狀況是，「我自己決定用自己的錢購買自己想要的東西」。如果是自己想要的東西，就算是衝動性購買，也不會有什麼問題（針對個人的商品也包括和家人商量之後才買的商品，譬如房子、車子等，但在此不把這類的商品列在其中）。

但是，企業購買的狀況是，「決定用公司的錢購買對公司有用的東西」。換言之，這是一種大家商量「決定用大家的錢購買對大家有用的東西」之後才有的採購行為，所以不會發生衝動購買。當然，負責採購的人有可能會對某個商品特別「痴迷」，但還是得按部就班上簽呈，取得上司或採購課的許可，所以也不會衝動地打開自己的荷包就採買了。

針對老闆型商品例外

但是，有一個例外。那就是諮詢公司這類針對老闆的商品。老闆，尤其是傳統中小型企業的老闆要購買什麼時，因為可以不必和任何人商量，就有可能出現衝動購買。

舉例來說，假設有人在網站上販售以「業績一定可以提升

三倍的廣告打法」為標題的研討會光碟。因為研討會的主持人是一位很有權威的諮詢大師，所以看過網頁上的宣傳文章的人，最後都會熱血沸騰地認為自己非買不可。但是，心動之後是否真的會行動，得視看文章的人是老闆還是一般的職員。

如果是老闆，就會毫不猶豫蓋章，決定「立刻購買」。但如果是一般職員，就不能夠這麼做；無論這職員多麼想要這套光碟，還是必須上簽呈取得上司的許可。

老闆因衝動而購買什麼時，就不是 B2B 型的購買。我個人會把這類型的購型，歸類為「針對老闆型的 B2C」。基本上，如果要促銷針對老闆型商品，不要用邏輯，要動之以情才有效。也就是說，製作範例時，必須要思考如何刺激老闆個人的「情感」。

稅務代理人、行政代書、土地代書等行業 ——重新定義需求——

易了解是個弱點

　　稅務代理人、行政代書、土地代書等類別的行業，對顧客而言是一種無形售品，提供的是勞役服務。

　　前面提到「解決方案是神祕商品」，但如果對別人說「我是稅務代理人」，所有的人大都能了解你是做什麼工作的人。行政代書、土地代書，或許有人不清楚，但至少會知道「這個人是某方面的專業人士」。稅務代理人、行政代書、土地代書的業務內容，有明確的法律和條令定義。相較於神祕的商品，這類行業真的是「極易了解」的行業，至少不會有人覺得這類行業怪怪的。

　　如果這類的行業供不應求，就不會有人沒工作。如果一個城鎮只有一個稅務代理人，就算這個人低調行事也會有工作上門。又或者，若稅務代理人增加五位，企業增加十家，依然是供不應求，經營方面就不會有問題。

　　但如果是供過於求，就會衍生大問題。稅務代理人之間的戰爭一旦開打，勢必會削價競爭，而落敗的一方就會沒有工作。這時，可用的勝出戰略就是「專門向某一個領域發展」。也就是，設法讓自己成為「○○領域最強的□□」。

透過經營型態的重新定義創造差異化

上述的方法就是把經營型態或需求再重新定義，譬如成為「遺產繼承這個領域最強的稅務代理人」。如果這方面需求的人很多，而且除了自己之外，別的稅務代理人都無法處理的話，在遺產繼承這塊市場，就是供不應求的局面。供不應求時，價格的主導權就握在賣方手裡，只要事情進行的順利，這位稅務代理人就會成為擁有高身價的稅務代理人。就算不行，至少也不會被砍價。

在新井英樹的漫畫作品《叛逆之子》中，有一個小孩問一個男街友：「什麼是買賣？」男街友說：「就是能夠用划算的價錢，把某人想買、想要的東西賣掉。」接著又說：「所謂划算，就是讓想買的人認為『即使是這個價錢也想要』的價錢。」我覺得這個為買賣所下的定義，真的是精闢得令人感動。

那麼，到底該怎麼做才能成為「○○領域最強的□□」呢？如果只需報上姓名，現在任何人都可以做得到。問題是要別人認同「你是○○領域最強的」，尤其是對網頁的訪客，必須在一瞬間就宣傳這一點。

最有效的方法就是「範例」。假設製作許多在擅長的領域為顧客解決問題的例子（好比說十個），只要把這些例子放在網站上，就會產生「拉麵店的排隊效果」，給人「這裡似乎不錯」的印象。只要訪客看了範例，了解了解決問題的一五一十，就會認同這裡有「真貨（有真正的專家）」。

我有從事這類行業的客戶，他就專門在某個領域發展。這

位客戶製作了數十篇範例放在網站上，事務所的年營業額果然有驚人的成長。事實上，我曾經認為以定型業務為核心的代書等行業，不可能透過建議用途或服務而創造差異化，所以要靠範例拓展業務極為困難。然而，這位客戶推翻了我的想法。因為周遭沒有人這麼做，所以只要密集製作範例，就可以一口氣殺出一條活路。

‖ 保險業——最特殊的商品——

就算買了也無貨可收

因為製作範例的關係，我接觸過形形色色的行業。其中最常聽到的一句話就是「我們的行業很特殊」。但是，絕大多數的情形，其實都只是行業的遣詞用字和習慣稍微有些不同而已，所以並不如說話者本人所想的那麼特殊。任何行業、任何工作都一樣，就是「出貨（商品、服務），收錢」。

不過，只有一種商品，我認為真的很特殊。那就是「保險」。對一般個人而言，房子、車子、保險是三大高單價的商品。在這裡，我們就邊比較邊思考保險的特殊性。

首先，房子、車子買了之後可以實際使用，在使用過程中能得到滿足感。入住新家，寬敞明亮，幸福洋溢；駕著新車，興奮拉風，快樂的不得了。

但是，保險就沒有這種真實的感覺。買了保險簽了約之後，對方所交的貨品，就只有一份保單，既不快樂也雀躍不起來。保險真正的貨品，是在被保險人發生不測時，才領得到那筆錢，而且要拿到這筆錢，是遙遠未來的事情。付了錢卻拿不到貨，當然快樂不起來。所以我認為保險這種商品真的很怪異。

我這麼說，或許有人會反駁表示，保險真正的價值是「有萬一時可以有所補償，所以買了就可以安心」。話雖如此，但還是有無法斷言的部分。有萬一時是否真的能夠得到補償，其實在簽約的那個階段是曖昧的。

保險業務員存在感十足

保險和彩券的結構其實非常雷同。運氣好就能拿到錢是彩券，運氣不好就能拿到錢是保險。彩券和保險，前者的服務內容一清二楚；彩券的第一獎、第二獎非常明確，連沒中獎的基準也清清楚楚。但是，保險在被保險人發生不測時，受益人到底能領到多少錢，直到現在也都還不明確。尤其是車子的保險、火災的保險、住院的保險等非壽險的保險，還必須經過重重的審核，看看是否符合各種詳細的基準，才決定要不要給付。最糟糕的是，保險公司會以不符合基準為理由拒絕給付。

保險這個行業非常依賴業務員。理由之一是：「未來才會交貨，且充滿不確定性」。這是保險這種商品的特性。所以，就算是保了住院險、地震險，有萬一時是否真的能夠拿到錢還不得而知。如果不巧碰到「兩光」業務員，或許真的有可能拿不到理賠金。為了避免這種狀況發生，買保險的人應該要先親自和保險公司交涉，然後再向能夠為客戶爭取全額保險理賠、值得信賴的業務員購買。

相關範例雖不多，但還是有可能性

保險這種特殊的商品，真的可以透過範例促銷嗎？製作範例時，一定要先聽取既有用戶的使用心得。但是，保險是一種沒有實際使用心得的商品。就算保險也有導入效果，但保險的導入效果是在被保險人發生不幸時才會產生，所以不可能因為要製作範例而去採訪遭受不幸的人。

剩下的方法，就只有請買保險的顧客說明購買這個保險商品的理由了。但是，大多數的人被問到選擇保險商品的理由，回答的都是「因為業務員人很好」。這種因人為因素而購買的理由，很難拿來當作企業或商品的強項進行宣傳。

製作保險的範例有很多限制。找我們公司製作保險範例的案子也是少之又少。不過，還是有像代書之類的行業，超乎預期異常成功的例子，因此，我認為即使是保險，今後依然有極高的可能性可用範例做行銷。

使用本書「技巧」的訣竅

配合前提和環境

前幾天我用壓力鍋煮飯。因為食譜上寫「2 杯米、2.5 杯水」，我就照著做，結果做出來的飯黏糊糊的。我思考了一番，才知道是配料中的蔬菜和肉會出水的緣故。第二次，我把水改為 2.2 杯，煮出來的飯還是太軟。第三次，我把水減為 2 杯，終於做出了成功的炊飯。

所謂技巧就相當於料理的食譜，大多數的食譜都把前提和環境設定成「一般狀態」。但是，使用技巧的現實場景，首先就不是「一般狀態」，所以一定要懂得配合實際的情形進行微調。

注意背後的邏輯

使用技巧時，一定要觀察潛藏在技巧背後的邏輯。二百年前，印度有一家染料公司做出了紺青這種染料。工匠在製作這種紺青染料時，會用棒子攪動放了染料的鍋子，讓鍋子發出哐啷哐啷很大的聲音。看到這一幕的科學家問工匠：「為什麼要發出這麼大的聲音？」工匠回答：「聲音愈大，紺青的色澤愈漂亮，哈哈哈！」科學家聽了之後，就向工匠借了一只做紺青染料的鍋子。數日後，科學家告訴工匠：「我分析鍋底的成分

之後，發現了可以讓紺青的成色更美的成分。以後請把這個成分加入染料裡。」工匠就照著科學家所說的，把那種成分加入染料當中，紺青的色澤果然更為艷麗。

聽了這個趣聞，要取笑攪動鍋子的工匠愚蠢、很容易，但是仔細想想，其實「哐啷哐啷攪動鍋子」也是一種技巧。該怎麼做，非常清楚，而且人人都會做。也就是說，只要這麼做，同樣的結果就會再出現。這個動作已經充分滿足了技巧的條件。

只可惜工匠沒有注意到技巧背後的邏輯，所以無法提升這個動作的效率。閱讀本書的各位讀者，請務必要留意技巧背後的邏輯，並配合自己的需要發展、提升效率。

把部分理論合併之後再使用

棒球賽中，當三壘有人時，可以靠中外野高飛犧牲打得分。這時打擊者應該把球打向外野的什麼地方？這個時候應該狙擊「臂力最弱的外野手」。只要把球打向由臂力弱、傳球速度慢的外野手所防守的區域，就可以提升得分的機率。

另外，要使用打跑戰術時，應該要讓球滾向游擊手還是二壘手？答案是「蠢蠢欲動，企圖要衝向二壘壘包的中外野手」。當中外野手把防守的重心放在二壘的壘包時，原本定點位置的守備力量就會比較薄弱。這時只要把球打向那個位置，就可以提升擊出安打的機率。

這些棒球理論每一個都是一個技巧。但是，實際比賽時，只有這些還是不能決定整場球賽的方針。技巧只是部分理論，

整場球賽的方針必須根據綜合判斷來決定。譬如，現在還落後幾分？今天投手投的球是不是偏高？跑者的腳程夠快嗎？打擊者今天的狀況如何？外野的風向如何？球場場地的狀況不佳等。也就是說，實際比賽時，會有許多的前提條件和不同的環境因素，而且這些條件和環境時時刻刻都在改變。看清楚這些之後，要下最後的判斷時，就從貯存的技巧（部分理論）當中，選出最合適的技巧，重新組合之後再使用。

技巧就是把理論轉換為行動模式的關鍵技術、訣竅。簡單來說，就是有了技巧，「無需深思只要○○做就可以了」。但是，完全不動腦思考，還是會有不順利的時候。就以剛才說的染料趣聞來說，就算開口表示：「那家工廠發出哐啷哐啷的聲音，好像就可以製出美麗的紺青染料。我們也如法炮製吧！」但是，如果使用的鍋子不一樣，鍋底的成分就不同，當然也就製造不出好的染料。這時才惱怒地說：「奇怪，我都照他們說的做了，但是……」這麼說也沒有意義。技巧的背後一定藏著許多前提和邏輯。關注這些才是提升成果的捷徑。

為範例進行採訪時，自己的角色是最大的前提條件

製作範例的技巧，震幅最大的前提條件，就是採訪者的印象、容貌、角色。本書的技巧，是以五十歲的中年男性「作者」，也就是以「我自己」為前提製作的。

譬如，技巧 94「迷惘時要低調」就是以我給人的第一印象不佳為前提，所提出來的。為範例進行採訪時，首先要「不討

人厭」。因此，保持低調、老實才是上上之策。

　　我希望到六十、七十、八十歲的時候，都還能繼續做這份工作。不過，人隨著年齡的增長，總是會愈來愈固執，愈來愈難相處。但是，為範例進行採訪時，如果出現這種狀況就麻煩了。為了避免這種狀況發生，採訪時不妨保持低調，扮演「老實人」。只要這麼做，至少對方就不會找你的麻煩。

　　如果，各位讀者是女性或是帥氣的型男，基本上給受訪者的第一印象就占了上風，所以就不需要靜靜地揭開採訪的序幕。本書的技巧，尤其是採訪的技巧，請配合自己的角色進行微調。

　　願大家都能夠製作卓越的範例。在此，向大家說聲「謝謝」。

Job
002

B2B 實例廣告聖經
再高價、再難賣的商品都能賣！
決定版 事例広告・導入事例バイブル

作　者	村中明彥（Akihiko Muranaka）
譯　者	劉錦秀
責任編輯	魏珮丞
特約編輯	葉冰婷
封面設計	井十二設計研究室
版型設計	許紘維
排　版	藍天圖物宣字社

社　長	郭重興
發行人兼出版總監	曾大福
總編輯	魏珮丞
出　版	新樂園出版
發　行	遠足文化事業股份有限公司
地　址	231 新北市新店區民權路 108-2 號 9 樓
電　話	(02) 2218-1417
傳　真	(02) 2218-8057
郵撥帳號	19504465
客服信箱	service@bookrep.com.tw
官方網站	http://www.bookrep.com.tw
法律顧問	華洋國際專利商標事務所　蘇文生律師
印　製	呈靖印刷

初　版	2019 年 05 月
定　價	550 元
I S B N	978-986-96030-8-9

國家圖書館出版品預行編目（CIP）資料

B2B 實例廣告聖經：再高價、再難賣的商品都能賣！/ 村中明彥著；劉錦秀譯 . -- 初版 . --
新北市：新樂園出版：遠足文化發行，2019.05
464 面；14.8×21 公分 . -- (Job ; 2)
譯自：決定版 事例広告・導入事例バイブル
ISBN 978-986-96030-8-9(平裝)

1. 廣告製作 2. 廣告設計

497.2　　　　　　　　　　　　　　　　　　　　108005841